高等学校大数据专业系列教材

Python数据分析与实践

第3版

柳毅　主编

毛峰 刘铁桥　副主编

清华大学出版社

北京

内 容 简 介

本书着重讲述 Python 语言和数据分析工具包的应用。全书共分 13 章。第 1 章主要介绍 Python 的发展历史、特点、集成开发环境、内置模块、帮助的使用等内容;第 2 章主要介绍 Python 语言的基础知识;第 3 章主要介绍 Python 中常用的数据结构,包括序列、字典、集合,以及函数的定义和调用等;第 4 章主要介绍 Python 中类、对象和方法的相关内容;第 5 章主要介绍 Python 进行数据分析常用的 NumPy、Pandas、Matplotlib、SciPy 和 Scikit-learn 等基础库内容;第 6 章主要介绍网络数据获取,包括 HTML 和 XML 两种网页组织形式,以及 urllib 和 BeautifulSoup4 两个模块内容;第 7 章主要介绍文件的操作;第 8 章主要介绍 Python 数据可视化及使用 Python 绘制图表的知识;第 9 章主要介绍利用 Python 进行数据库应用开发;第 10、11 章主要介绍 Python 机器学习的基本概念及有监督学习、无监督学习算法的原理;第 12 章主要介绍 Python 在二手房房价分析中的实践项目案例;第 13 章主要介绍 Python 在金融风险数据分析中的实践项目案例。本书一方面侧重对 Python 数据分析基础知识的讲解,另一方面注重 Python 数据处理方法的应用。本书中的代码均在 Python 3.5 中测试通过。

本书可作为高等院校计算机相关专业学生学习数据分析的入门教材,也可作为 Python 爱好者的参考书。

图书在版编目(CIP)数据

Python 数据分析与实践 / 柳毅主编. -- 3 版. -- 北京 :清华大学出版社,2025. 7.
(高等学校大数据专业系列教材). -- ISBN 978-7-302-69851-7

Ⅰ. TP312.8

中国国家版本馆 CIP 数据核字第 20259LR985 号

策划编辑:魏江江
责任编辑:王冰飞 薛 阳
封面设计:刘 键
责任校对:时翠兰
责任印制:宋 林

出版发行:清华大学出版社
   网   址:https://www.tup.com.cn,https://www.wqxuetang.com
   地   址:北京清华大学学研大厦 A 座   邮   编:100084
   社 总 机:010-83470000   邮   购:010-62786544
   投稿与读者服务:010-62776969,c-service@tup.tsinghua.edu.cn
   质量反馈:010-62772015,zhiliang@tup.tsinghua.edu.cn
   课件下载:https://www.tup.com.cn,010-83470236
印 装 者:三河市铭诚印务有限公司
经   销:全国新华书店
开   本:185mm×260mm   印   张:20.75   字   数:469 千字
版   次:2019 年 6 月第 1 版   2025 年 9 月第 3 版   印   次:2025 年 9 月第 1 次印刷
印   数:14001~15500
定   价:59.80 元

产品编号:107593-01

序

人类社会已经进入数字经济时代，大数据、云计算、机器学习、人工智能等技术纷至沓来，数据的管理和应用已经渗透到各个行业的业务领域，成为当今乃至将来企业运作的基础资产。只有掌握数据并善于运用数据的人，才会在未来社会日益激烈的竞争环境中保持领先地位。

Python 语言很好地融合了大数据分析、机器学习及人工智能技术，是目前大数据和机器学习领域热门的语言之一。本书深入浅出地介绍 Python 数据分析的原理、建模过程、统计应用方法，具有极强的实践性。

本书基于 Python 3.5 工具环境，通过实践案例讲解 Python 控制、处理、分析数据的算法和工具，让学生了解如何利用 Python 编程和数据处理库（包括 NumPy、Pandas、Matplotlib、SciPy 及 Scikit-learn 等）高效地解决各种数据分析问题，发挥 Python 在数据分析、可视化、机器学习、地理空间信息分析方面的优势，引导读者成为数据分析的高手。

本书内容严谨，逻辑清晰，可供高等院校计算机相关专业的学生使用，为大数据时代的企业管理、市场营销、金融等行业大量从事数据分析的从业人员提供科学的学习资源。

浙江工业大学计算机科学与技术学院院长
国家级教学名师、教授、博士生导师

王万良

2023 年 1 月

前　言

党的二十大报告指出：教育、科技、人才是全面建设社会主义现代化国家的基础性、战略性支撑。必须坚持科技是第一生产力、人才是第一资源、创新是第一动力，深入实施科教兴国战略、人才强国战略、创新驱动发展战略，开辟发展新领域新赛道，不断塑造发展新动能新优势。高等教育与经济社会发展紧密相连，对促进就业创业、助力经济社会发展、增进人民福祉具有重要意义。

Python 作为大数据时代非常受欢迎的编程语言，具有语法简洁、开源兼容、类库丰富和数据处理能力强大等特点，是信息管理与信息系统、工商管理、电子商务等专业进行数据分析必须掌握的基础性语言和技术工具，非常适合数字智能社会的大学生学习。

为培养当代大学生的数字素养，全面提升学生 Python 数据分析与实践的能力，本书着重讲述 Python 语言的基础语法、机器学习、数据分析基础库以及项目应用案例。全书共 13 章。第 1 章主要介绍 Python 的发展历史、特点、集成开发环境、内置模块、帮助的使用等内容；第 2 章主要介绍 Python 语言的基础知识；第 3 章主要介绍 Python 中常用的数据结构，包括序列、字典、集合，以及函数的定义和调用等；第 4 章主要介绍 Python 中类、对象和方法的相关内容；第 5 章主要介绍 Python 进行数据分析常用的 NumPy、Pandas、Matplotlib、SciPy 和 Scikit-learn 等基础库内容；第 6 章主要介绍网络数据获取，包括 HTML 和 XML 两种网页组织形式，以及 urllib 和 BeautifulSoup4 两个模块内容；第 7 章主要介绍 Python 文件的读写操作方法；第 8 章主要介绍 Python 数据可视化，以及使用 Python 绘制图表的知识；第 9 章主要介绍利用 Python 进行数据库开发的方法与应用过程；第 10 章介绍机器学习——有监督学习基本原理，包括支持向量机算法、回归算法等以及“生物多样性”分析案例；第 11 章介绍机器学习——无监督学习的聚类原理，包括 K-means 算法、DBSCAN 算法等以及在“美丽乡村建设”中的应用；第 12 章主要介绍 Python 在杭州二手房房价分析中的实践项目案例，着重讲述 Python 数据分析的预处理、数据可视化、模型选择与训练、模型调参与模型应用评估等数据分析的具体过程；第 13 章主要介绍 Python 在金融风险数据分析中的实践项目案例。

本书一方面侧重对 Python 数据分析基础知识的讲解，另一方面注重 Python 数据处理方法的应用。另外，本书将网络强国、绿色发展、美丽乡村建设等应用案例和富有科学家精神的工程项目有机融入 Python 知识讲解中。

为便于教学，本书提供丰富的配套资源，包括教学大纲、教学课件、电子教案、程序源码、在线题库、习题答案和 450 分钟的微课视频。书中的代码均在 Python 3.5 中测试通过。

资源下载提示

课件等资源：扫描封底的"图书资源"二维码，在公众号"书圈"下载。

素材（源码）等资源：扫描目录上方的二维码下载。

在线自测题：扫描封底的作业系统二维码，再扫描自测题二维码，可以在线做题及查看答案。

微课视频：扫描封底的文泉云盘防盗码，再扫描书中相应章节的视频讲解二维码，可以在线学习。

本书编写人员具有丰富的 Python 数据分析实践经验和多年的信息管理教学能力。第 1～3 章由浙江财经大学刘铁桥老师修订；第 4～7、10 章由杭州电子科技大学柳毅老师编写；第 8、9、11、12、13 章由杭州电子科技大学毛峰老师编写；沈阳工业大学李艺老师，杭州电子科技大学王健、陆佳涣等硕士研究生参与了本书相关章节内容和程序代码的完善工作；浙江工业大学国家教学名师王万良教授对本书进行了认真的审阅，并提出许多宝贵的建设性意见，使本书内容日臻完善，在此对他们所付出的辛勤劳动表示诚挚的感谢。

本书可作为高等院校计算机相关专业学生学习 Python 数据分析的入门教材，也可作为 Python 爱好者的参考书。

由于编者水平所限，书中难免有疏漏之处，敬请读者批评指正。

编　者

2025 年 5 月

于杭州电子科技大学月雅湖畔

目 录

第 1 章

Python简介

本章学习目标：

- 了解 Python 语言的发展历史及特点。
- 熟练掌握 Python 中 IDLE 的编程特点。
- 熟练掌握 Python 的开发环境。

本章首先向读者介绍 Python 发展的历史及其特点；接着对 Python 的环境搭建进行介绍，并对常用的 Python 集成开发环境进行讲解；最后对 Python 的代码开发风格进行讲解。

1.1 Python 语言概述

1.1.1 Python 语言的发展历史

Python 的作者是荷兰人 Guido van Rossum。尽管拥有阿姆斯特丹大学数学和计算机双硕士学位，Guido 总是趋向于做计算机相关的工作，并热衷于做任何与编程相关的事情。Guido 接触并使用过 Pascal、C、FORTRAN 等语言，这些语言的基本设计原则是让计算机能更快地运行。在 20 世纪 80 年代，虽然 IBM 和苹果公司已经掀起了个人计算机浪潮，但是这些个人计算机的配置很低。所有编译器的核心是做优化，以便让程序能够运行。为了提高效率，语言也迫使程序员像计算机一样思考，以便能写出更适合计算机的程序。在那个时代，程序员恨不得拥有使用计算机每一点空间的能力，有人甚至认为 C 语言的指针是在浪费内存。至于动态类型、内存自动管理、面向对象等，那就不用想了，否则会让计算机陷入瘫痪。

这种编程方式让 Guido 感到苦恼。Guido 知道如何用 C 语言写出一个功能，但整个编写过程需要耗费大量的时间。他的另一个选择是 Shell。Bourne Shell 作为 UNIX 系统的解释器已经长期存在，UNIX 的管理员们经常用 Shell 去写一些简单的脚本，以进行一些系统维护工作，例如定期备份、文件系统管理等。许多用 C 语言编写的上百行的程序，在 Shell 下只用几行就可以完成。然而，Shell 的本质是调用命令，它并不是一种真正的语言。例如，Shell 没有数值型的数据类型，即使加法运算也很复杂。总之，Shell 不能全面地调用计算机的功能。

Guido 希望有一种语言能够像 C 语言那样可以全面调用计算机的功能接口，又能够像 Shell 那样可以轻松地编程，ABC 语言让 Guido 看到希望。ABC 语言是由荷兰的数学和计算机研究所开发的。Guido 在该研究所工作，并参与到 ABC 语言的开发中。与当时的大部分语言不同，ABC 语言的目标是"让用户感觉更好"。ABC 语言希望让程序变得容易阅读、使用、记忆和学习，并以此来激发人们学习编程的兴趣。尽管已经具备了良好的可读性和易用性，但 ABC 语言最终没有流行起来。当时在 ABC 语言的设计中也存在一些致命的问题，例如：

（1）ABC 语言不是模块化语言。如果想在 ABC 语言中增加功能，例如，对图形化的支持，就必须改动很多地方。

（2）ABC 语言不能直接操作文件系统。尽管用户可以通过如文本流的方式导入数据，但 ABC 语言无法直接读写文件，输入输出的困难对于计算机语言来说是致命的。

（3）ABC 语言用自然语言的方式来表达程序的意义，然而对于程序员来说，他们更习惯用 function 或 define 来定义一个函数，用等号来分配变量。尽管 ABC 语言很特别，但学习难度也很大。

（4）ABC 语言编译器很大，必须被保存在磁带上，这样 ABC 语言很难快速传播。

1989 年，为了打发圣诞节假期，Guido 开始写 Python 语言的编译器。Python 这个名字来自 Guido 所挚爱的电视剧 *Monty Python's Flying Circus*。他希望 Python 语言能符合他的理想——创造一种 C 语言和 Shell 之间的功能全面、易学易用、可拓展的语言。1991 年，第一个 Python 编译器诞生。它是用 C 语言实现的，并能够调用 C 语言的库文件。从一诞生，Python 已经具有了类、函数、异常处理，包含表和词典在内的核心数据类型及以模块为基础的拓展系统。

Python 语法很多来自 C 语言，但又受到 ABC 语言的很大影响。来自 ABC 语言的一些规定直到今天还有争议，例如，强制缩进，但这些语法规定让 Python 容易阅读。另外，Python 聪明地选择服从一些惯例，特别是 C 语言的惯例，例如，回归等号赋值。

Python 从一开始就特别注重可拓展性，它可以在多个层次上拓展。用户可以直接引入 .py 文件，也可以引用 C 语言的库。Python 程序员可以快速地使用 Python 写 .py 文件作为拓展模块，但当性能是考虑的重要因素时，Python 程序员可以深入底层写 C 程序，编译 .so 文件引入 Python 中使用。Python 就好像是使用钢材构建房屋一样，先规定好大的框架，而程序员可以在此框架下自由地拓展或更改。

最初的 Python 完全由 Guido 本人开发。Python 受到 Guido 同事的欢迎，他们迅速地反馈使用意见，并参与到 Python 的改进中。Guido 和一些同事构成 Python 的核心团队，他们将自己的大部分业余时间用于 hack Python。随后，Python 被拓展到研究所之外。Python 将许多机器层面上的细节隐藏,交给编译器处理,并突显出逻辑层面的编程思考。Python 程序员可以花更多的时间用于思考程序的逻辑,而不是具体的实现细节,这一特征吸引了广大的程序员,Python 开始流行。

Guido 维护了一个邮件列表,Python 用户能通过邮件进行交流。Python 用户来自许多领域,不同的背景对 Python 也有不同的需求。Python 相当开放,又容易拓展,所以当用户不满足现有功能时很容易对 Python 进行拓展或改造。随后,这些用户将改动发给 Guido,并由 Guido 决定是否将新的特征加入 Python 或标准库中。如果代码能被纳入 Python 自身或标准库,这将是极大的荣誉。由于 Guido 有着至高无上的决定权,所以他被称为"终身仁慈的独裁者"。

Python 被称为"Battery Included",这是说它的标准库功能强大。这是整个社区的贡献,Python 的开发者来自不同领域,他们将不同领域的优点带给 Python,例如,Python 标准库中的正则表达式参考 Perl,而 lambda 匿名函数及 map()、filter()、reduce()等函数参考了 Lisp。在 Python 的开发过程中,社区起到了重要的作用。Guido 认为自己不是全能型的程序员,所以他只负责制订框架,如果问题太复杂,他会选择绕过去,也就是 cut the corner,这些问题最终由社区中的其他人解决。社区中的人才是异常丰富的,就连创建网站、筹集基金这样与开发稍远的事情也有人乐于处理。如今的项目开发越来越复杂,越来越庞大,合作及开放的心态成为项目最终成功的关键。从 Python 2 开始,Python 从 maillist 的开发方式转为完全开源的开发方式,社区气氛已经形成,工作被整个社区分担,Python 也获得了更加快速的发展。

到今天,Python 的框架已经确立。Python 语言以对象为核心组织代码,支持多种编程范式,采用动态类型,自动进行内存回收。Python 支持解释运行,并能调用 C 语言函数库进行拓展。Python 有强大的标准库,由于标准库的体系已经稳定,所以 Python 的生态系统开始拓展到第三方包,这些包有 Django、web.py、wxPython、NumPy、Matplotlib、PIL 等。

Python 崇尚优美、清晰、简单,是一种优秀并广泛使用的语言。2018 年 Python 在 TIOBE 排行榜中排行第三,它是谷歌的第三大开发语言、Dropbox 的基础语言、豆瓣的服务器语言。

Python 从其他语言中学到了很多,无论是已经进入历史的 ABC 语言,还是依然在使用的 C 语言和 Perl,甚至是许多没有列出的其他语言。可以说,Python 的成功代表了它借鉴的所有语言的成功。

无论 Python 未来的命运如何,Python 的历史已经很有趣了。

1.1.2 Python 语言的特点

1. Python 语言的优点

(1) Python 非常简单,适合阅读。阅读一个良好的 Python 程序就像是在读英语一样,尽管这个英语的要求非常严格。Python 的这种伪代码本质是它最大的优点之一,它使用户能够专注于解决问题而不是去弄明白语言本身。

(2) 易学:Python 虽然是用 C 语言写的,但是它摒弃了 C 语言中非常复杂的指针,简化了 Python 的语法。

（3）Python 是自由/开源软件（Free/Libre and Open Source Software,FLOSS）之一。简单地说,用户可以自由地发布这个软件的副本,阅读它的源代码,对它做改动,把它的一部分用于新的自由软件中。

（4）可移植性：由于开源本质,Python 已经被移植到许多平台上（经过改动使它能够工作在不同平台上）。如果用户小心地避免使用依赖于系统的特性,那么所有的 Python 程序无须修改就可以在 Linux、Windows、FreeBSD、Macintosh、Solaris、OS/2 及谷歌基于 Linux 开发的 Android 平台上运行。

（5）Python 解释器把源代码转换为字节码的中间形式,然后把它翻译成计算机使用的机器语言并运行。因此,用户不再需要担心如何编译程序、如何确保连接转载正确的库等,所有这一切让使用 Python 更加简单。

（6）Python 既支持面向过程的函数编程,也支持面向对象的抽象编程。在面向过程的语言中,程序是由过程或可重用代码的函数构建起来的；在面向对象的语言中,程序是由数据和功能组合而成的对象构建起来的。与其他主要的语言（例如,C++ 和 Java）相比,Python 以一种非常强大且简单的方式实现面向对象编程。

（7）可扩展性和可嵌入性：如果用户需要让自己的一段关键代码运行得更快或希望某些算法不公开,可以将部分程序用 C/C++ 编写,然后在自己的 Python 程序中使用它们。用户可以把 Python 嵌入自己的 C/C++ 程序,从而向程序用户提供脚本功能。

（8）Python 有很庞大的标准库。它可以帮助用户处理各种工作,包括文档生成、单元测试、线程、数据库、CGI、FTP、电子邮件、XML、XML-RPC、HTML、WAV 文件、密码系统、GUI(图形用户界面)、Tk 和其他与系统有关的操作。记住,只要安装了 Python,所有这些功能都是可用的。除了标准库以外,还有许多其他高质量的库,例如,wxPython、Twisted 和 Python 图像库等。

2. Python 语言的缺点

（1）在很多时候不能将 Python 程序连写成一行,例如,"import sys; for i in sys. path: print i"。

（2）运行速度：如果有速度要求,用 C++ 改写关键部分。不过对于用户而言,机器上的运行速度是可以忽略的,因为用户根本感觉不出这种速度的差异。

（3）Python 的开源性使 Python 语言不能加密。

（4）Python 架构选择太多（没有像 C♯ 这样的官方.NET 架构,也没有像 Ruby 由于历史较短,架构开发相对集中）,不过这也从另一个侧面说明 Python 比较优秀,吸引的人才多,项目也多。

1.2 Python 的环境搭建

（1）进入 Python 官方网站（https://www.python.org/downloads/）下载软件包,如图 1.1 所示选择圈中区域进行下载。

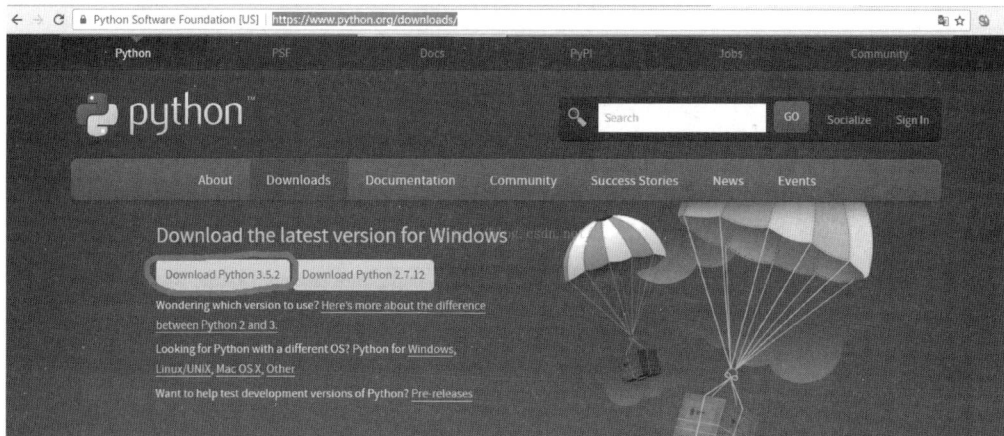

图 1.1 Python 官方网站

（2）下载完成后的 Python 软件包如图 1.2 所示。

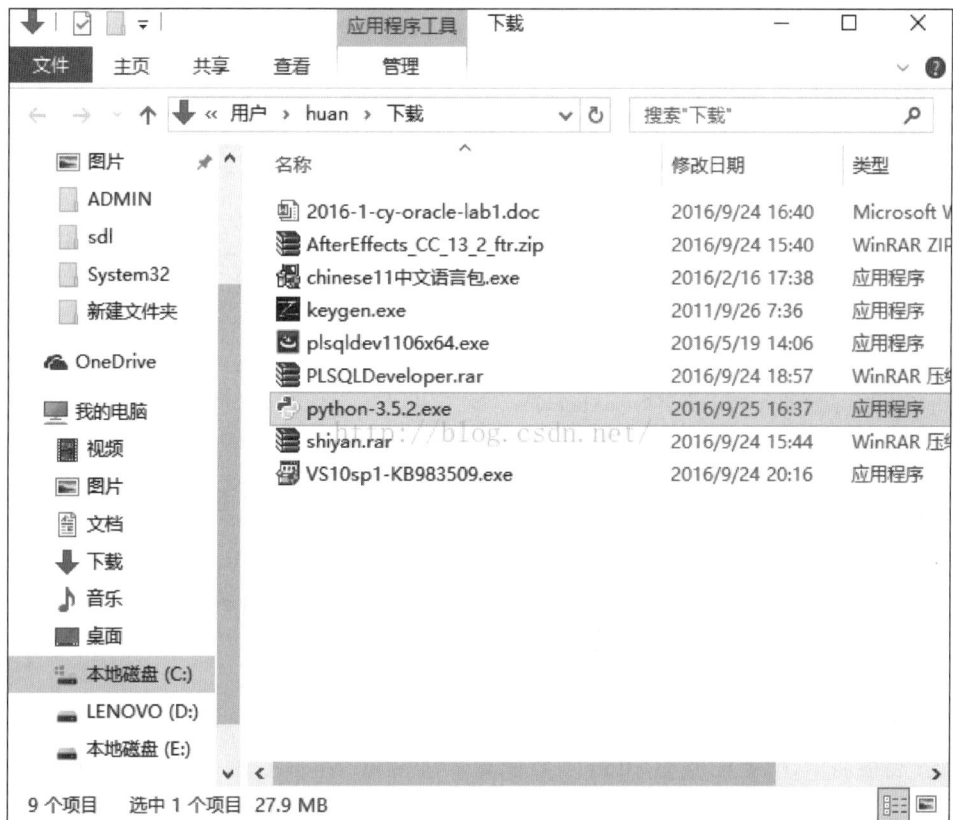

图 1.2 下载成功后的 Python 软件包

（3）双击.exe 文件进行安装，如图 1.3 所示，并按照圈中区域进行设置，切记要勾选打钩的框，然后单击 Customize installation 进入下一步，如图 1.4 所示。

（4）对于图 1.5 来说，可以通过 Browse 按钮自定义安装路径，或保持默认路径单击

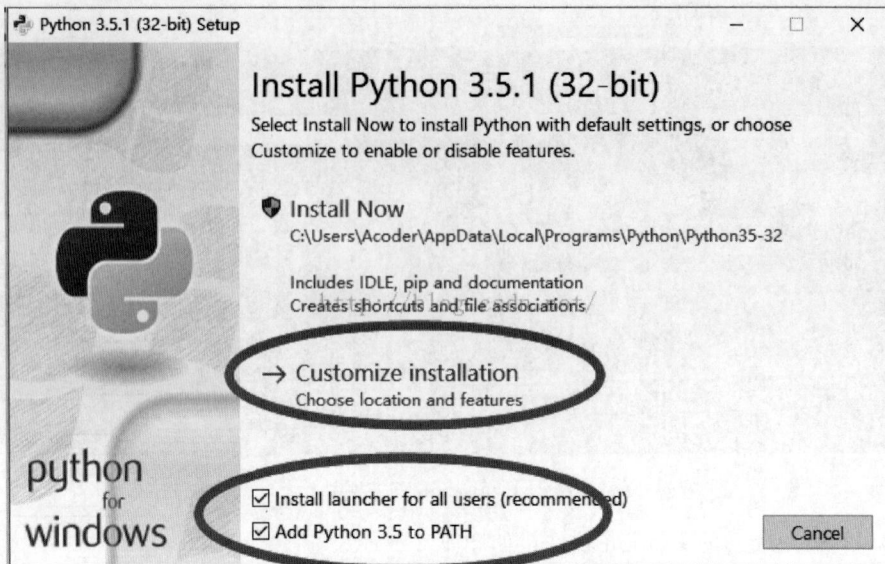

图 1.3　Python 安装的初始化界面

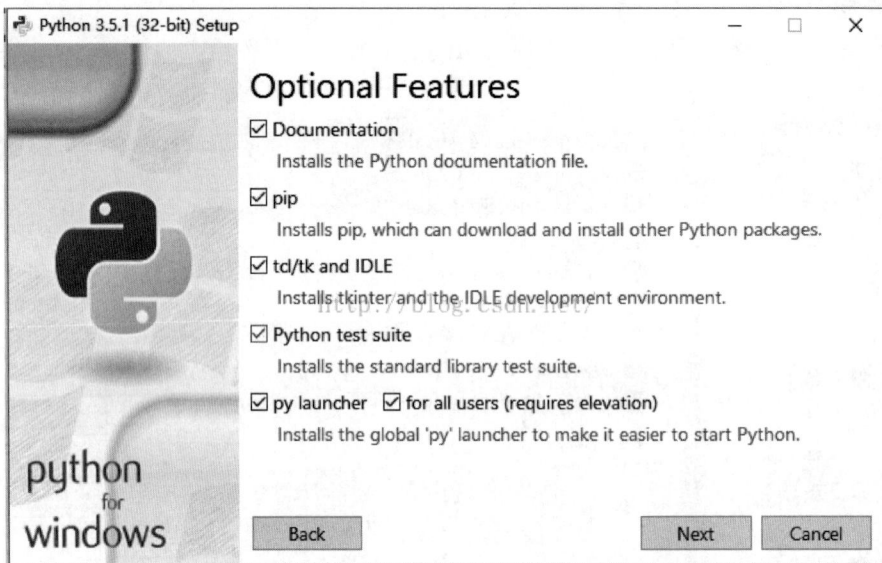

图 1.4　Python 安装过程中的配置选择

Install 按钮完成安装。

　　安装很简单,但要注意 Python 需要配置环境变量(若已按图 1.3 所示选中了"Add Python 3.5 to PATH",则无须配置,否则按下文所述进行设置)。

　　首先找到 Python 的安装位置,然后复制其完整安装目录路径。

　　接着进入高级系统设置,单击"环境变量"按钮,在"环境变量"对话框的"系统变量"列表框中找到 Path,单击"编辑"按钮,在变量值后面添加之前复制的 Python 位置,在前面加上英文的分号,如图 1.6 所示。

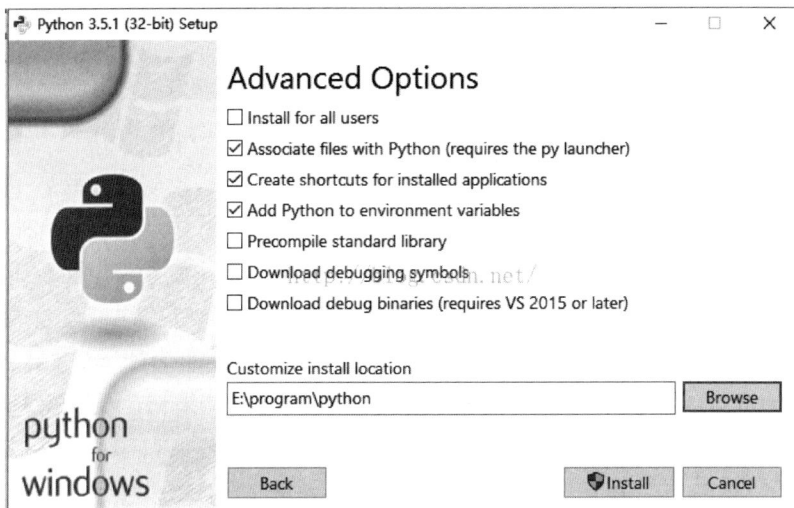

图 1.5　Python 安装过程中的路径选择

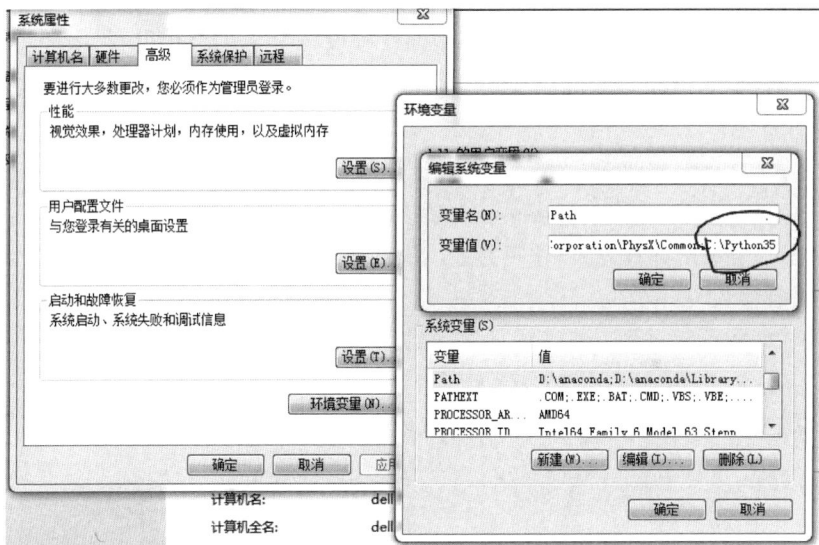

图 1.6　Python 安装中环境变量的设置

（5）最后检验 Python 是否安装好。同时按住 Win 键和 R 键在"运行"窗口中输入 "cmd"，单击"确定"按钮，进入命令行；在命令行中输入"Python"，出现 Python 的相关信息，则表示 Python 安装好了。

1.3　开始使用 Python

1.3.1　Python 的 IDLE 环境

在 IDLE 环境下运行 Python 程序有两种方式：交互式和文件式。交互式运行指

Python解释器及时响应用户的每条代码，给出输出结果；文件式运行指用户将Python代码写在一个或多个文件中，然后运行文件。

1. 交互式

交互式解释器的提示符是"＞＞＞"。当看到提示符"＞＞＞"时，说明解释器处于等待输入的状态，输入表达式后按Enter键，就能看到结果。

启动Windows操作系统命令行工具（搜索cmd，打开"命令提示符"窗口），在"命令提示符"窗口中输入"python"，按Enter键，出现提示符"＞＞＞"，此时用户可以直接在"＞＞＞"后输入一行Python代码，Python就会执行该代码。如图1.7所示，输入打印语句print("Hello World!")，"命令提示符"窗口将直接显示打印结果Hello World!。

```
C:\Users\maot2>python
Python 3.9.6 (tags/v3.9.6:db3ff76, Jun 28 2021, 15:26:21) [MSC v.1929 64 bit (AMD64)] on win32
Type "help", "copyright", "credits" or "license" for more information.
>>> print("Hello World!")
Hello World!
```

图1.7　在"命令提示符"窗口启动Python

在"＞＞＞"提示符后输入"exit()"或"quit()"，则退出Python交互运行环境。

例如，要计算1＋1，可以在"＞＞＞"提示符后面输入"1＋1"，然后按Enter键，让Python进行计算。

```
>>> 1 + 1
```

Python就会输出计算结果，这里是2。如果要退出Python交互模式，可以在Python命令提示符后输入"exit()"。

```
>>> exit( )
```

也可以输入"quit()"。

```
>>> quit( )
```

另外还可以输入一个文件尾（end of file，EOF）字符，在Windows中是Ctrl＋Z，在Linux中是Ctrl＋D。对于以后的代码来说，如果出现以"＞＞＞"开头的行，就代表这行代码是在Python交互模式下输入的。在Python交互模式下输入代码和运行.py文件是有区别的。在Python命令行，Python会等待用户一行一行地输入代码；但运行.py文件时用户没有这个机会，而且一般运行完一个.py文件Python就会立即退出（这样用户就不能看到程序输出了什么）。

2. 文件式

通过IDLE创建.py文件并运行，这是最常用且最重要的程序运行方法。打开IDLE选择菜单File→New File（或按快捷键Ctrl＋N），在打开的窗口中进行代码的输入和编辑，根据矩形的长和宽，计算矩形的面积，如图1.8所示。

```
File Edit Format Run Options Window Help
a=15   #矩形的长为15
b=10   #矩形的宽为10
s=a*b  #通过长和宽计算矩形面积
print(s) #打印矩形面积
print("矩形的长为{},宽为{},面积为{}".format(a,b,s))#打印完整信息
```

图 1.8　通过 IDLE 编写并运行 Python 程序

保存该文件为 1.2.py 文件,选择菜单 Run→Run Module(或按快捷键 F5),运行该
文件的结果如图 1.9 所示。

```
======================= RESTART: D:/python /1.2.py ===== =====
====
150
矩形的长为15,宽为10,面积为150
```

图 1.9　运行结果

1.3.2　Python 的集成开发环境

除了从官网中下载的 Python 自带的 IDLE 外,还有几款风格、功能各异的 IDE(集成
开发环境),下面分别介绍。

1. Eclipse＋PyDev

Eclipse＋PyDev 的下载网址为 http://pydev.org/,开发界面如图 1.10 所示。

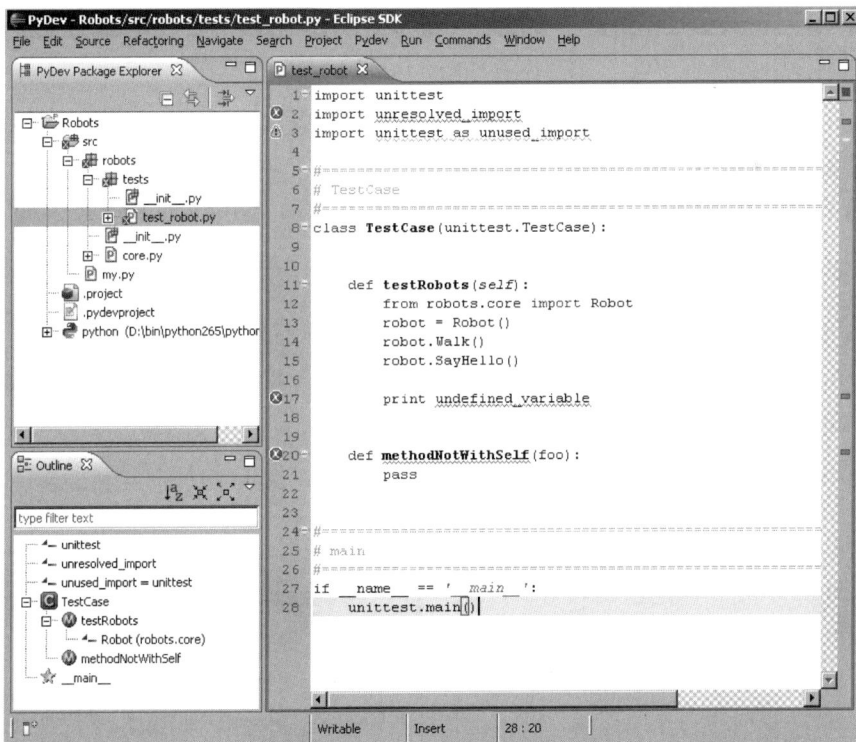

图 1.10　Eclipse＋PyDev 的开发界面

Eclipse＋PyDev 插件很适合开发 Python Web 应用，其特征包括代码自动完成、语法高亮显示、代码分析、调试器及内置的交互浏览器。

2. VSCode

VSCode 的下载网址为 https：//code. visualstudio. com，开发界面如图 1.11 所示。

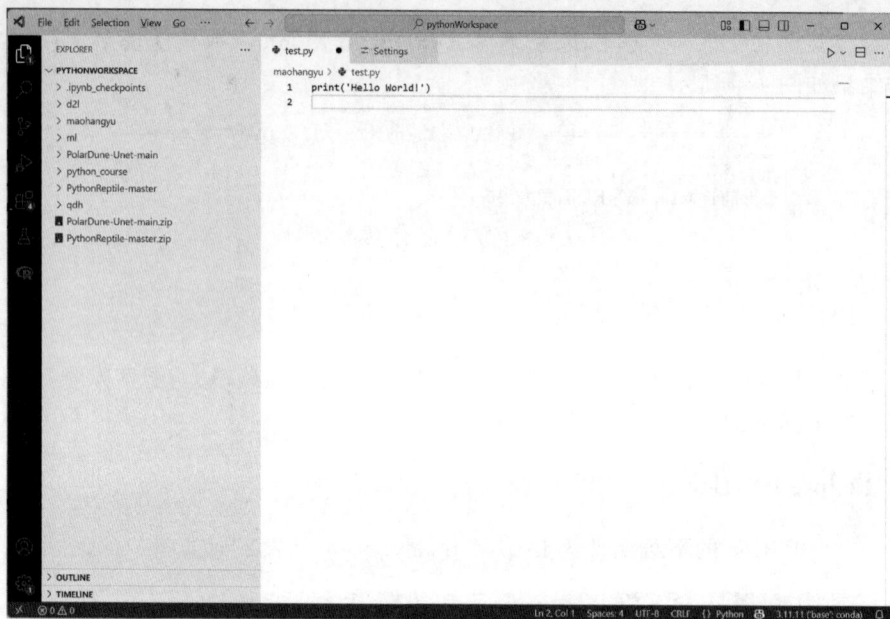

图 1.11　VSCode 的开发界面

VSCode 是微软开发的一款免费、开源的轻量级代码编辑器，内置了智能代码补全、调试等丰富的功能，特别是它拥有丰富的扩展市场，可安装各种语言和工具插件。在安装微软官方提供的 Python 插件后，VSCode 将提供高效的 Python 开发体验。

3. Thonny

Thonny 的下载网址为 https：//thonny. org，开发界面如图 1.12 所示。

Thonny 是一款专为 Python 初学者设计的轻量级 IDE，特点是简单易用，界面直观，特别适合编程新手学习和调试 Python 代码。

4. PyCharm

PyCharm 是由 JetBrains 打造的一款 Python IDE。PyCharm 具备一般 Python IDE 的功能，例如，调试、语法高亮显示、项目管理、代码跳转、智能提示、代码自动完成、单元测试、版本控制等。另外，PyCharm 还提供了一些很好的功能用于 Django 开发，同时支持 Google App Engine，更酷的是 PyCharm 支持 IronPython。

PyCharm 的官方下载网址为 http：//www. jetbrains. com/pycharm/download/，开发界面如图 1.13 所示。

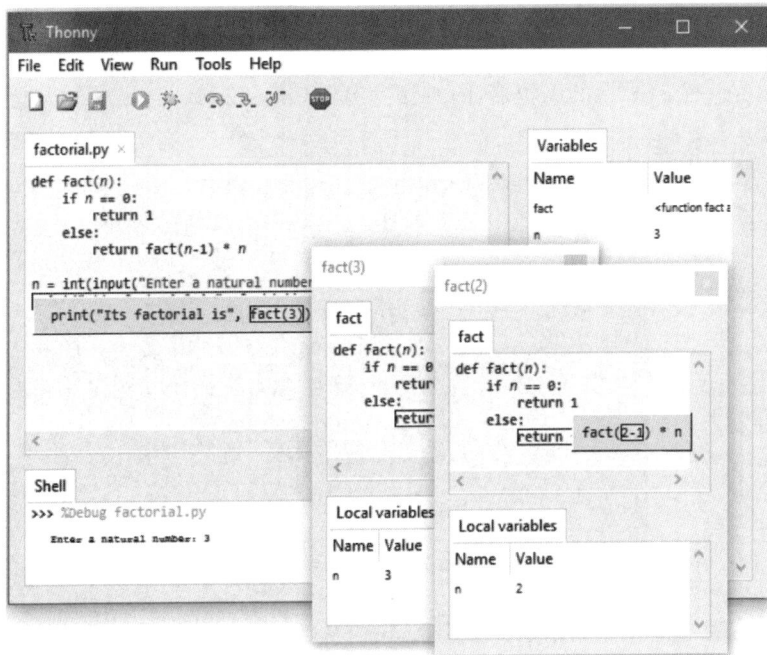

图 1.12　Thonny 的开发界面

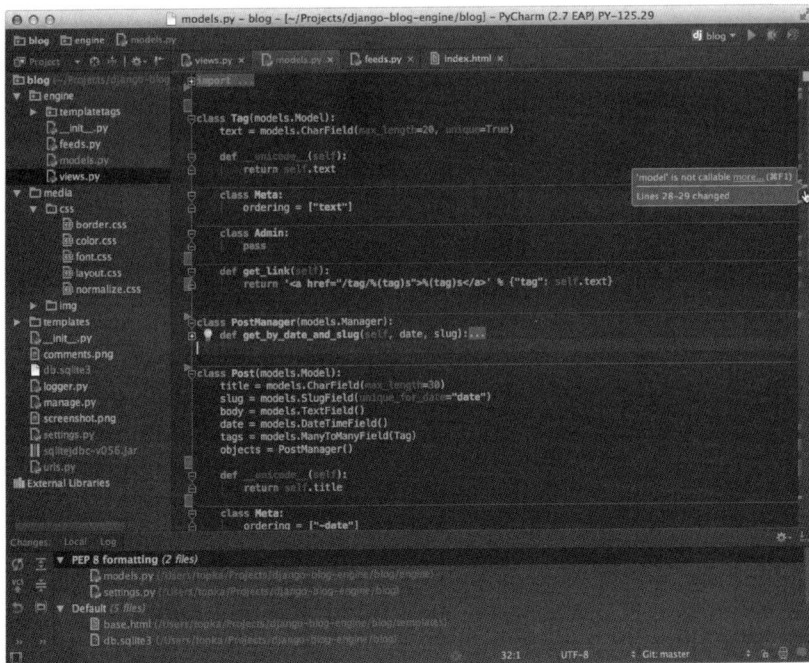

图 1.13　PyCharm 的开发界面

5．Sublime Text

Sublime Text 具有漂亮的开发界面(见图 1.14)和强大的功能,例如,代码缩略图、

Python 的插件和代码段等，还可以自定义键绑定、菜单和工具栏。Sublime Text 的主要功能包括拼写检查、书签、完整的 Python API、Goto 功能、即时项目切换、多选择、多窗口等。Sublime Text 是一个跨平台的编辑器，同时支持 Windows、Linux、macOS X 等操作系统。

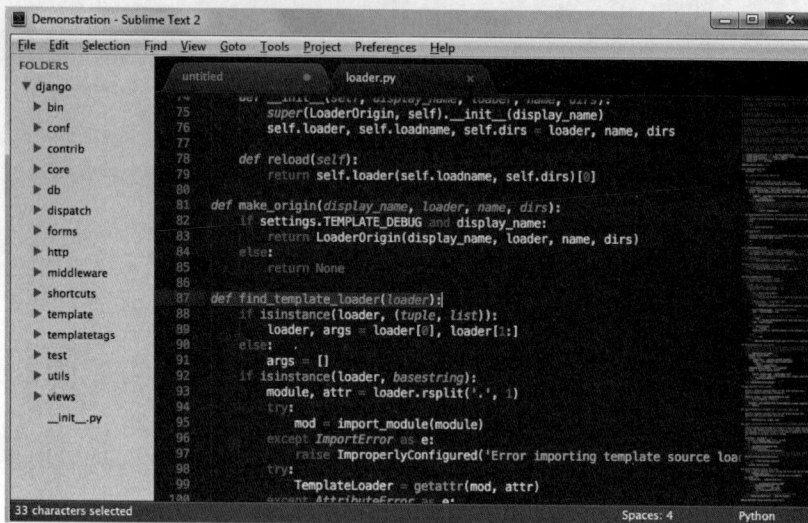

图 1.14　Sublime Text 的开发界面

使用 Sublime Text 的插件扩展功能，用户可以轻松地打造一款不错的 Python IDE，以下推荐几款插件（用户可以找到更多）。

- CodeIntel：自动补全＋成员/方法提示（强烈推荐）。
- SublimeREPL：用于运行和调试一些需要交互的程序。
- BracketHighlighter：括号匹配及高亮显示。
- SublimeLinter：代码 pep8 格式检查。

1.4　Eclipse＋PyDev 的安装

在安装 PyDev 之前，需要保证已经安装了 Java 1.4 或更高版本、Eclipse 及 Python。

1. 安装 Eclipse

Eclipse 可以在它的官方网站找到并下载，通常用户可以选择适合自己的 Eclipse 版本，例如 Eclipse Classic。下载完成后解压到自己想安装的目录中即可。

当然，在执行 Eclipse 之前用户必须确认安装了 Java 运行环境，即必须安装 JRE 或 JDK，用户可以到 http://www.java.com/en/download/manual.jsp 找到 JRE 下载并安装。

2. 安装 PyDev

在运行 Eclipse 之后，选择 Help→Install New Software 选项，如图 1.15 所示。

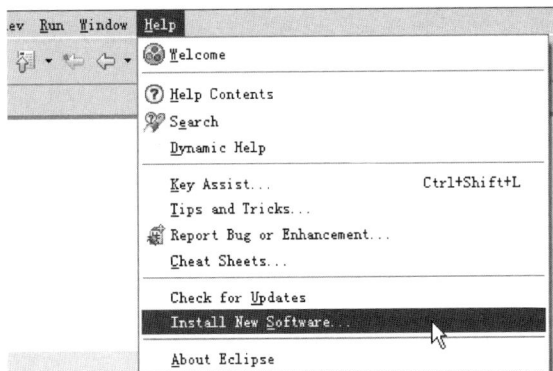

图 1.15 PyDev 的安装

单击 Add 按钮,添加 PyDev 的安装地址 http://pydev.org/updates/,如图 1.16 所示。

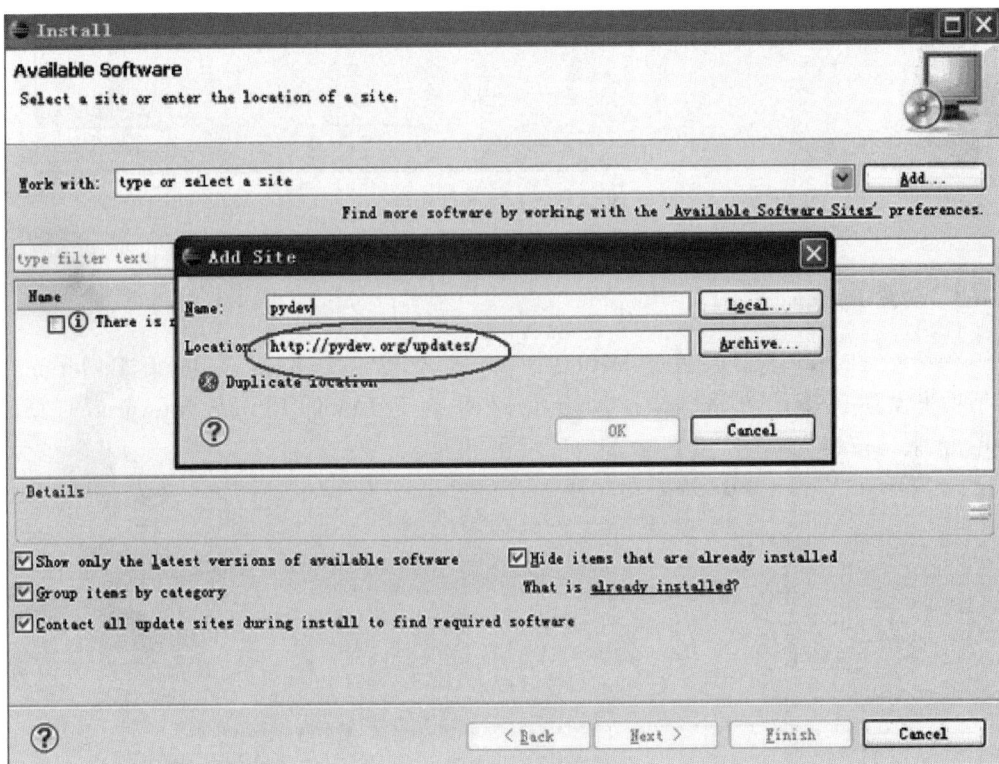

图 1.16 添加安装地址

完成后单击 OK 按钮,接着单击 PyDev 前面的"+",展开 PyDev 的节点。这里要等一小段时间,让它从网上获取 PyDev 的相关组件,当完成后会多出 PyDev 的相关组件在子节点里,勾选它们,然后单击 Next 按钮进行安装,如图 1.17 所示。

安装完成后重启 Eclipse 即可。

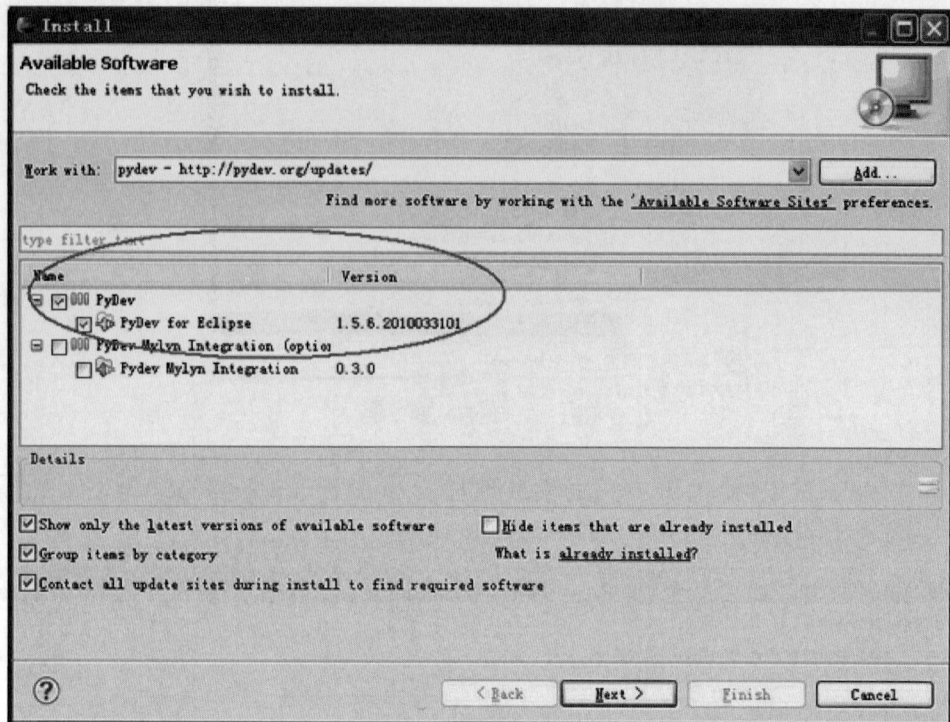

图 1.17 勾选相关组件

3. 设置 PyDev

在安装完成后还需要设置 PyDev，选择 Window→Preferences 选项打开 Preferences 对话框来设置 PyDev。首先设置 Python 的路径，在 PyDev 的 Python Interpreters 页面中单击 New 按钮，如图 1.18 所示。

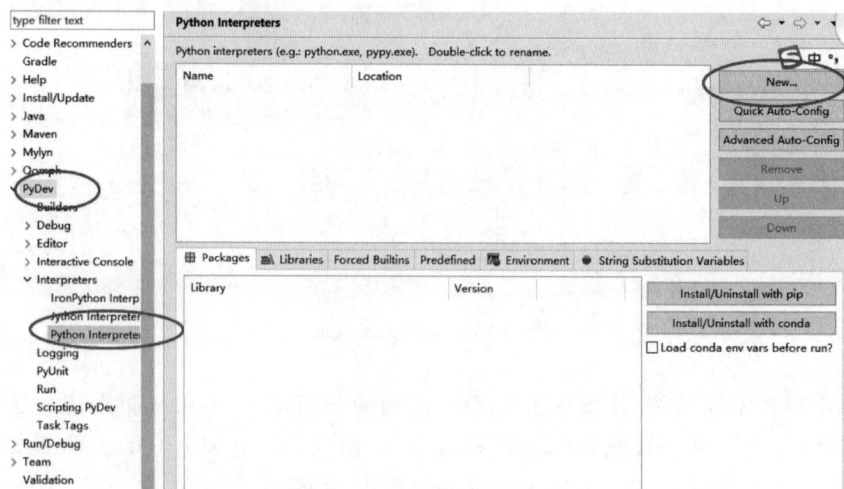

图 1.18 PyDev 的设置

此时会弹出一个对话框让用户选择 Python 的安装位置,选择自己安装 Python 的所在位置,如图 1.19 所示。

图 1.19 PyDev 的设置完成

完成之后 PyDev 即设置完成,用户可以开始使用。

4. 建立 Python Project

在安装好 Eclipse＋PyDev 以后,用户就可以开始使用它来开发项目了。首先要创建一个项目,选择 File→New→Pydev Project 选项,如图 1.20 所示。

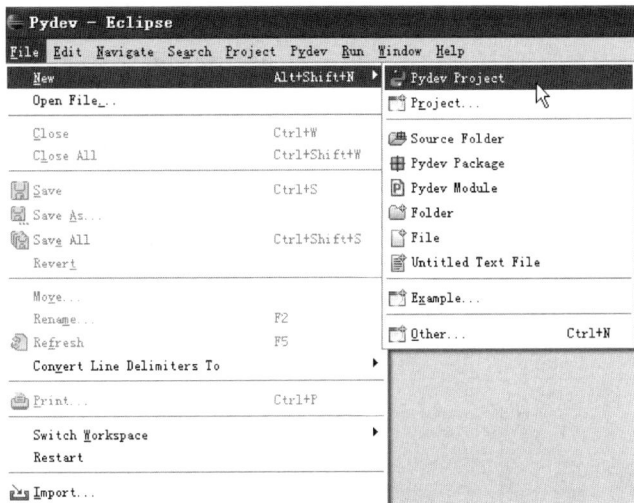

图 1.20 选择 Pydev Project 选项

　　此时会弹出一个对话框,填写项目名称及项目保存地址,然后单击 Next 按钮完成项目的创建,如图 1.21 所示。

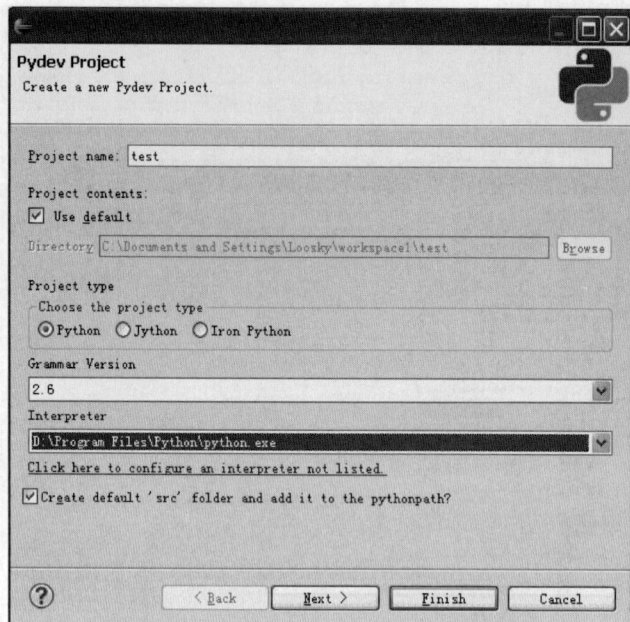

图 1.21　填写项目名称及项目保存地址

5. 创建新的 PyDev Module

　　只有项目是无法执行的,接着必须创建新的 PyDev Module,选择 File→New→Pydev Module 选项,如图 1.22 所示。

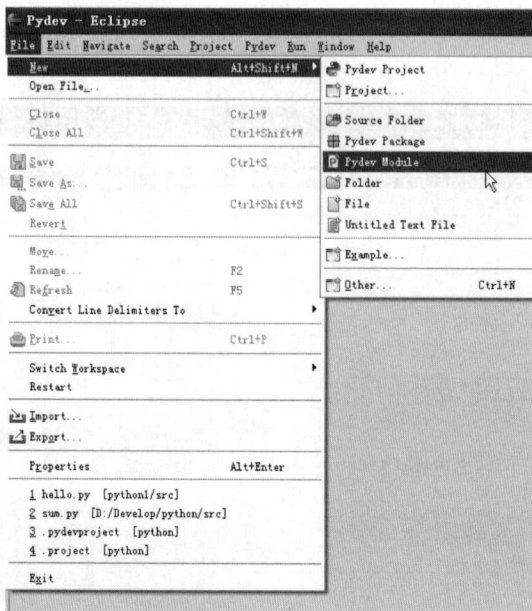

图 1.22　选择 Pydev Module 选项

在弹出的对话框中填写文件存放位置及名称，注意名称不用加.py，系统会自动帮助用户添加。然后单击 Finish 按钮完成创建，如图 1.23 所示。

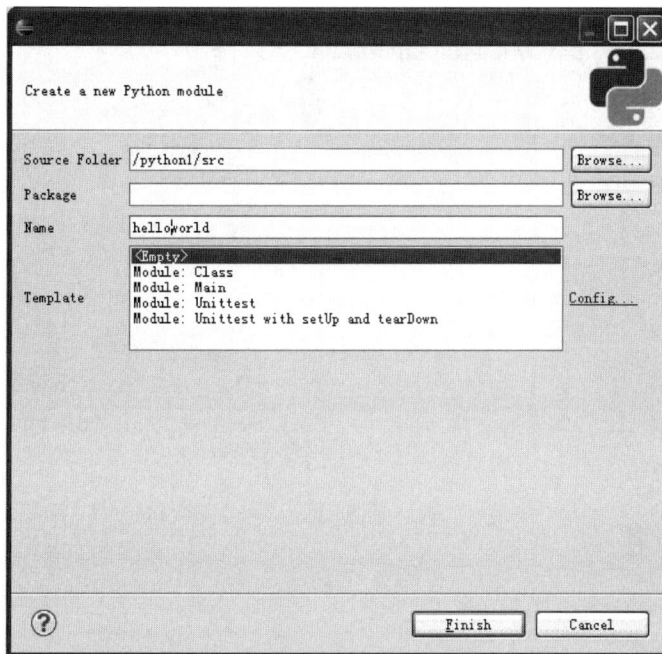

图 1.23　填写文件存放位置及名称

输入代码"print("hello world!")"，如图 1.24 所示。

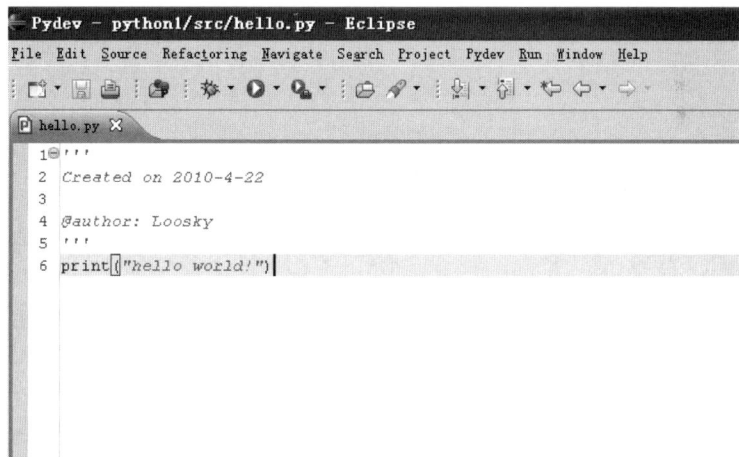

图 1.24　输入代码

6. 执行程序

程序写完后可以执行程序，在上方的工具栏中单击用于执行的按钮，如图 1.25 所示。

此时会弹出一个让用户选择执行方式的对话框，通常选择 Python Run 选项（见

图 1.26),开始执行程序。

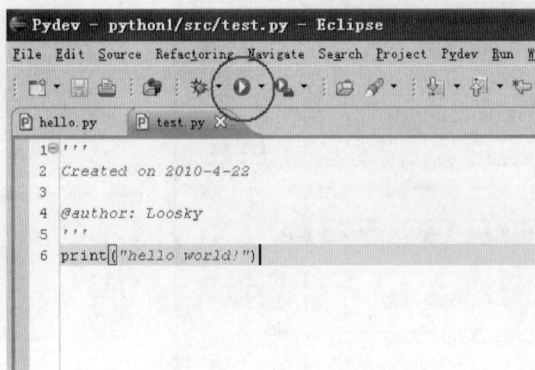

图 1.25　执行程序

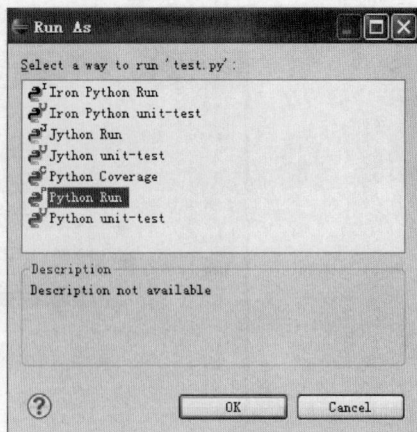

图 1.26　选择 Python Run 选项

1.5　代码风格

下面介绍 Python 的代码风格。

1. 缩进

空格是最优先的缩进方式,每级缩进 4 个空格,连续行的折叠元素应该对齐。

```
# 与起始定界符对齐
foo = long_function_name(var_one, var_two,
                         var_three, var_four)
# 使用更多的缩进,以区别于其他代码
def long_function_name(
        var_one, var_two, var_three,
        var_four):
    print(var_one)
# 悬挂时应该增加一级缩进
foo = long_function_name(
    var_one, var_two,
    var_three, var_four)
# 悬挂不一定要 4 个空格
foo = long_function_name(
  var_one, var_two,
  var_three, var_four)
```

值得注意的是,两个字符组成的关键字(如 if),加上一个空格,加上开括号,为后面的多行条件创建了一个 4 个空格的缩进,这会给嵌入 if 内的缩进语句产生视觉冲突,因为它们也被缩进 4 个空格。

```
# 不增加额外的缩进
if (this_is_one_thing and
        that_is_another_thing):
    do_something()
# 添加一行注释,这将为支持语法高亮的编辑器提供一些区分
    if (this_is_one_thing and
            that_is_another_thing):
        # 当两个条件都是真时将要执行
# 在换行的条件语句前增加额外的缩进
```

多行结构中的结束花括号/方括号/圆括号应该是最后一行的第一个非空白字符,或者是最后一行的第一个字符。

```
my_list = [
    1, 2, 3,
    4, 5, 6,
]
result = some_function_that_takes_arguments(
    'a', 'b', 'c',
    'd', 'e', 'f',
)
```

2. 制表符

Python 3 不允许混合使用制表符和空格来缩进。在 Python 2 的代码中若混合使用制表符和空格的缩进,应该转换为完全使用空格。在调用 Python 命令行解释器时若使用-t 选项,可以对代码中不合法的混合制表符和空格发出警告(warnings);使用-tt 时警告(warnings)将变成错误(errors),这些选项是被高度推荐的。

3. 最大行长度

Python 采取保守做法,要求行限制到 79 个字符(文档字符串/注释到 72 个字符)。折叠长行的首选方法是使用 Python 支持的圆括号(parentheses)、方括号(brackets)和花括号(braces)内的行延续。长行可以在表达式外面使用圆括号来变成多行。连续行使用反斜杠更好。例如,长的多行的 with 语句不能用隐式续行,可以用反斜杠。

```
with open('/path/to/some/file/you/want/to/read') as file_1:\
     open('/path/to/some/file/being/written', 'w') as file_2:
    file_2.write(file_1.read())
```

4. 换行应该在二元操作符前面还是后面

几十年来推荐的风格是在二元操作符后面换行,但这会在两方面影响可读性——操作符往往分散在屏幕的不同列上,并且每个操作符都远离其操作数。

```
# 坏的: 操作符远离它们的操作数
income = (gross_wages +
          taxable_interest +
          (dividends - qualified_dividends) -
          ira_deduction -
          student_loan_interest)
```

为了解决这个可读性问题，数学家和出版商遵循相反的约定。Donald Knuth 在他的"计算和排版"系列中解释了传统规则："虽然一段内的公式总是在二进制操作和关系之后换行，但在二进制操作之前，显示的公式总是会换行"。

在 Python 代码中允许打破之前或之后一个二元运算符的规则，只要与当前惯例是一致的即可。建议使用 Knuth 的风格。

```
# 好的: 易于匹配操作数和操作符
income = (gross_wages
          + taxable_interest
          + (dividends - qualified_dividends)
          - ira_deduction
          - student_loan_interest)

# 二元运算符首选的换行位置在操作符后面
class Rectangle(Blob):
    def __init__(self, width, height,
                  color = 'black', emphasis = None, highlight = 0):
        if width == 0 and height == 0 and
                color == 'red' and emphasis == 'strong' or
                highlight > 100):
            raise ValueError("sorry, you lose")
        if width == 0 and height == 0 and (color == 'red' or
                                            emphasis is None):
            raise ValueError("I don't think so -- values are %s, %s" %
                              (width, height))
        Blob.__init__(self, width, height,
                      color, emphasis, highlight)
```

5. 空行

通常用两个空行分隔顶层函数和类的定义，类内方法的定义用单个空行分隔，额外的空行可以被用于分隔一组相关函数（groups of related functions），在一组相关的单句中间可以省略空行（如一组哑元（a set of dummy implementations））。Python 接受换页符作为空格，Emacs（和一些打印工具）视这个字符为页面分隔符，因此在文件中可以使用它们为相关片段（sections）分页。

6. 源文件编码

Python 发行版本中的核心代码应该始终使用 UTF-8 编码（Python 2 中使用 ASCII 编码）。使用 ASCII 编码（Python 2 中）或 UTF-8 编码（Python 3 中）的文件不应该有编码声明。在标准库中，非默认编码仅用于测试目的，否则，使用\x、\u、\U，或者\N 进行转义来包含非 ASCII 编码字符。

Python 3 及以上版本为标准库规定了以下策略：Python 标准库中的所有标识符必须使用 ASCII 编码标识符,并且尽可能使用英文单词。

另外,字符串和注释必须使用 ASCII 编码,唯一的例外是测试非 ASCII 编码功能的用例和作者名,名称不是基于拉丁字母表的作者必须提供这个字符集中他们名字的音译。开源项目面向全球,鼓励采用统一策略。

7. 导入

import 文件通常被放置在文件的首部,紧跟在模块注释和文档字符串之后及模块的全局变量和常量之前。

import 文件应该有顺序地导入以下库。

（1）标准库。

（2）相关的第三方库。

（3）本地库。

用户应该在每组导入之间放置一个空行。

通常把任何相关规范放在导入之后,推荐使用绝对导入,因为它们更易读,并且如果导入系统的配置不正确(例如,包中的一个目录在 sys.path 的最后),它们有更好的表现(或者至少给出更好的错误信息)。

```
import mypkg.sibling
from mypkg import sibling
from mypkg.sibling import example
```

明确的相对导入可以被用来代替绝对导入,特别是在处理复杂的包布局时,绝对导入会产生不必要的冗余。

```
from . import sibling
from .sibling import example
```

标准库代码应该避免复杂包布局并使用绝对导入。隐式的相对导入永远不应该被使用,并且在 Python 3 中已经移除。

在从一个包含类的模块中导入类时,下面通常是好的写法：

```
from myclass import MyClass
from foo.bar.yourclass import YourClass
# 如果这种写法导致本地名字冲突,那么就这样写
import myclass
import foo.bar.yourclass
# 并使用"myclass.MyClass"和"foo.bar.yourclass.YourClass"来访问
```

避免使用通配符导入(from <模块名> import *),因为这样会不清楚哪些名字出现在命名空间,这会让读者和许多自动化工具"困惑"。

8. 字符串引号

在 Python 中单引号字符串和双引号字符串是一样的,当一个字符串包含单引号字

符或双引号字符时,使用另一种字符串引号来避免字符串中使用反斜杠,这可以提高程序的可读性。

对于三引号字符串来说,Python三引号允许一个字符串跨行,在字符串中可以包含换行符、制表符及其他特殊字符。

9. 表达式和语句中的空格

在以下情况中应避免使用多余的空格:避免尾随空格,因为它通常是无形的,可能会让人感到很困惑,例如,一个反斜杠后跟一个空格,换行符不会被视为行延续标记。有些编辑器不保留它,并且许多项目(如CPython本身)都预先处理拒绝它的钩子。

始终在这些二元运算符两边放置一个空格:赋值(＝)、比较(＝＝、<、>、! ＝、<>、<=、>=、in、not in、is、is not),布尔运算(and、or、not)。

如果使用了不同优先级的操作符,在低优先级操作符周围增加空格(一个或多个)。注意不要使用多个空格,在二元运算符两侧添加的空格数量应相等。

```
i = i + 1
submitted += 1
x = x * 2 - 1
hypot2 = x * x + y * y
c = (a + b) * (a - b)
# 不要在用于指定关键字参数或默认参数值的"="号周围使用空格
def complex(real, imag = 0.0):
    return magic(r = real, i = imag)
# 函数注释应该对冒号使用正常规则,并且如果存在"->",两边应该有空格
def munge(input: AnyStr): ...
def munge() -> AnyStr: ...
# 当结合一个参数注释和默认值时,在"="符号两边使用空格(仅仅当那些参数同时有注释和一
# 个默认值时)
def munge(sep: AnyStr = None): ...
def munge(input: AnyStr, sep: AnyStr = None, limit = 1000): ...
# 不要将多条语句写在同一行上
if foo == 'blah':
    do_blah_thing()
do_one()
do_two()
do_three()
# 尽管有时可以将if/for/while和一小段主体代码放在一行,但在一个有多条子句的语句中不
# 要如此,避免折叠长行
# 最好不要
if foo == 'blah': do_blah_thing()
for x in lst: total += x
while t < 10: t = delay()
```

10. 注释

注释应该是完整的句子,如果注释是一个短语或句子,首字母应该大写,除非它是一个以小写字母开头的标识符(永远不要修改标识符的大小写)。

注释块通常应用在代码前,并和这些代码有着同样的缩进。注释块中的每行以"#"和一个空格开始(除非它是注释内的缩进文本)。注释块内的段落用仅包含单个"#"的

行分隔。

行内注释是和语句在同一行的注释,行内注释应该至少用两个空格和语句分开。它们应该以"♯"和单个空格开始。如果行内注释所述是显而易见的,那么它就是不必要的。

```
♯不要这样做
x = x + 1              ♯增加 x
♯但有时这样是有用的
x = x + 1              ♯补偿 border
```

1.6 使用帮助

一般情况下,用户不可能记住所有函数的使用方法,在关键的时候要学会使用Python 的帮助说明工具。

1. Python Manuals

自带 CHM 格式的 Python Manuals 存放在"\Python< x. x >\Doc\"目录下。

用户可以在 IDLE 界面下按 F1 键或单击 Help 选项下的 Python Docs 标签打开;也可以通过单击"开始"→Python x. x →Python Manuals 选项打开。

2. Module Docs

其中包含了 Python 中所有内置的和已经安装的第三方 Modules 文档信息。

单击"开始"→Python x. x→Module Docs 选项,出现 pydoc 程序界面,用户可以在搜索框中直接查找需要的内容。

用户也可以单击 Open Browser 选项建立本地临时的 Web Server,浏览网页版的文档信息。当需要关闭时,单击 Quit Serving 选项即可。

利用 pydoc 手工在指定端口打开 Web Documentation Server,代码为"python -m pydoc -p 6789"(表示打开 pydoc 模块来查看 Python 文档,并在 6789 端口上启动 Web Server)。

然后访问"http://localhost:6789/",可以看到所有已经安装的 Modules 文档信息。当需要关闭时,按 Ctrl+C 快捷键终止命令或关闭命令界面即可。

利用 pydoc 在终端查看文档信息,在命令行中执行"python -m pydoc 函数名或模块名",可以看到自动生成的文档信息,按 Q 键退出。

例如:查看 os 模块文档,代码为"python -m pydoc os";在当前目录生成 dir()函数的 HTML 文档,代码为"python -m pydoc -w dir"。

在 Linux 下同样适合用 pydoc 方式查看文档。

3. help()和 dir()

1) help()
查看对象信息:help([object])。

（1）查看所有的 keywords：help("keywords")。

（2）查看所有的 modules：help("modules")。

（3）查看常见的 topics：help("topics")。

（4）查看模块：help("sys")。

（5）查看数据类型：help("list")。

（6）查看数据类型的成员方法：help("list. append")。

对于已定义或引入的对象,help([object])查询不使用单引号和双引号;对于未引入的模块等对象,要使用单引号或双引号。

2）dir()

查看对象的属性及方法用 dir([object]),dir([object])查询不使用单引号和双引号。

注意：help()函数多用来查看对象的详细说明,按 Q 键退出;dir()函数多用来查看对象的属性及方法,输出的是列表。

在使用 help()和 dir()之前要确定查询的对象已被定义或引入,否则会报错,例如"NameError：name is not defined"。

4. 官方在线文档

其网址为 https://www.python.org/doc。

本章小结

本章主要介绍了 Python 语言发展的历史及其特点,然后以 Eclipse＋PyDev 为例对 Python 的环境搭建进行了展示,接着对 Python 自带的 IDLE 界面和 Python 的各种开发环境进行了讲解。读者需要熟练掌握 Python 的编程特点,根据自身情况选择所需要的 IDE,并熟练地掌握相对应的 Python 开发工具。

扫一扫

自测题

本章习题

1. 请简单介绍一下 Python 语言及其特点有什么。

2. 双击安装的 IDLE 启动 Python 运行环境,Python 3. X 环境中通过交互方式运行下列 Python 命令,观察运行结果：

（1）print("欢迎你,同学!")

（2）name＝input("请输入你的姓名：")

（3）school＝input("请输入你所在学校的名字：")

（4）print("大家好! 我是{}的{}.". format(school,name))

3. 请介绍 Python 用 import 导入库的几种方法。

第 **2** 章

Python语言基础知识

本章学习目标：
- 理解变量标识符的含义，掌握其构造和使用。
- 熟练掌握 Python 中数据类型的基本运算。
- 熟练掌握 Python 中条件语句的运用。

本章先向读者介绍 Python 中最基本的标识符与变量的定义，并通过示例向读者展现 Python 语言的简单编写，详细地介绍数据类型的应用；接着深入讲解条件语句的类别、各自的作用及循环语句的运用；最后通过示例展示 Python 在实际生活中的应用，简单地介绍 Python 中常用的函数。

2.1　标识符与变量

2.1.1　标识符

标识符(identifier)是用来标识某个实体的一个符号，在不同的应用环境下有不同的含义。

在日常生活中，标识符用来指定某个东西、人，要用到它、他或她的名字；在数学中解方程时也经常用到这样或那样的变量名或函数名；在编程语言中，标识符是用户编程时使用的名字，对于变量、常量、函数、语句块来说也有名字。

在 Python 中，标识符由字母、数字、下画线组成，所以标识符可以包括英文、数字及下画线(_)，但不能以数字开头。Python 中的标识符是区分大小写的。

另外，以下画线开头的标识符是有特殊意义的：以单下画线开头的(如：_foo)代表不能直接访问的类属性，需通过类提供的接口进行访问，不能用"from xxx import ＊"导入；以双下画线开头的（如：__foo）代表类的私有成员；以双下画线开头和结尾的（如：__foo__）代表 Python 里特殊方法专用的标识，例如__init__()代表类的构造函数。

2.1.2　变量

变量来源于数学，在计算机语言中能存储计算结果或能表示值的抽象概念。变量的表现形式是以一个绑定该变量的语句开始的，换句话说，变量可以通过变量名访问。在 Python 中没有变量声明，下面通过示例来具体看一下 Python 中变量的应用。

1.　运行 hello world. py 时发生的情况

在运行 hello world. py 时，Python 都做了些什么呢？下面来深入研究一下。实际上，即便是运行简单的程序，Python 所做的工作也相当多。

```
print("hello world!")
```

运行上述代码，用户将看到如下输出：

```
hello world!
```

在运行 hello world. py 文件时，末尾的. py 指出这是一个 Python 程序，因此 IDE 将使用 Python 解释器来运行它。Python 解释器读取整个程序，确定其中每个单词的含义。例如，当看到单词 print 时，解释器就会将括号中的内容打印到屏幕，而不管括号中的内容是什么。

在编写程序时，编辑器会以各种方式突出显示程序的不同部分。例如，编辑器知道 print 是一个函数的名称，因此将其显示为紫色；知道"hello world!"不是 Python 代码，因此将其显示为绿色。这种功能被称为语法突出，在用户刚开始编写程序时很有帮助。

2.　使用变量

下面来尝试在 hello world. py 中使用一个变量。在这个文件开头添加一行代码，并对第 2 行代码进行修改：

```
message = "hello world!"
print(message)
```

运行这个程序，看看结果如何？用户会发现，输出与以前相同：

```
hello world!
```

在这里添加了一个名为 message 的变量。每个变量都存储了一个值，即与变量相关联的信息，所存储的值为文本"hello world!"。添加变量导致 Python 解释器需要做更多的工作，在处理第 1 行代码时，它将文本"hello world!"与变量 message 关联起来；而处理第 2 行代码时，它将与变量 message 关联的值显示到屏幕。

下面进一步扩展这个程序：修改 hello world. py，使其再显示一条消息。为此，在

hello world.py 中添加一个空行,再添加下面两行代码:

```
message = "hello world!"
print(message)

message = "hello Python world!"
print(message)
```

现在如果运行这个程序,将看到两行输出:

```
hello world!
hello Python world!
```

在程序中可随时修改变量的值,而 Python 将始终记录变量的最新值。

3. 变量的命名

在 Python 中使用变量时需要遵守一些规则,违反这些规则将引发错误,请读者务必牢记下列有关变量的规则。

(1) 变量名只能包含字母、数字和下画线。变量名可以字母或下画线打头,但不能以数字打头,例如,可以将变量命名为 name_1,但不能将其命名为 1_name。

(2) 变量名不能包含空格,但可以使用下画线分隔其中的单词。例如,变量名 greeting_message 可行,但变量名 greeting message 会引发错误。

(3) 不要将 Python 关键字和函数名用作变量名,即不要使用 Python 保留的用于特殊用途的单词,例如 print。

(4) 变量名应既简短又具有描述性。例如 name 比 n 好,student_name 比 s_n 好,name_length 比 length_of_persons_name 好。另外,慎用小写字母 l 和大写字母 O,因为它们可能被人错看成数字 1 和 0。

如果想创建良好的变量名,就需要经过一定的实践,在程序复杂时尤其如此。随着编写的程序越来越多,并参考阅读别人编写的代码,用户将越来越善于创建有意义的变量名。注意,就目前而言,应使用小写的 Python 变量名。在变量名中使用大写字母虽然不会导致错误,但避免使用大写字母是个不错的选择。

4. 在使用变量时避免命名错误

程序员都会犯错,而且大多数程序员每天都会犯错。优秀的程序员也会犯错,但他们知道如何高效地消除错误。下面来看一种读者可能会犯的错误,并学习如何消除它。这里将有意地编写一些引发错误的代码。请输入下面的代码,包括其中拼写不正确的单词 mesage。

```
message = "hello world!"
print(mesage)
```

当程序存在错误时,Python 解释器将竭尽所能地帮助用户找出问题所在。当程序无法成功运行时,解释器会提供一个 traceback,它是一条记录,指出了解释器尝试运行代码时在什么地方陷入了困境。下面是用户不小心错误地拼写了变量名时 Python 解释器提供的 traceback。

```
Traceback < most recent call last >:
   File "< stdin >", line 1, in < module >
NameError: name'mesage' is not defined
```

解释器指出它发现的是什么样的错误（见第 3 行）。在这里解释器发现了一个名称错误，并指出打印的变量 mesage 未定义，Python 无法识别用户提供的变量名。名称错误通常意味着两种情况，即使用变量前忘记给它赋值及输入变量名时拼写不正确。

在这个示例中，第 2 行的变量名 mesage 中遗漏了字母 s。Python 解释器不会对代码做拼写检查，但要求变量名的拼写一致。例如，如果在代码的另一个地方也将 message 错误地拼写成了 mesage，结果将如何呢？

```
mesage = "hello world!"
print(mesage)
```

在这种情况下，程序将成功运行。

```
mesage = "hello world!"
print(mesage)
hello world!
```

计算机虽然"一丝不苟"，但不关心拼写是否正确。因此，在创建变量名和编写代码时用户无须考虑英语中的拼写和语法规则。其实，很多编程错误都很简单，只是在程序的某一行输错了一个字符。

2.2　数据类型及运算

Python 程序的运行取决于该程序要处理的数据。Python 中的所有数据值都是对象，并且每个对象或值都有一个类型（type）。对象的类型确定了该对象支持哪些操作，也就是确定了可以对该数据值执行哪些操作。另外，类型还确定了该对象的属性（attribute）和项目（item）及该对象是否可以被改变。一个可以被改变的对象称为"可变对象"（mutable object），而不可以被改变的对象称为"不可变对象"（immutable object）。内置的 type(obj) 可以接收任何对象作为参数，并返回 obj 类型的对象。如果对象 obj 具有类型 type（或其任何子类），则内置函数 isinstance(obj, type) 将返回 True，否则该函数将返回 False。

对于一些基本数据类型来说，例如，数字、字符串、元组、列表和字典，Python 都有内置类型，用户可以使用 type() 函数来确定 Python 给一个变量分配了什么数据类型。在下面的示例中，读者可以看到两个变量分配了不同的数据类型。

```
>>> coffee_cup = "coffee"
>>> type(coffee_cup)
< class 'str'>
>>> cups_consumed = 2
>>> type(cups_consumed)
< class 'int'>
```

Python 给 coffee_cup 分配了数据类型 str(字符串或字符串常量),因为它看到了引号括起来的一个字符串。然而,对于变量 cups_consumed 来说,Python 看到了一个整数,因此给它分配了数据类型 int(整数)。

下面主要介绍数字类型数据,其他类型数据将在后面的章节中进行介绍。程序开发者还可以创建用户自定义类型,这些类型也被称为类(class)。

Python 支持 3 种不同的数值类型,即整数(int)、浮点数(float)、复数(complex)。

扫一扫

视频讲解

2.2.1　数据类型

Python 中的内置数字对象支持整数(普通整型和长整型)、浮点型数字和复数。Python 中的所有数字都是不可变对象,这意味着在对一个数字对象执行任何操作时总是会产生一个新的数字对象。

注意:数字常量不包含"十"或"一",如果包含这两个符号,则表示该符号是一个分隔运算符。

1. 整数型

在 Python 中整数常量可以是十进制、八进制或十六进制。十进制常量可以由第一个数字为非 0 数字的数字序列表示。为了表示八进制常量,可以在 0o 后面带一个八进制数字(0~7)序列。为了表示十六进制常量,可以在 0x 后面带一个十六进制数字序列(0~9 和 A~F,可以使用大写或小写字母)。

实际上,开发者不需要担心普通整型和长整型之间的区别,因为在需要的时候对普通整型的操作将生成长整型结果(也就是说,在运算结果超出普通整型结果的数值范围时)。不过,开发者可以选择将字母 L(或 l)放在任何类型的整数的后面,以明确地表示该整数是长整型。

长整型没有预定义的大小限制,只要内存允许,长整型可以无限大。另外,普通整型只占用了几字节的内存,并且其最小值和最大值是由计算的架构决定的。sys.maxint 是可以使用的最大正整数,-sys.maxint-1 是可以使用的最大负整数。在 32 位计算机中,sys.maxint 是 2147483647。

2. 浮点数

Python 将带小数点的数字都称为浮点数。大多数编程语言都使用了这个术语,它指出这样一个事实:小数点可出现在数字的任何位置。每种编程语言都要细心设计,以妥善地处理浮点数,确保不管小数点出现在什么位置,数字的行为都是正常的。

从很大程度上说,在使用浮点数时都无须考虑其行为。用户只需输入要使用的数字,Python 通常都会按用户期望的方式处理它们。

3. 复数

复数是由两个浮点值组成的,一个是实部,另一个是虚部,可以理解为数学中的复数。开发者可以通过只读属性 z.real 和 z.imag 访问复数对象 z 的两部分。

开发者可以将一个虚数字面常量指定为一个浮点或十进制字面常量，后面跟一个 j 或 J，例如：

$$0j、0.j、0.0j、1j、1.j、1.0j、1e0j、1.e0j$$

其末尾的 j 表示 −1 的平方根。复数通常在电气工程中使用，在有些其他语言中使用 i 来表示，但 Python 选择使用 j。若想表示任何复数常数，可以使用一个浮点数（或整数）加上或减去一个虚数。例如，要想表示数字 1 的复数，可以使用表达式 1+0j 或 1.0+0.0j。

扫一扫

视频讲解

2.2.2　运算符和表达式

表达式（expression）是一个代码语句，Python 将计算这段表达式并产生一个结果。在表 2.1 中列出了常见的运算符，其中运算符按优先级递减的顺序排列，高优先级在前，低优先级在后，列在一起的运算符具有相同的优先级。表 2.1 中的第 3 列给出了运算符的结合规则，即 L（从左到右）、R（从右到左）或 NA（无结合规则）。

表 2.1　运算符的结合规则

运　算　符	说　　明	结　合　规　则
'expr,⋯'	字符串转换	NA
{key: expr,⋯}	创建字典	NA
[expr,⋯]	创建列表	NA
(expr,⋯)	创建元组或圆括号	NA
f(expr,⋯)	函数调用	L
x[index: index]	切片	L
x[index]	索引	L
x.attr	属性应用	L
x ** y	幂（x 的 y 次幂）	R
~x	按位非	NA
+x,−x	一元正和负	NA
x * y,x/y,x//y,x%y	乘除法、截断除法、求余	L
x+y,x−y	加减法	L
x << y,x >> y	左移位、右移位	L
x&y	按位与	L
x^y	按位异或	L
x|y	按位或	L
x< y,x<=y,x>y,x>=y,x<>y,x!=y,x==y	比较大小	NA
x is y,x is not y	同一性测试	NA
x in y,x not in y	成员测试	NA
not x	布尔"非"	NA
x and y	布尔"与"	L
x or y	布尔"或"	L
Lambda arg,⋯expr	匿名简单函数	NA

注意：<>、!=是"不等于"运算符的两种表现形式。

在表 2.1 中，expr、key、f、index、x 和 y 表示任意表达式，而 attr 和 arg 表示任何标识

符。除了字符串转换之外,符号"…"表示使用逗号分隔的零个或多个重复表达式,字符串转换需要一个或多个重复表达式。除了字符串转换运算符之外,在所有运算符中,拖尾逗号允许使用且没有危害,在字符串运算符中禁止使用拖尾逗号。

下面以在 Python 中对整数执行简单的加(+)、减(−)、乘(*)、除(/)运算为例进行介绍:

```
>>> 1 + 1
2
>>> 9 − 8
1
>>> 3 * 7
21
>>> 5/2
2.5
```

在终端会话中,Python 直接返回运算结果。

Python 使用两个乘号表示乘方运算:

```
>>> 2 ** 3
8

>>> 3 ** 3
27

>>> 10 ** 4
10000
```

Python 还支持运算次序,因此用户可以在同一个表达式中使用多种运算。用户还可以使用括号来修改运算次序,让 Python 按自己指定的次序执行运算:

```
>>> 5 + 3 * 5
20

>>> (5 + 3) * 5
40
```

在这些示例中,空格不影响 Python 计算表达式的方式,它们的存在旨在让机器阅读代码时能迅速确定先执行哪些运算。

浮点型数据的运算与整数类似:

```
>>> 0.1 + 0.3
0.4

>>> 2.2 * 0.5
1.1
>>> 0.6/0.4
1.49999999999998
```

需要注意,结果包含的小数位数可能是不确定的(例如 0.6/0.4)。所有语言都存在这种问题,用户没有什么可担心的。Python 会尽力找到一种方式来尽可能精确地表示结果,但鉴于计算机内部表示数字的方式,这在有些情况下很难。就现在而言,暂时忽略多余的小数位数即可。

在 Python 中,当整型(int)与浮点型(float)做运算时,结果默认是浮点型。

```
>>> 5/2.0
2.5
```

在 Python 中有 3 个布尔运算符,即 and、or 和 not。

布尔运算也叫逻辑运算,它的运算结果只有两个值,即真(True)和假(False)。一个布尔表达式也只有一个逻辑结果,要么为 True,要么为 False。例如,1 < 2 这样一个表达式,它的结果就是 True,而 3+1>5 这样一个表达式,它的结果就是 False。

and 也被称为"与"运算,该运算符连接左、右两个布尔表达式,即 x and y。若 x 和 y 都为 True,则 and 运算的结果为 True;否则,只要 x 和 y 中至少有一个为 False,整个 and 运算的结果就为 False。

or 也被称为"或"运算,该运算符连接左、右两个布尔表达式,即 x or y。若 x 和 y 都为 False,则 or 运算的结果为 False;否则,只要 x 和 y 中至少有一个为 True,整个 or 运算的结果就为 True。

not 也被称为"非"运算,该运算符作用于一个布尔表达式,即 not x。若 x 为 True,则 not 运算的结果为 False;若 x 为 False,则 not 运算的结果为 True。

```
>>> (5 > 3) and (3 + 4 == 7)        #左、右两边都为 True,and 运算的结果为 True
True
>>> (5 < 3) and (3 + 4 == 7)        #左边为 False,右边为 True,and 运算的结果为 False
False
>>> (5 < 3) or (3 + 4 == 7)         #左边为 False,右边为 True,or 运算的结果为 True
True
>>> (5 < 3) or (4 + 2 == 7)         #左、右两边都为 False,or 运算的结果为 False
False
>>> not (5 < 3)                     #右边为 False,not 运算的结果为 True
True
```

布尔表达式在本章后面所介绍的分支结构控制语句和循环语句中特别有用,请读者务必掌握。

2.3 分支结构控制语句

说到分支结构控制语句,似乎所有的编程语言都有类似的语句。条件判断、有限循环、无限循环语句,这几个语句是最基本的,也是必不可少的。

2.3.1 if 语句

最基本的分支结构语句就是 if 语句了,在 Python 中 if 语句具有如下基本格式。

```
if condition: statement
```

如果用户曾经在其他编程语言中使用过 if 语句,这个格式可能看起来有些奇怪,因为语句中没有 then 这个关键字。其实在 Python 中":"就起到了 then 的作用。计算机会对 condition 条件表达式进行求值判断,若返回 True 则执行冒号后的内容,若返回 False 则跳过冒号后的语句。

下面通过一些例子来展示如何使用 if 语句。假设有一个表示某人年龄的变量,若想知道这个人是否为能够驾驶汽车的年龄,可使用如下代码:

```
age = 19
if age > = 18:
    print("You are old enough to drive")
```

注意,在 print 前面要有空格,否则在运行过程中会出现错误:

```
>>> age = 19
>>> if age > = 18:
    print("You are old enough to drive")
  File"< stdin >", line 2
    print("You are old enough to drive")
        ^
IndentationError: expected an indented block
```

如果测试通过了,将执行 if 语句后面所有缩进的代码行,否则将忽略它们。当语句正确无误时运行语句,可以看到在第 2 行中 Python 检查变量 age 的值是否大于或等于 18。答案是肯定的,因此 Python 执行第 3 行缩进的 print 语句,输出以下内容:

```
You are old enough to drive
```

在紧跟在 if 语句后面的代码块中,可根据需要包含任意数量的代码行。例如,下面在一个人够驾驶汽车的年龄时再打印一行输出,问他是否拥有驾驶证。

```
>>> age = 19
>>> if age > = 18:
    print("You are old enough to drive!")
    print("Have you a drive license?")
```

条件测试通过了,而两条 print 语句都缩进了,因此它们都将执行:

```
You are old enough to drive!
Have you a drive license?
```

如果 age 的值小于 18,这个程序将不会有任何输出。

2.3.2　if…else 语句

在 if 语句中,如果条件返回 False,Python 将会移动到下一条语句中。如果希望在返回 False 时可以执行另一组语句,那么就需要用到条件语句了。似乎所有的条件语句都使用 if…else。它的作用可以简单地概括为"非此即彼"。当满足条件时执行 A 语句,否则执行 B 语句。下面看一下 Python 中 if…else 的具体应用:

```
>>> age = 20
>>> if age > 18:
    print("You are an adult")
else:
    print("You are underage")
...
You are an adult
```

在使用 if…else 语句的过程中需要注意如何放置 else 的位置,如果 else 缩进了,就会发生错误:

```
age = 20
if age > 18:
    print("You are an adult")
    else:
  File"< stdin >", line 3
    else:
       ^
SyntaxError: invalid syntax
>>>
```

2.3.3　if…elif…else 语句

到目前为止,大家学习了如何使用 if 和 if…else 控制语句,这使得用户对程序的控制具有更多的灵活性。其实这种语句还有很多。例如,当需要将一个值与多个范围的条件进行比较时,使用 Python 提供的 if…elif…else 结构。Python 只执行 if…elif…else 结构中的一个代码块,它依次检查每个条件测试,在测试通过后,Python 将执行紧跟在它后面的代码,并跳过余下的测试。

```
>>> age = 41
>>> if age < 18:
    print("You are underage.")
elif 18 < = age < 40:
    print("You are a young man.")
elif 40 < = age < 60:
    print("You are middle-aged.")
else:
    print("You are an old man.")
...
You are middle-aged.
```

Python 并不要求 if…elif 结构后面必须有 else 代码块。在有些情况下,else 代码块很有用;而在其他一些情况下,使用一条 elif 语句来处理特定的情形更清晰。

```
>>> age = 20
>>> if age < 18:
        print("You are underage.")
    elif 18 <= age < 40:
        print("You are a young man.")
    elif 40 <= age < 60:
        print("You are middle-aged.")
    elif 60 <= age < 100:
        print("You are an old man.")
...
You are a young man.
```

else 是一条包罗万象的语句,只要不满足任何 if 或 elif 中的条件测试,其中的代码就会执行,这可能会引入无效甚至恶意的数据。如果用户知道最终要测试的条件,就应考虑使用一个 elif 代码块来代替 else 代码块。这样,用户就可以肯定,仅当满足相应的条件时自己的代码才会执行。

2.4 循环语句

2.4.1 循环结构控制语句

扫一扫

视频讲解

在编程过程中,大家总会遇到需要把某个过程重复 N 次的情况,这个时候就要使用循环语句来完成语句或函数等任务的重复执行。

1. while 语句

在 Python 中,while 循环语句是"条件控制"循环,即无限循环,只要满足某种条件,任务就会一直执行,直到不满足条件。

```
>>> number = 1
>>> while number <= 10:
    print(number)
    number = number + 1
...
1
2
3
4
5
6
7
8
9
10
```

在这个示例中,while 语句会先检查测试条件变量 number 的值,只要该变量的值小于或等于 10,Python 语句就会执行。在第 4 行中,while 循环的最后一条语句会将变量的值加 1。因此，当 number 等于 11 时，while 的测试语句返回 False，这样一个循环就终止了。

我们可以利用 while 语句设计一个猜数字的游戏。计算机随机产生一个 10 以内的整数，设计循环让用户猜，如果用户猜对了游戏结束，否则给用户输出必要的提示。

```python
from random import *
numberforguess = randint(0, 10)
print('Hello!猜数字游戏开始!')
yourguess = int(input('请猜一个 10 以内的数字(包括 0 和 10): '))
while (yourguess != numberforguess):
    if (yourguess > numberforguess):
        print(yourguess, '你猜的数大了,请再试试!')
    if (yourguess < numberforguess):
        print(yourguess, '你猜的数小了,请再试试!')
    yourguess = int(input('再猜一次:'))
print(yourguess, '你真幸运!恭喜你猜对了!游戏结束!')
```

在这个示例中，while 语句先对其后的条件表达式进行判断，只要当前的"条件表达式"成立，紧跟的语句块会被重复执行，当"条件表达式"不再成立，循环结构便会退出运行。

2. for 语句

在 Python 中，for 循环结构称为"计数控制"循环，即有限循环。在循环任务中会出现需要执行一定次数的情况，这个时候可以使用 for 循环来完成这个任务。

```python
>>> numbers = [0,1,2,3,4,5,6,7,8,9]
>>> for number in numbers:
        print(number)
...
0
1
2
3
4
5
6
7
8
9
```

2.4.2 循环嵌套控制语句

循环嵌套是在一个循环语句中嵌入另一个循环语句。例如，位于循环代码块中的一个 for 循环就是循环嵌套。

2.4.3 break 语句和 continue 语句

通常，循环会不断地执行代码块，直到条件不满足时才会停止。但在有些情况下，用户可能想中断循环，开始进入"下一轮"代码块执行流程或直接结束循环。

要想结束或跳出循环,可以使用 break 语句。break 语句用于控制程序流程,可以使用它来控制哪些代码行将执行,哪些代码行不执行,从而让程序按用户的要求执行用户要执行的代码。例如,从 1 到 10,但只打印其中与 3 乘积小于 10 的数。

```
>>> number = 0
>>> while number < 10:
    number += 1
    if number * 3 >= 10:
        break
    print(number)
```

首先将 number 设置成 0,由于它小于 10,Python 进入 while 循环。进入循环后,以步长为 1 的方式往上数(见第 3 行),因此 number 为 1。接下来 if 语句检查 number 与 3 的乘积运算结果,如果结果小于 10,就让 Python 执行余下的代码,将结果打印出来;如果结果大于或等于 10,就执行 break 语句,中断循环。

```
1
2
3
\\\
```

如果要返回到循环开头,并根据条件测试结果决定是否继续执行循环,可以使用 continue 语句,它不像 break 语句那样,不再执行余下的代码并退出整个循环。例如,看一个从 1 到 10,但只打印其中奇数的循环。

```
>>> number = 0
>>> while number < 10:
    number += 1
    if number % 2 == 0:
        continue
    print(number)
```

首先将 number 设置成了 0,由于它小于 10,Python 进入 while 循环。进入循环后,以步长为 1 的方式往上数(见第 3 行),因此 number 为 1。接下来 if 语句检查 number 与 2 的求模运算结果,如果结果为 0(意味着 number 可以被 2 整除),就执行 continue 语句,让 Python 忽略余下的代码,并返回到循环的开头;如果当前的数字不能被 2 整除,就执行循环中余下的代码,Python 将这个数字打印出来。

```
1
3
5
7
9
```

2.4.4 range()函数

Python 内置的 range()函数可以迭代地生成一组数字序列,这个功能在循环语句中特别有用,尤其是跟需要计数的 for 循环语句搭配使用可以大大降低代码量。例如,打印 0～9 这 10 个数字,需要首先创建一个包含 0～9 这 10 个数字的数组,而通过 range()函数能够更加轻易地实现该功能。

```
>>> for number in range(10):
...         print(number)
...
0
1
2
3
4
5
6
7
8
9
```

如果 range()函数只有一个参数,那么参数表示数列的结束数字(小于该参数的最大数字),且默认数字从 0 开始,例如,输入参数 5,则生成从 0 开始直到小于 5 的最大数字(也就是 4)的数列,即"0 1 2 3 4"。如果为 range()函数传入两个参数,则第 1 个参数表示起始数字,第 2 个参数表示结束数字(小于该参数的最大数字),例如,range(5,10)生成从 5 开始直到小于 10 的最大数字(也就是 9)的数列,即"5 6 7 8 9"。如果为 range()函数传入了第 3 个参数,则第 3 个参数表示步长,即每隔多少取一个数字,例如,range(0,10,3)表示从 0 开始直到 9 每隔 3 取一个数字组成的数列,即"0 3 6 9"。

len()函数用于获取一个数组的长度,如果将 range()函数与 len()函数相结合,就可以实现遍历数组的功能。

```
>>> arr = ['a', 'b', 'c', 'd', 'e']
>>> for i in range(len(arr)):
...     print(i,arr[i])
...
0 a
1 b
2 c
3 d
4 e
```

2.5　常见的 Python 函数

C、C++、Java、Ruby、Perl、Lisp 等众多编程语言的程序都是由函数和类组成的,当然 Python 程序中包含的不是函数就是类。

函数犹如小型程序,可用来执行特定的操作。Python 提供了很多函数,可用来完成很多神奇的任务。用户也可以自己编写函数(将在后面更详细地介绍)。前面用的 print()

就是一个函数。例如,在学习运算符和表达式时曾用到 ** 表示乘方运算,实际上可以不使用这个运算符,而使用 pow() 函数。

```
>>> 2 ** 3
8
>>> pow(2,3)
8
```

这里的 pow() 就是 Python 中的一个标准函数,也称为内置函数。使用这种形式的函数称为调用函数:用户向它提供实参(即实际传给函数的参数,这里是 2 和 3),而它返回一个值。鉴于函数调用返回一个值,因此它们也是一个表达式。

本节将会通过示例的方法介绍几种在 Python 中常用的函数。

1. print()函数

本节之前的代码实际上已经多次用到了 print() 函数,这里专门对其用法进行介绍。print() 函数主要用于打印输出,这在任何编程语言中都是最基本的功能。

print() 函数的第 1 个参数是期望打印的数据,它可以是字符串、数值、布尔、列表、字典等任何类型或其变量。下列代码显示了使用 print() 函数输出各个类型数据的结果。

```
>>> x = 12
>>> print(x)    # 打印数值变量
12
>>> s = 'python'
>>> print(s)    # 打印字符串变量
python
>>> L = [1,2,3]
>>> print(L)    # 打印列表变量
[1, 2, 3]
>>> t = ('a','b','c')
>>> print(t)    # 打印元组变量
('a', 'b', 'c')
>>> b = True
>>> print(b)    # 打印布尔变量
True
>>> d = {'a': 1, 'b':2}
>>> print(d)    # 打印字典变量
{'b': 2, 'a': 1}
```

可以看到,无论是何种数据类型,print() 函数都有办法以最合适的方式进行输出。关于列表、字典等数据结构的相关内容,请读者参考本书第 3 章。

在 print() 函数中有两个重要的参数,即 sep 和 end。这两个参数可以让用户在输出时自定义间隔符和结束符。这里用下面的代码来说明这两个功能。

```
>>> print("hello", "world", "and", "python")
hello world and python
>>> print("hello", "world", "and", "python",sep = ", ")
```

```
hello, world, and, python
>>> print("hello", "world", "and", "python", end = ".")
hello world and python.>>>
```

从上述代码中可以看到,在不使用 sep 和 end 参数的情况下,当打印一连串字符串时,print()函数默认使用一个空格作为每个字符串之间的间隔符,并且在最后一个字符串的结尾使用了一个回车符作为结束符(虽然该回车符看不见,但是用户可以发现下面的 3 个右箭头符号">>>"另起了一行)。上述代码的第 3 行修改了 sep 参数,将其设为逗号加空格,第 4 行显示了最终结果,可以看到每个字符串之间改为使用逗号加空格进行间隔。上述代码的第 5 行修改了 end 参数,将其设为句点符号,第 6 行显示了最终结果,可以看到打印的最后使用了句点作为结尾。尤其需要注意,由于将 end 参数默认的回车符设为了句点符,在结束时就没有换行,后面的 3 个右箭头符号跟在了句点的右侧。

除了屏幕输出(也就是将数据结果显示在计算机屏幕上)以外,print()也支持文件输出(将数据输出到文件中进行保存)。为了保存文件,print()提供了一个名为 file 的参数。

```
>>> out = open("test.txt", "w")
>>> print("Hello world", file = out)
```

上述代码首先打开了一个文件,名为 test.txt,然后使用 print()函数将字符串"Hello world"写入文件中。关于 Python 中文件的操作请参看本书第 7 章。

在打印输出大量字符串时,格式化功能特别重要,这让整个输出语句在格式上显得更为清晰,尤其是当需要将不同类型的变量拼接在一起时。Python 中的 print()函数提供了两种格式化的方式:一种方式兼容了 Python 2 格式化的语法,另一种方式采用了全新的 format()函数。下面先来看看传统的类 C 语言的格式化输出方式。

```
>>> str = "Hello world"
>>> length = len(str)
>>> print("字符串%s的长度是:%d" % (str, length))
字符串 Hello world 的长度是:11
```

上述代码的第 3 行中的%s 表示此处需要一个字符串进行填充,%d 表示此处需要一个带符号的整数进行填充,而后面的%(str, length)则表示用 str 和 length 这两个变量分别填充前面的%s 和%d,也就是将%s 所在的位置用 str 的值(也就是"Hello world")进行替换,将%d 所在的位置用 length 的值(也就是 11)进行替换,替换以后 print()参数的字符串就变成了最后一行所看到的结果。除了%s 和%d 以外,Python 还提供了数十种不同类型的转换占位符,常见的如表 2.2 所示。

表 2.2　常见的转换占位符

转换占位符	含　义
d	带符号的十进制整数
c	整数:将数字转换为其 unicode 对应的整数值,十进制范围为 $0 \leqslant c \leqslant 1114111$。字符:将字符添加到指定位置

转换占位符	含 义
o	不带符号的八进制
u	不带符号的十进制
x	不带符号的十六进制(小写)
X	不带符号的十六进制(大写)
f、F	十进制浮点数
e	用科学记数法表示的浮点数(小写)
E	用科学记数法表示的浮点数(大写)
r	字符串(使用 repr 转换任意 Python 对象)
s	字符串(使用 str 转换任意 Python 对象)

另一种格式化方式是使用 format() 函数,这让输出格式更为清晰:

```
>>> str = "Hello world"
>>> length = len(str)
>>> print("字符串{0}的长度是:{1}".format(str, length))
字符串 Hello world 的长度是:11
```

在第 3 行代码中,{0}表示第 1 个占位符,{1}表示第 2 个占位符,以此类推;format()函数的第 1 个参数用于填充{0},第 2 个参数用于填充{1},以此类推。在使用 format()时并不区分填充占位符的变量的实际类型,这使得格式化工作更为轻松。format()的另一个好处是可以使用数组下标。

```
>>> data = ["Xiaoming", 20]
>>> print("{0[0]} is {0[1]} years old.".format(data))
Xiaoming is 20 years old.
```

在以上代码中,{0[0]}表示使用 data 的第 1 个值,{0[1]}表示使用 data 的第 2 个值,因此分别把 data 的"Xiaoming"和 20 这两个值填充到前、后两个占位符,得到第 3 行所示的最终结果。

2. title() 函数

```
>>> name = "lisa"
>>> print("I like " + name.title())
I like Lisa
```

在这个示例中,小写的字符串"lisa"存储到了变量 name 中。在 print()语句中,title()函数出现在这个变量的后面。方法函数 title() 是 Python 可对数据执行的操作。在 name.title()中,name 后面的句点"."让 Python 对变量 name 执行 title()方法指定的操作。每个函数后面都跟着一对括号,这是因为函数通常需要额外的信息来完成其工作。这种信息是在括号内提供的。title()函数不需要额外的信息,因此它后面的括号是空的。

title()以首字母大写的方式显示每个单词,即将每个单词的首字母都改为大写。这很有用,因为用户经常需要将名字视为信息。例如,用户可能希望程序将值 lisa、Lisa 和

LISA 视为同一个名字，并将它们都显示为 Lisa。

　　另外还有几个很有用的大小写处理方法。例如，要将字符串改为全部大写或全部小写，可以像下面这样做：

```
>>> name = "lisa"
>>> print(name.upper())
LISA

>>> name = "LiSA"
>>> print(name.lower())
lisa
```

　　在存储数据时，lower()方法很有用。在很多时候无法依靠用户来提供正确的大小写，因此需要将字符串先转换为小写，再存储它们。这样以后需要显示这些信息时，再将其转换为最合适的大小写方式。

3. rstrip()、lstrip()和 strip()函数

　　在程序中，额外的空白可能会令人迷惑。对程序员来说，"python"和" python "看起来几乎没什么两样，但对程序来说，它们却是两个不同的字符串。Python 能够发现" python "中额外的空白，并认为它是有意义的——除非告诉它不是这样的。

　　空白很重要，因为用户经常需要比较两个字符串是否相同。一个有代表性的示例是，在用户登录网站时检查其用户名。在一些简单得多的情形下，额外的空格也可能令人迷惑，所幸在 Python 中删除用户输入的数据中的多余空白很容易。

　　Python 能够找出字符串开头和末尾多余的空白，要确保字符串末尾没有空白，可以使用 rstrip()函数。

```
>>> language = " python "
>>> language
' python '
>>> language.rstrip()
' python'
>>> language
' python '
```

　　存储在变量 language 中的字符串末尾包含多余的空白（见第 1 行）。用户在终端会话中向 Python 询问这个变量的值时可以看到末尾的空格（见第 3 行）。对变量 language 调用 rstrip()方法后，这个多余的空格被删除了（见第 5 行）。然而，这种删除只是暂时的，接下来再次询问 language 的值时，用户会发现这个字符串与输入时一样，依然包含多余的空白（见第 7 行）。

　　如果要永久删除这个字符串中的空白，必须将删除操作的结果存回到变量中。

```
>>> language = ' python '
>>> language = language.rstrip()
```

```
>>> language
'python'
```

为了删除这个字符串中的空白,用户需要将其末尾的空白去除,再将结果存回到原来的变量中(见第 2 行)。在编程中经常需要修改变量的值,再将新值存回原来的变量中,这就是变量的值可能随程序的运行或用户输入的数据而发生变化的原因。

用户还可以去除字符串开头的空白,或者同时去除字符串两端的空白。为此,可以分别使用 lstrip()和 strip()函数。

```
>>> language = 'python '
>>> language.rstrip()
'python'
>>> language.lstrip()
'python '
>>> language.strip()
'python'
```

在这个示例中,首先创建了一个开头和末尾都有空白的字符串,接下来分别删除末尾(见第 2 行)、开头(见第 4 行)和两端(见第 6 行)的空格。尝试使用这些函数有助于用户熟悉字符串操作。在实际程序中,这些函数经常用于在存储用户输入前对其进行清理。

4. input()函数

input()函数是 Python 的内置函数,是非常重要的交互式函数,交互式函数指程序可以与用户交互,input()函数能接收用户输入的内容,并返回字符串类型结果,函数的语法如下:

```
input([prompt])
```

其中,prompt 参数表示函数执行时的提示信息,只是 input()函数接收到的输入数据是字符串类型的,不能直接进行数值运算。input()函数的使用示例如下:

```
>>> a = input()                    #无提示信息
world
>>> a
'world'
>>> s = input('输入一个分数并回车:')    #s 为字符串类型
>>> score = float(s)               #将字符串类型数值转换为浮点数类型数值
```

input()函数的提示性信息参数 prompt 是可选的,如果程序在接收输入时不需要提示信息,则直接使用 input()函数接收输入。

我们可以利用 input()函数编写如下程序,实现从键盘输入学生的学号、姓名,计算机组成原理、操作系统、数据结构的成绩,输出显示学生信息及成绩的平均分和总分。

```
no = input("输入学号:")
name = input("输入姓名:")
score1,score2,score3 = eval(input("输入计算机组成原理、操作系统、数据结构的成绩:"))
```

```
score = (score1,score2,score3)
print("输出学号:{},姓名:{},计算机组成原理:{},操作系统:{},数据结构: {}".format(no,
name,score1,score2,score3)) ♯ .format()方法对字符串类型进行格式化
print("总成绩为:{},平均分为:{}".format(sum(score),sum(score)/len(score)))
```

这个示例的运行结果如下所示：

```
输入学号:17816123
输入姓名:陆佳涣
输入计算机组成原理、操作系统、数据结构的成绩:80,90,85

输出学号: 17816123,姓名:陆佳涣, 计算机组成原理:80,操作系统:90,数据结构:85
总成绩为:255,平均分为:85.0
```

2.6　random 库及常用函数的使用

计算机在解决一些问题时会需要用到随机数，例如，设计抽奖程序或一些模拟程序。在 Python 中的随机数需要使用随机数种子来产生，一旦随机数种子确定，产生的随机序列（每个数，每个数之间的关系）也就确定了。Python 语言主要通过 random 来处理与随机数有关的问题。当程序需要使用 random 库时，首先要用 import random 或 from random import ∗ 语句导入 random 库。表 2.3 列出了 random 库中的主要函数。

表 2.3　random 库中的主要函数

函　　　　数	功　能　说　明
seed([x])	使用 x 作为随机数种子，默认值为当前系统时间
random()	生成 1 个[0.0,1.0)的随机小数
randrange(m,n[,d])	生成 1 个[m,n)的以 d 为步长的随机整数
randint(m,n)	生成 1 个[m,n]的整数，即 randrange(m,n+1)
uniform(m,n)	生成 1 个[m,n]的随机小数
choice(s)	从序列类型 s 中随机返回 1 个元素
shuffle(s)	将序列类型 s 中的元素随机打乱，返回打乱后的序列

我们可以使用 random 库函数编写如下示例，其运行结果如下所示：

```
>>> from random import *

>>> seed(118)
>>> print(randint(8,18),randint(8,18)) ♯相同的种子,相同的序列
18 10
>>> random()
0.3121706478224374
>>> randrange(8,18,2)
12
>>> uniform(8,18)
10.939274293784543
```

本章小结

　　在本章中读者学习了在 Python 中如何创建合法的变量名、给变量赋值及各种数据类型和 Python 中常用的函数。通过本章的学习，读者还理解了分支结构控制语句的基本用法，if 语句允许在脚本中使用一个或多个条件来检查数据，可以添加 else 语句，在条件失败时以提供另一条逻辑路径；可以通过在 if 语句中使用一个或多个 elif 来扩展，将elif 语句串联到一起来不断地比较额外的值。另外，本章还介绍了如何创建 for 循环和while 循环，并讲解了嵌套循环。

扫一扫

自测题

本章习题

　　1. 下列代码中会报错的是（　　）。

　　A. 2_variable　　　　　　　　　　B. variable_name

　　C. variable-name　　　　　　　　 D. variable name

　　2. 以下代码的输出是（　　）。

```
x = 10
y = 3.5
z = x * y
print(type(z))
```

　　A. < class 'int'>　　　　　　　　B. < class 'float'>

　　C. < class 'complex'>　　　　　　D. < class 'str'>

　　3. 以下代码的输出是（　　）。

```
a = 7
b = 2
int_div = a // b
float_div = a / b
print(int_div, float_div)
```

　　A. 3 3.5　　　　　B. 3.0 3.5　　　　C. 3 3　　　　　　D. 3.0 3.0

　　4. 以下代码的输出是（　　）。

```
a = 5
b = 10
c = 15

if a > b or b < c and c > a:
    result = "Condition met"
else:
    result = "Condition not met"

print(result)
```

　　A. Condition met　　　　　　　　B. Condition not met

C. None   D. Syntax error

5. 以下代码的输出是（　　　）。

```
x = 5
y = 10

if x > 0:
    if y < 0:
        result = "y is negative"
    elif x > y:
        result = "x is greater than y"
    else:
        result = "x is less than or equal to y"
else:
    result = "x is non-positive"

print(result)
```

A. y is negative   B. x is greater than y

C. x is less than or equal to y   D. x is non-positive

6. 以下代码的输出是（　　　）。

```
n = 0
while n < 10:
    n += 1
    if n % 3 == 0:
        break
    print(n, end = " ")
```

A. 1 2 3   B. 1 2

C. 1 2 4 5 7 8   D. 1 2 4 5 7 8 10

7. 以下代码的输出是（　　　）。

```
for i in range(5):
    if i == 2 or i == 4:
        continue
    print(i, end = " ")
```

A. 0 1 2 3 4   B. 0 2 4

C. 0 1 2 3   D. 0 1 3

8. 让用户输入三个整数参数，表示三角形的三条边长。根据边长判断并返回三角形的类型（等边三角形、等腰三角形或普通三角形）。如果输入的边长不能构成三角形，则返回"Invalid Triangle"。

9. 让用户输入一个整数参数，表示年份，返回该年份是否为闰年。判断规则如下：
- 年份能被 4 整除但不能被 100 整除是闰年；
- 年份能被 400 整除是闰年。

10. 编写一个程序，找出 1～1000 的所有素数，并打印出来。

11. 编写一个程序，使用嵌套的 for 循环打印 1 到 9 的九九乘法表。

12. 找到并打印所有三位数中的水仙花数。水仙花数是指一个三位数，其各位数字的立方和等于该数本身。例如，153 是一个水仙花数，因为 $1^3 + 5^3 + 3^3 = 153$。

第 **3** 章

数据结构与函数设计

本章学习目标：

- 熟练掌握序列的基本概念。
- 熟练掌握列表、元组、字典、字符串的概念和各种用法。
- 熟练掌握各种序列类型之间的转换。
- 了解集合的基本概念和用法。
- 熟练掌握自定义函数的设计和使用。
- 深入了解各类参数及传递过程。

本章主要介绍两方面的内容，一是常用的数据结构，二是函数设计。在数据结构方面，先介绍序列的基本概念，然后介绍各种序列类型，包括列表、元组、字符串和字典，最后讲解集合的概念和用法；在函数设计方面，先介绍函数的定义，接着对函数的返回值和形参、实参、默认参数、关键参数、可变长度参数、序列参数等各类参数进行介绍，由此完成对函数的比较细致、全面的讲解。

3.1 序列

在 Python 中，最基本的数据结构是序列(sequence)。在序列中的每个元素被分配一个序号，即元素的位置，也称为索引。第 1 个索引是 0，第 2 个索引是 1，以此类推。序列中的最后一个元素标记为 −1，倒数第 2 个元素标记为 −2，以此类推。

Python 中包含 6 种内建的序列，即列表、元组、字符串、Unicode 字符串、buffer 对象和 xrange 对象。本节重点讨论列表、元组和字符串，其中，列表和元组的主要区别在于列表可以修改，而元组不能。

所有序列类型都可以进行某些特定的操作,这些操作包括索引(indexing)、分片(slicing)、加(adding)、乘(multiplying)及检查某个元素是否属于序列的成员(成员资格)。除此之外,Python还有计算序列长度、找出最大元素和最小元素的内建函数。

3.1.1　列表

列表由一系列按特定顺序排列的元素组成。用户可以创建包含字母表中所有字母、数字 0～9 或所有家庭成员姓名的列表;也可以将任何内容加入列表中,其中的元素之间可以没有任何关系。鉴于列表通常包含多个元素,给列表指定一个表示复数的名称(例如 letters、digits 或 names)是个不错的主意。在 Python 中,用方括号([])来表示列表,并用逗号(,)来分隔其中的元素。下面是一个简单的列表实例,这个列表包含几种自行车。

【例 3.1】　列表实例。

```
bicycles = ['trek', 'cannondale', 'redline', 'specialized']
print(bicycles)
```

如果让 Python 将列表打印出来,那么 Python 将打印列表的内部表示,包括方括号,即['trek', 'cannondale', 'redline', 'specialized'],但这不是要让用户看到的输出。下面来学习如何访问列表元素。

列表是有序集合,因此要访问列表中的任何元素,只需将该元素的位置或索引告诉Python 即可。如果要访问列表元素,可以先指出列表的名称,再指出元素的索引,并将其放在方括号内。例如,代码"bicycles=['trek', 'cannondale','redline','specialized']print(bicycles[0])"从列表 bicycles 中提取第一款自行车。当用户请求获取列表元素时,Python 只返回该元素(即 trek),而不包括方括号和引号,这正是想要看到的整洁、干净的输出。用户还可以对任何列表元素调用第 2 章介绍的字符串方法,例如,可以使用 title()方法让元素'trek'的格式更整洁,即" bicycles=['trek', 'cannondale', 'redline', 'specialized']print(bicycles[0].title())",这个示例的输出与前一个示例相同,只是首字母 T 是大写的。

例 3.2 为 Python 的列表操作。

【例 3.2】　列表操作实例。

```
sample_list = ['a','b',0,1,3]
```

得到列表中的某一个值:

```
value_start = sample_list[0]
end_value = sample_list[-1]
```

删除列表的第 1 个值:

```
del sample_list[0]
```

在列表中插入一个值：

```
sample_list.insert(0,'sample value')
```

得到列表的长度：

```
list_length = len(sample_list)
```

列表遍历：

```
for element in sample_list:print(element)
```

下面是 Python 列表的高级操作和技巧。

产生一个数值递增列表：

```
num_inc_list = list(range(30))          #返回列表[0,1,2,…,29]
```

用某个固定值初始化列表：

```
initial_value = 0
list_length = 5
sample_list = [initial_value for i in range(10)]
sample_list = [initial_value] * list_length
#sample_list == [0,0,0,0,0]
```

list 的方法：

```
L.append(var)      #追加元素
L.insert(index,var) #在指定位置插入元素
L.pop(var)         #返回最后一个元素,并从 list 中将其删除
L.remove(var)      #删除第一次出现的该元素
L.count(var)       #该元素在列表中出现的个数
L.index(var)       #该元素的位置,无则抛出异常
L.extend(list)     #追加 list,即合并 list 到 L 上
L.sort()           #排序
L.reverse()        #倒序
```

list 操作符：、＋、*,关键字 del。

```
a[1:]              #片段操作符,用于子 list 的提取
[1,2]+[3,4]        #为[1,2,3,4],同 extend()
[2]*4              #为[2,2,2,2]
del L[1]           #删除指定下标的元素
del L[1:3]         #删除指定下标范围的元素
```

list 的复制：

```
L1 = L             #L1 为 L 的别名,用 C 语言来说就是指针地址相同,对 L1 操作即对 L 操作
                   #函数参数就是这样传递的
L1 = L[:]          #L1 为 L 的克隆,即另一个副本
```

书籍是人类进步的阶梯,我们可以用列表 list 来为班级设计一个图书管理程序,编写

程序需要满足如下要求。

（1）列表存储书名。

（2）能根据用户输入添加图书。

（3）能根据输入的书名删除图书。

（4）能显示所有图书。

```python
books = []                 # 图书列表
while True:
    x = input("请输入数字选项(1-4):")
    # 选择4,直接退出系统
    if x == "4":
        break
    elif x == "1":         # 添加图书
        book = input("请输入需要添加的图书:")
        books.append(book)
    elif x == "2":         # 删除图书
        book = input("请输入需要删除的图书:")
        if book in books:
            books.remove(book)
        else:
            print("没有查询到:",book)
    elif x == "3":         # 显示所有图书
        print(books)
    else:
        print("选项有误,请重新选择.")
```

使用 Python 代码编辑器编写并保存上述代码,执行程序,运行结果如下:

```
请输入数字选项(1-4):1
请输入需要添加的图书:中国共产党简史
请输入数字选项(1-4):1
请输入需要添加的图书:论中国共产党历史
请输入数字选项(1-4):1
请输入需要添加的图书:习近平在浙江
请输入数字选项(1-4):3
['中国共产党简史', '论中国共产党历史', '习近平在浙江']
请输入数字选项(1-4):4
```

3.1.2　元组

创建元组(即常量数组):

```python
tuple = ('a', 'b', 'c', 'd', 'e')
```

元组可以用 list 的"[]"操作符提取元素,但不能直接修改元素。

元组的操作: 索引、切片、连接、重复。

【例 3.3】　元组操作实例。

```python
t = ("fentiao", 5, "male")
# 正向索引
```

```
print(t[0])
# 反向索引
print(t[-1])
# 元组嵌套时元素的访问
t1 = ("fentiao", 5, "male", ("play1", "play2", "play3"))
print(t1[3][1])
# 切片
print(t[:2])
# 逆转元组元素
print(t[::-1])
# 连接
print(t + t1)
# 重复
t * 3
```

3.1.3　字符串

字符串是 Python 语言中的一种数据类型。字符串由任意字符构成,一个字符可能是一个字母、数值、符号或标点符号。字符串是用来记录文本信息的,它们在 Python 中作为序列,即包含其他对象的有序集合。在序列中的元素包含了一个从左到右的顺序,在序列中的元素根据它们的相对位置进行存储和读取。从严格意义上说,字符串是单个字符的序列。

```
str = "Hello My friend"
```

字符串是一个整体,如果用户想直接修改字符串的某一部分,这是不可能的,但能够读出字符串的某一部分。

```
>>> s = 'Hello World!'
>>> s[0] = 'k'
Traceback (most recent call last):
File "< pyshell#21>", line 1, in < module >
s[0] = 'k'
TypeError: 'str' object does not support item assignment
```

子字符串的提取与截取。

在 Python 中,字符串中的字符是通过方括号"[]"索引来提取的,索引从 0 开始。Python 可以取负值,表示从末尾提取,最后一个为 -1,倒数第二个为 -2,即程序认为从结束处反向计数。例如,str[0]获取第一个元素,str[-2]获取倒数第二个元素。

Python 可以使用方括号"[ ]"来截取字符串,字符串截取的语法格式如下:

```
>>> str = 'Hello World!'
>>> str[:3]
'Hel'
>>> str[- 3: - 1]
'ld'
```

字符串包含判断操作符：in、not in。

```
"He" in str
"she" not in str
```

string 模块提供的方法：

```
S.find(substring, [start [,end]])      # 可指定范围查找子串,返回索引值,否则返回 -1
S.rfind(substring,[start [,end]])      # 反向查找
S.index(substring,[start [,end]])      # 同 find(),只是找不到产生 ValueError 异常
S.rindex(substring,[start [,end]])     # 同上,反向查找
S.count(substring,[start [,end]])      # 返回找到子串的个数
S.lowercase()                          # 首字母小写
S.capitalize()                         # 首字母大写
S.lower()                              # 转小写
S.upper()                              # 转大写
S.swapcase()                           # 大小写互换
S.split(str, '')                       # 将 string 转 list,以空格切分
S.join(list, '')                       # 将 list 转 string,以空格连接
```

处理字符串的内置函数：

```
len(str)                               # 字符串长度
cmp("my friend", str)                  # 字符串比较,第一个大,返回 1
max('abcxyz')                          # 寻找字符串中最大的字符
min('abcxyz')                          # 寻找字符串中最小的字符
```

string 的转换：

```
float(str)                             # 变成浮点数,float("1e-1")的结果为 0.1
int(str)                               # 变成整型,int("12") 的结果为 12
int(str,base)                          # 变成 base 进制整型数,int("11",2)的结果为 2
long(str)                              # 变成长整型
long(str,base)                         # 变成 base 进制长整型
```

字符串的格式化（注意其转义字符，大多如 C 语言）：

```
str_format % （参数列表）      # 参数列表是以 tuple 的形式定义的,即不可以在运行中改变
>>> print("%s's height is %dcm" % ("My brother", 180))
My brother's height is 180cm
```

【例 3.4】 字符串操作实例。恺撒密码是古罗马恺撒大帝用来对军事情报进行加解密的算法，它采用了替换方法将信息中的每个英文字符循环替换为字母表序列中该字符后面的第三个字符，即字母表的对应关系如下。

原文：A B C D E F G H I J K L M N O P Q R S T U V W X Y Z

密文：D E F G H I J K L M N O P Q R S T U V W X Y Z A B C

对于原文字符 P 来说，其密文字符 S 满足如下条件：S＝(P＋3) mod 26。

上述是恺撒密码的加密方法，解密方法反之，即 P＝(S－3) mod 26。

假设用户可能使用的输入包含大小写字母 a～z、A～Z、空格和特殊符号，请编写一个程序，对输入字符串进行恺撒密码加密，直接输出结果，其中空格不用进行加密处理。

使用 input() 获得输入：

```
s = input()
t = ""
for c in s:
    if 'a' <= c <= 'z':
        t += chr( ord('a') + ((ord(c) - ord('a')) + 3 ) % 26 )
    elif 'A' <= c <= 'Z':
        t += chr( ord('A') + ((ord(c) - ord('A')) + 3 ) % 26 )
    else:
        t += c
print(t)
```

扩展：

　　密码被广泛应用在军事活动中。古罗马军事统帅恺撒在军队中使用替换加密技术来传递消息，而 Enigma 密码机的破译则加速了第二次世界大战的结束。

　　如今我国密码学的发展也取得了重大成就。巾帼女英雄——王小云院士的出现，直接把我国的密码学推向了世界领先水平。她提出密码哈希函数的碰撞攻击理论，即模差分比特分析法；破解包括 MD5、SHA-1 在内的 5 个国际通用哈希函数算法；将比特分析法进一步应用于带密钥的密码算法，包括消息认证码、对称加密算法、认证加密算法的分析，给出系列重要算法 HMAC-MD5、MD5-MAC、Keccak-MAC 等重要分析结果；给出了格最短向量求解的启发式算法——二重筛法及带 Gap 格的反转定理等。在密码设计领域中，主持设计的哈希函数 SM3 为国家密码算法标准，在金融、交通、国家电网等重要经济领域中广泛使用，并于 2018 年 10 月正式成为 ISO/IEC 国际标准。（摘自 https://www.tsinghua.edu.cn/info/1167/1258.htm）

3.1.4　列表与元组之间的转换

使用 list() 和 tuple() 函数进行元组和列表的相互转换：

```
tuple(ls)
list(ls)
```

扫一扫

视频讲解

3.2　字典

字典是一种通过名字或关键字引用的数据结构，其键可以是数字、字符串、元组，这种结构类型也称为映射。字典类型是 Python 中唯一内建的映射类型。

3.2.1　创建字典

（1）直接创建字典：

```
d = {'one':1, 'two':2, 'three':3}
```

（2）通过 dict() 创建字典：

```
# _ * _ coding:utf-8 _ * _
items = [('one',1),('two',2),('three',3),('four',4)]
d = dict(items)
print(d)
```

（3）通过关键字创建字典：

```
# _ * _ coding:utf-8 _ * _
d = dict(one = 1,two = 2,three = 3)
print(d)
print(d['one'])
print(d['three'])
```

（4）字典的格式化字符串：

```
# _ * _ coding:utf-8 _ * _
d = {'one':1,'two':2,'three':3,'four':4}
print(d)
print("three is %(three)s." % d)
```

3.2.2　字典的方法

字典中每个元素是由键（key）和值（value）两部分组合而成的，key 是 integer 或 string 类型，value 是任意类型。键是唯一的，字典只认最后一个赋的键值。

dictionary 的方法：

```
D.get(key, 0)          # 同 dict[key],如果指定键的值不存在,返回默认值
D.has_key(key)         # 有该键返回 True,否则返回 False
D.keys()               # 返回字典键的列表
D.values()             # 返回字典值的列表
D.items()              # 返回字典键值对的列表
D.update(dict2)        # 增加合并字典
D.popitem()            # 得到一个 pair,并从字典中删除它,若已空则抛出异常
D.clear()              # 清空字典,同 del dict
D.copy()               # 复制字典
D.cmp(dict1,dict2)     # 比较字典(优先级为元素个数、键值大小)
                       # 第一个大返回 1,第一个小返回 - 1,两个一样返回 0
```

dictionary 的复制：

```
dict1 = dict          # 别名
dict2 = dict.copy()   # 克隆,即另一个副本
```

3.2.3　列表、元组与字典之间的转换

列表、元组与字典这三者之间的转换并不复杂，但字典的转换由于有 key 的关系，所以其他二者不能转换为字典。

（1）对元组进行转换：

```
>>> fruits = ('apple', 'banana', 'orange')          # 元组转换为列表
>>> list(fruits)
```

（2）对列表的转换：

```
>>> fruit_list = ['apple', 'banana', 'orange']      # 列表转换为元组
>>> tuple(fruit_list)
```

（3）对字典的转换。用户可以使用 tuple() 和 list() 函数将字典转换为元组和列表，但要注意这里转换后和转换前的元素顺序是不同的，因为字典类似于散列，列表类似于链表，元组类似于列表，只是元素无法改变，所以要把散列转换为链表而顺序不变是不可行的。此时可以借助于有序字典（OrderedDict），有序字典是字典的子类，它可以记住元素添加的顺序，从而得到有序的字典。对于有序字典来说这里不深入探讨，只给出普通字典的例子做参考。

【例 3.5】　字典转换实例。

```
>>> fruit_dict = {'apple':1, 'banana':2, 'orange':3}
>>> tuple(fruit_dict)                # 将字典的 key 转换为元组
>>> tuple(fruit_dict.value())        # 将字典的 value 转换为元组
>>> list(fruit_dict)                 # 将字典的 key 转换为列表
>>> list(fruit_dict.value())         # 将字典的 value 转换为列表
```

3.3　集合

3.3.1　集合的创建

在 Python 中集合由内置的 set 类型定义，如果要创建集合，就需要将所有项（元素）放在花括号（⟨⟩）内，以逗号（,）分隔。

【例 3.6】　集合实例。

```
>>> s = {'P', 'y', 't', 'h', 'o', 'n'}
>>> type(s)
<class 'set'>
```

集合可以有任意数量的元素，它们可以是不同的类型（例如，数字、元组、字符串等），但是集合不能有可变元素（例如，列表、集合或字典）。

```
>>> s = {1, 2, 3}                     # 整型的集合
>>> s = {1.0, 'Python', (1, 2, 3)}    # 混合类型的集合
>>> s = set(['P', 'y'])               # 从列表创建
>>> s = {1, 2, [3, 4]}                # 不能有可变元素
TypeError: unhashable type: 'list'
```

创建空集合比较特殊，在 Python 中空花括号（⟨⟩）用于创建空字典。如果要创建一

个没有任何元素的集合，则使用 set()函数(不要包含任何参数)。

```
>>> d = {}                        #空字典
>>> type(d)
< class 'dict'>
>>> s = set()                     #空集合
>>> type(s)
< class 'set'>
```

回顾数学的相关知识，发现集合具有以下特性。

(1) 无序性：在一个集合中，每个元素的地位都是相同的，元素之间是无序的。在集合上可以定义序关系，在定义了序关系之后元素之间就可以按照序关系排序，但就集合本身的特性而言，元素之间没有必然的序。

(2) 互异性：在一个集合中，任何两个元素都认为是不相同的，即每个元素只能出现一次。有时需要对同一个元素出现多次的情形进行刻画，此时可以使用多重集，其中的元素允许出现多次。

(3) 确定性：给定一个集合，任意一个元素，该元素或属于或不属于该集合，二者必是其一，不允许有模棱两可的情况出现。

当然，Python 中的集合也具有这些特性。

```
#无序性
>>> s = set('Python')
>>> s
{'y', 'n', 'h', 'o', 'P', 't'}
>>> s[0]                          #不支持索引
TypeError: 'set' object does not support indexing
#互异性
>>> s = set('Hello')
>>> s
{'e', 'H', 'l', 'o'}
#确定性
>>> 'l' in s
True
>>> 'P' not in s
True
```

注意：由于集合是无序的，所以索引没有任何意义。也就是说，无法使用索引或切片访问或更改集合元素。

3.3.2　集合的运算

集合之间也可以进行数学集合运算(例如，并集、交集等)，可用相应的操作符或方法来实现。考虑 A、B 两个集合，进行以下操作。

【例 3.7】　集合运算实例。

```
>>> A = set('abcd')
>>> B = set('cdef')
```

1. 子集

子集为某个集合中一部分的集合,故也称部分集合。

使用操作符"<"执行子集操作,同样,也可以使用 issubset()方法完成。

```
>>> C = set('ab')
>>> C < A
True
>>> C < B
False
>>> C.issubset(A)
True
```

2. 并集

一组集合的并集是这些集合的所有元素构成的集合,而不包含其他元素。

使用操作符"|"执行并集操作,同样,也可以使用 union()方法完成。

```
>>> A | B
{'e', 'f', 'd', 'c', 'b', 'a'}
>>> A.union(B)
{'e', 'f', 'd', 'c', 'b', 'a'}
```

3. 交集

两个集合 A 和 B 的交集是含有所有既属于 A 又属于 B 的元素且没有其他元素的集合。

使用操作符"&"执行交集操作,同样,也可以使用 intersection()方法完成。

```
>>> A & B
{'d', 'c'}
>>> A.intersection(B)
{'d', 'c'}
```

4. 差集

A 与 B 的差集是所有属于 A 但不属于 B 的元素构成的集合。

使用操作符"-"执行差集操作,同样,也可以使用 difference()方法完成。

```
>>> A - B
{'b', 'a'}
>>> A.difference(B)
{'b', 'a'}
```

5. 对称差

两个集合的对称差是只属于其中一个集合,而不属于另一个集合的元素组成的集合。

使用操作符"^"执行对称差操作，同样，也可以使用 symmetric_difference()方法完成。

```
>>> A ^ B
{'b', 'e', 'f', 'a'}
>>> A.symmetric_difference(B)
{'b', 'e', 'f', 'a'}
```

6. 更改集合

虽然集合中不能有可变元素，但集合本身是可变的。也就是说，可以添加或删除其中的元素。

用户可以使用 add()方法添加单个元素，使用 update()方法添加多个元素，update()可以使用元组、列表、字符串或其他集合作为参数。

```
>>> s = {'P', 'y'}
>>> s.add('t')                              ＃添加一个元素
>>> s
{'P', 'y', 't'}
>>> s.update(['h', 'o', 'n'])               ＃添加多个元素
>>> s
{'y', 'o', 'n', 't', 'P', 'h'}
>>> s.update(['H', 'e'], {'l', 'l', 'o'})   ＃添加列表和集合
>>> s
{'H', 'y', 'e', 'o', 'n', 't', 'l', 'P', 'h'}
```

在所有情况下元素都不会重复。

7. 从集合中删除元素

用户可以使用 discard()和 remove()方法删除集合中特定的元素。

两者之间唯一的区别在于如果集合中不存在指定的元素，使用 discard()结果保持不变，但在这种情况下 remove()会引发 KeyError。

```
>>> s = {'P', 'y', 't', 'h', 'o', 'n'}
>>> s.discard('t')                          ＃去掉一个存在的元素
>>> s
{'y', 'o', 'n', 'P', 'h'}
>>> s.remove('h')                           ＃删除一个存在的元素
>>> s
{'y', 'o', 'n', 'P'}
>>> s.discard('w')                          ＃去掉一个不存在的元素(正常)
>>> s
{'y', 'o', 'n', 'P'}
>>> s.remove('w')                           ＃删除一个不存在的元素(引发错误)
KeyError: 'w'
```

类似地，用户可以使用 pop()方法删除和返回一个项目，还可以使用 clear()方法删除集合中的所有元素。

```
>>> s = set('Python')
>>>
>>> s.pop()                          ♯随机返回一个元素
'y'
>>>
>>> s.clear()                        ♯清空集合
```

注意：集合是无序的，所以无法确定哪个元素将被 pop，完全随机。

3.3.3　集合的方法

使用 dir() 来查看方法列表。

```
>>> dir(set)
['__and__', '__class__', '__contains__', '__delattr__', '__dir__', '__doc__', '__eq__', '__format__',
'__ge__', '__getattribute__', '__gt__', '__hash__', '__iand__', '__init__', '__ior__', '__isub__',
'__iter__', '__ixor__', '__le__', '__len__', '__lt__', '__ne__', '__new__', '__or__', '__rand__', '__
reduce__', '__reduce_ex__', '__repr__', '__ror__', '__rsub__', '__rxor__', '__setattr__',
'__sizeof__', '__str__', '__sub__', '__subclasshook__', '__xor__', 'add', 'clear', 'copy',
'difference', 'difference_update', 'discard', 'intersection', 'intersection_update',
'isdisjoint', 'issubset', 'issuperset', 'pop', 'remove', 'symmetric_difference', 'symmetric_
difference_update', 'union', 'update']
```

可以看到有如表 3.1 所示的方法可用。

表 3.1　集合的方法

方　法	描　述
add()	将元素添加到集合中
clear()	删除集合中的所有元素
copy()	返回集合的浅复制
difference()	将两个或多个集合的差集作为一个新集合返回
difference_update()	从一个集合中删除另一个集合的所有元素
discard()	删除集合中的一个元素(如果元素不存在,则不执行任何操作)
intersection()	将两个集合的交集作为一个新集合返回
intersection_update()	用自己和另一个的交集来更新这个集合
isdisjoint()	如果两个集合的交集为空(即没有共同的元素)返回 True
issubset()	如果另一个集合包含这个集合,返回 True
issuperset()	如果这个集合包含另一个集合,返回 True
pop()	删除并返回任意的集合元素(如果集合为空,会引发 KeyError)
remove()	删除集合中的一个元素(如果元素不存在,会引发 KeyError)
symmetric_difference()	将两个集合的对称差作为一个新集合返回
symmetric_difference_update()	用自己和另一个的对称差来更新这个集合
union()	将集合的并集作为一个新集合返回
update()	用自己和另一个的并集来更新这个集合

其中一些方法在上述实例中已经用过，如果有些方法用户不会用，可使用 help()函数查看其用途及详细说明。

1. 集合的内置函数

在表 3.2 中的内置函数通常作用于集合执行不同的任务。

表 3.2　集合的内置函数

函　　数	描　　述
all()	如果集合中的所有元素都是 True(或集合为空)，则返回 True
any()	如果集合中的所有元素都是 True，则返回 True；如果集合为空，则返回 False
enumerate()	返回一个枚举对象，其中包含了集合中所有元素的索引和值(配对)
len()	返回集合的长度(元素个数)
max()	返回集合中的最大项
min()	返回集合中的最小项
sorted()	从集合中的元素返回新的排序列表(不排序集合本身)
sum()	返回集合的所有元素之和

2. 不可变集合

frozenset 是一个具有集合特征的新类，但是一旦分配，它里面的元素就不能更改。这一点和元组非常类似：元组是不可变的列表，frozenset 是不可变的集合。集合是 unhashable 的，因此不能用作字典的 key；而 frozenset 是 hashable 的，可以用作字典的 key。用户可以使用 frozenset()函数创建 frozenset。

```
>>> s = frozenset('Python')
>>> type(s)
<class 'frozenset'>
```

frozenset 也提供了一些方法，和 set 中的类似，同样使用 dir()查看。

```
>>> dir(frozenset)
['__and__', '__class__', '__contains__', '__delattr__', '__dir__', '__doc__', '__eq__', '__format__',
'__ge__', '__getattribute__', '__gt__', '__hash__', '__init__', '__iter__', '__le__', '__len__', '__lt
__', '__ne__', '__new__', '__or__', '__rand__', '__reduce__', '__reduce_ex__', '__repr__', '__ror__', '__
rsub__', '__rxor__', '__setattr__', '__sizeof__', '__str__', '__sub__', '__subclasshook__', '__xor__',
'copy', 'difference', 'intersection', 'isdisjoint', 'issubset', 'issuperset', 'symmetric_difference',
'union']
```

由于 frozenset 是不可变的，所以没有添加或删除元素的方法。

下面利用集合、列表和字典 dict 的方法，创建开发一个答题程序，即根据各届奥运会举办年份猜其举办地(见表 3.3)。

表 3.3　各届奥运会举办地

各届奥运会举办年份	奥运会举办地
2008	北京
2012	伦敦

各届奥运会举办年份	奥运会举办地
2016	里约
2020	东京
2024	巴黎

```
import random
olympicDict = {"2008": "北京", "2012": "伦敦", "2016": "里约", "2020": "东京", "2024":
"巴黎"}
year = list(olympicDict.keys())          #举办年份
city = list(olympicDict.values())        #举办地
p = random.choice(year)
print(p + '年奥运会的举办地')

right_answer = olympicDict[p]             #这是正确答案

#先从原数据中把正确答案去掉,再从中随机选择三个错误答案
city.remove(right_answer)
random.shuffle(city)
items = city[0:3]
items.append(right_answer)
random.shuffle(items)                    #打乱选项顺序

head = ["A", "B", "C", "D"]
new_dic = dict(zip(head, items))         #生成四个选择项
for key, value in new_dic.items():
    print(key, value)
answer = input("输入你的答案:")
if new_dic[answer] == right_answer:
    print("恭喜你,答对了!")
else:
    print("你答错了")
```

在 Python 中默认字典是无序的,因此不能使用索引值来访问。但可以通过循环遍历字典每个数据项包含的键和值(key-value),程序输出相应的运行结果如下:

```
2012 年奥运会的举办地
A 里约
B 巴黎
C 北京
D 伦敦
输入你的答案: D
恭喜你,答对了!
```

3.4　函数的定义和调用

函数是一段按逻辑组织好的、可重复使用来实现单一或相关联功能的代码,使用函数能有效地提高应用的模块性和代码的重复利用率。在 Python 中已提供了许多内建函数,例如 print()。用户也可以自己创建函数来满足特定的需求,这种函数被称为用户自

定义函数。本节的主要内容就是用户自定义函数的设计和实现。

在 Python 中用户可以根据自己的需求自定义函数，但是在定义函数的过程中必须遵循以下几条简单的规则。

（1）函数代码块以 def 关键字开头，后接函数标识符名称和圆括号"()"。

（2）任何传入参数和自变量必须放在圆括号之内，圆括号之间用于定义参数。

（3）函数的第 1 行语句可以选择性地使用文档字符串（用于存放函数说明）。

（4）函数内容以冒号起始，并且缩进。

（5）"return［表达式］"结束函数，选择性地返回一个值给调用方，不带表达式的 return 相当于返回 None。

下面是定义函数的一般语法：

```
>>> def functionname(parameters):
        """函数_文档字符串"""
            function_suite
            return [expression]
```

在默认情况下，参数值和参数名称都是按函数声明中定义参数时的顺序匹配起来的。下面是自定义函数的一个简单实例，用来打印简单的问候语。

【例 3.8】 自定义函数实例。

```
>>> def greeting():
 """显示简单的问候语"""
        print("Hello!Python world")
>>> greeting()
Hello!Python world
```

这个实例演示了最简单的自定义函数结构。第 1 行代码使用关键字 def 来告诉 Python 接下来要定义一个函数。这时函数定义向 Python 指出了函数名，还在括号内指出函数为完成其任务需要哪些参数。在这里函数名为 greeting()，它不需要任何参数就能完成其工作，因此括号内是空的（即便如此，括号也必不可少）。最后定义以冒号结尾。

紧跟在"def greeting():"后面的所有缩进行构成了函数体。引号内的文本被称为注释，描述了该函数是用来做什么的。文档字符串用三引号括起，Python 使用它们来生成有关程序中函数的文档。

代码行 print("Hello! Python world")是函数体内唯一的一行代码，greeting()只做一项工作，即打印"Hello! Python world"。

如果要使用这个函数，就可调用它，函数调用让 Python 执行函数的代码。如果要调用函数，就可依次指定函数名及用括号括起来的必要的参数，如第 4 行代码所示。由于这个函数不需要任何参数，因此在调用它时只需要输入 greeting()即可，和预期的一样，它打印"Hello! Python world"。

3.4.1 函数的调用

定义一个函数只是给了函数一个名称及指定了函数中应该包含哪些参数和代码块

扫一扫

视频讲解

结构。当一个函数的基本结构完成以后，就可以在另一个函数里调用执行，当然也可以直接从 Python 提示符执行。下面通过实例来介绍如何调用自定义函数。

【例 3.9】 函数调用实例 1。

```
# 定义函数
>>> def printme( strings ):
 """打印任何传入的字符串"""
    print(strings)
    return

# 调用函数
>>> printme("我要调用用户自定义函数!")
>>> printme("再次调用同一函数")
```

以上实例的输出结果如下：

```
我要调用用户自定义函数!
再次调用同一函数
```

3.4.2 形参与实参

在前面定义 greeting() 函数时并没有指定参数，现在假设给函数指定参数 username，调用这个函数并提供这种信息(人名)，它将打印相应的问候语。

这样，在 greeting() 函数的定义中变量 username 就是一个形参(函数完成其工作所需的一项信息)。在函数的调用代码 greeting('Tom') 中，值'Tom'是一个实参。实参是调用函数时传递给函数的信息。在调用函数时将要让函数使用的信息放在括号内。在 greeting('Tom') 中将实参'Tom'传递给了 greeting() 函数，这个值被存储在形参 username 中。

3.4.3 函数的返回

在 Python 中函数的返回一般通过 return 语句实现，return 语句退出函数，并且选择性地向调用方返回一个表达式，不带参数值的 return 语句返回 None。在前面的几个例子中都没有示范如何返回数值，下面的实例将对此进行介绍。

【例 3.10】 函数调用实例 2。

```
# 可写函数说明
>>> def sum(arg1, arg2):
    # 返回两个参数的和
    total = arg1 + arg2
    print("函数内 : ", total)
    return total

# 调用 sum()函数
>>> total = sum(10, 20)
```

以上实例的输出结果如下：

函数内：30

3.4.4　位置参数

在调用函数时，Python必须将函数调用中的每个实参都关联到函数定义中的每个形参。因此，最简单的关联方式是基于实参的顺序，这种关联方式被称为位置参数。简单地说，就是在给函数传参时按照顺序依次传值。下面通过实例进行介绍。

【例3.11】　位置参数实例。

```
>>> def power(m, n):
        result = 1
        while n > 0:
            n = n-1
            result = result * m
        return result
```

调用函数并输出结果如下：

```
>>> print(power(4,3))
64
```

在power(m,n)函数中有两个参数，即m和n，这两个参数都是位置参数，在调用时传入的两个值按照顺序依次赋给m和n。

3.4.5　默认参数与关键字参数

所谓默认参数，就是在写函数时直接给参数传默认的值，在调用时默认参数已经有值，这样就不用再传值了，最大的好处就是降低调用函数的难度。

修改例3.11，见例3.12。

【例3.12】　默认参数实例。

```
>>> def power(m, n = 3):
        result = 1
        while n > 0:
            n = n-1
            result = result * m
        return result
```

调用函数并输出结果如下：

```
>>> print(power(4))
64
```

在修改后的函数中，对第2个形参n设置了一个默认值3，在之后的函数调用中不提供该函数的实参，但函数仍旧能正常运行，因为在这个函数中n已经是一个默认参数。在设置默认参数时需要注意两点：一是必选参数在前，默认参数在后，否则Python解释器会报错；二是默认参数一定要指向不变对象。

关键字参数和函数调用关系紧密，在函数调用时可以通过使用关键字参数来确定传入的参数值。其最显著的特征就是使用关键字参数将允许函数调用时参数的顺序与声明时不一致，因为 Python 解释器能够用参数名匹配参数值。

下面通过实例来介绍关键字参数。

【例 3.13】　关键字参数实例 1。

```
# 可写函数说明
>>> def printme(strings):
        """打印任何传入的字符串"""
            print(strings)
            return

# 调用 printme() 函数
>>> printme(strings = "My string")
```

以上实例的输出结果如下：

```
My string
```

下例能将关键字参数的顺序不重要展示得更清楚。

【例 3.14】　关键字参数实例 2。

```
# 可写函数说明
>>>def printinfo(name, age):
        """打印任何传入的字符串"""
        print("Name: ", name)
        print("Age ", age)
        return

# 调用 printinfo() 函数
>>> printinfo( age = 40, name = "James")
```

以上实例的输出结果如下：

```
Name: James
Age 40
```

3.4.6　可变长度参数

在 Python 函数中还可以定义可变长度参数。顾名思义，可变长度参数就是所传入参数的个数是可变的，可以是一个、两个到任意个，也可以是 0 个。

和前面 3 种参数不同，可变长度参数在声明时不会全部命名。其基本语法如下：

```
>>> def functionname([formal_args,] * var_args_tuple):
    """函数_文档字符串"""
        function_suite
        return [expression]
```

注意，加了星号（＊）的变量名会存放所有未命名的变量参数。

可变长度参数的实例如下。

【例3.15】 可变长度参数实例。

```
＃可写函数说明
>>> def printinfo(arg1, * vartuple):
    """打印任何传入的参数"""
        print("输出: ")
        print(arg1)
        for var in vartuple:
            print(var)
            return

＃调用 printinfo()函数
>>> printinfo(15)
>>> printinfo(75, 65, 55)
```

以上实例的输出结果如下：

```
15
75
65
55
```

本章小结

本章的主要内容分为两部分。在第一部分介绍了 Python 中常见的数据结构，包括序列（例如列表、元组）、映射（例如字典）和集合等，主要包括序列的基本概念，序列的各种方法，字符串的两种重要使用方式（字符串格式化与字符串方法），利用字典格式化字符串及字典的用法，集合的创建、运算和方法。

在第二部分介绍了自定义函数的基本语法，几种形式的函数参数、返回值。自定义函数由 def 开头，接下来确定函数名、形参的类型数量，还要加冒号，最后缩进写入函数体。形参是可选的，可有可无；同样，函数可以有返回值，也可以没有返回值，其主要通过 return 语句返回，也就是通过 return 语句将程序的控制权返回给函数的调用者。Python 的函数具有非常灵活的参数形态，既可以实现简单的调用，又可以传入非常复杂的参数。函数参数可以作为位置参数或关键字参数进行传递，并且可以使用默认参数传递及使用可变长度参数进行传递。

扫一扫

自测题

本章习题

1. 以下代码的输出是（　　　）。

```
my_list = [1, 2, 3, 4, 5]
my_list.append(6)
my_list.insert(0, 0)
```

```
my_list.pop(2)
print(my_list)
```

A. [1，2，4，5，6]　　　　　　B. [0，1，2，4，5，6]

C. [0，1，3，4，5，6]　　　　　D. [0，1，2，3，5，6]

2. 以下代码的输出是（　　）。

```
my_list = [1, 2, 3, 4, 5]
my_list.append(6)
my_list.insert(0, 0)
my_list.pop(2)
print(my_list)
```

A. ['b'，'d'，'f']　　　　　　B. ['a'，'c'，'e']

C. ['b'，'d']　　　　　　　D. ['b'，'d'，'e']

3. 以下代码的输出是（　　）。

```
my_tuple = (1, 2, 3)
try:
    my_tuple[1] = 4
except TypeError as e:
    print("TypeError:", e)
finally:
    print(my_tuple)
```

A. TypeError：'tuple' object does not support item assignment(1，4，3)

B. TypeError：'tuple' object does not support item assignment(1，2，3)

C. (1，2，3)

D. (1，4，3)

4. 以下代码的输出是（　　）。

```
my_dict = {'x': 10, 'y': 20, 'z': 30}
value = my_dict.get('y') + my_dict.get('a', 0)
print(value)
```

A. 20　　　　　B. 30　　　　　C. 40　　　　　D. None

5. 以下代码的输出是（　　）。

```
set_a = {'apple', 'banana', 'cherry'}
set_b = {'banana', 'cherry', 'date', 'fig'}
result = set_a.intersection(set_b)
print(result)
```

A. {'banana'，'cherry'，'date'，'fig'}

B. {'apple'，'banana'，'cherry'，'date'，'fig'}

C. {'apple'}

D. {'banana'，'cherry'}

6. 以下代码的输出是（　　）。

```
def modify_list(lst):
    lst.append(4)
    lst = [1, 2, 3, 4]
```

```
        return lst

my_list = [1, 2, 3]
result = modify_list(my_list)
print("my_list:", my_list)
print("result:", result)
```

    A. my_list: [1, 2, 3, 4]
       result: [1, 2, 3, 4]

    B. my_list: [1, 2, 3]
       result: [1, 2, 3, 4]

    C. my_list: [1, 2, 3, 4]
       result: [4]

    D. my_list: [1, 2, 3, 4]
       result: [1, 2, 3, 4]

7. 补全函数 unique_sorted_list，该函数接收一个列表作为参数，返回一个包含列表中所有唯一元素的列表，并按升序排序。

```
def unique_sorted_list(lst):
    # 在此处编写代码
    pass


# 示例用法
input_list = [3, 1, 2, 3, 4, 1, 5, 2]
result = unique_sorted_list(input_list)
print(result)  # 输出: [1, 2, 3, 4, 5]
```

8. 补全函数 element_frequency，该函数接收一个列表作为参数，返回一个字典，其中键是列表中的元素，值是该元素在列表中出现的次数。

```
def element_frequency(lst):
    # 在此处编写代码
    pass


# 示例用法
input_list = ['a', 'b', 'a', 'c', 'b', 'a']
result = element_frequency(input_list)
print(result)  # 输出: {'a': 3, 'b': 2, 'c': 1}
```

9. 编写一个函数 word_frequency，接收一个字符串参数，返回一个字典，其中键是单词，值是单词在字符串中出现的次数。单词之间用空格分隔，忽略大小写。

10. 编写一个函数 reverse_preserve_spaces，接收一个字符串参数，返回一个新的字符串，其中单词位置不变，但每个单词的字符顺序反转。空格应保留在原来的位置。

11. 利用循环创建一个包含 100 个偶数的列表，并且计算该列表的和与平均值。请分别使用 while 和 for 循环实现。

12. 编写一个函数实现根据本金、年利率、存款年限计算得到本金和利息的功能，调用这个函数计算 10000 元本金在银行以 5.5% 的年利率存 5 年后获得的本金和利息。在该题中按复利计算利息。

## 第 4 章

类 与 对 象

本章学习目标：

- 深刻理解 Python 中类、对象的概念，掌握它们的构造和使用。
- 熟练掌握 Python 面向对象的构造函数和析构函数及运算符的重载。
- 理解 Python 类的继承和组合。
- 熟练掌握 Python 异常处理机制和内置异常类。
- 熟练掌握 Python 自定义异常的方法。

本章首先从 Python 类和对象的定义开始讲解，详细介绍类的属性、方法及构造函数和析构函数，然后介绍面向对象的方法及类的两种重用技术——继承和组合，最后向读者介绍异常的基本概念和处理机制，同时介绍自定义异常的方法、with 语句和断言。

4.1　面向对象

面向对象编程（OOP）是一种程序设计思想。OOP 把对象作为程序的基本单元，一个对象包含了数据和操作数据的函数。

面向对象的程序设计把计算机程序视为一组对象的集合，而每个对象都可以接收其他对象发过来的消息，并处理这些消息，计算机程序的执行就是一系列消息在各个对象之间传递。

例如，程序中包含一个 customer 对象和一个 account 对象，而 customer 对象可能会向 account 对象发送一个消息，查询其银行账目。每个对象都包含数据及操作这些数据的代码，即使它们不了解彼此的数据和代码的细节，对象之间依然可以相互作用，所要了解的只是对象能够接收的消息的类型及对象返回的响应的类型，虽然不同的人会以不同的方法实现它们。

4.1.1　面向对象编程

面向对象编程的优点是易维护、易复用、易扩展，由于面向对象有封装、继承、多态的特性，可以设计出低耦合的系统，使系统更加灵活，更加易于维护。

在 Python 中所有数据类型都可以视为对象，当然用户也可以自定义对象。自定义的对象数据类型就是面向对象中的类（class）的概念。

如果采用面向对象的程序设计思想，大家首先思考的不是程序的执行流程，而是 Student 这种数据类型应该被视为一个类，这个类拥有 name 和 score 两个属性（property）。如果要打印一个学生的成绩，首先必须创建出这个学生类对应的对象，然后给对象发一个 print_score 消息，让对象自己把自己的数据打印出来。

【例 4.1】　面向对象示例。

```
class Student(object):
    def __init__(self, name, score):
        self.name = name
        self.score = score
    def print_score(self):
        print("%s: %s" % (self.name, self.score))
```

给对象发消息实际上就是调用对象对应的关联函数，一般称之为对象的方法（method）。面向对象的程序写出来就像这样：

```
bart = Student("Bart Simpson", 59)
lisa = Student("Lisa Simpson", 87)
bart.print_score()
lisa.print_score()
```

面向对象类（class）和实例（instance）的设计思想是从自然界中来的。class 是一种抽象概念，例如，这里定义的 Student 指学生这个概念，而实例（instance）是一个个具体的 Student，例如，Bart Simpson 和 Lisa Simpson 是两个具体的 Student。

所以，面向对象的设计思想是抽象出 class，根据 class 创建 instance。面向对象的抽象程度要比函数高，因为一个 class 既包含数据又包含操作数据的方法。

4.1.2　类的抽象与封装

对象包含数据及操作这些数据的代码，一个对象包含的所有数据和代码可以通过类构成一个用户定义的数据类型。事实上，对象就是类类型（class type）的变量，一旦定义了一个类，就可以创建这个类的多个对象，每个对象与一组数据相关，而这组数据的类型在类中定义。因此，一个类就是具有相同类型的对象的抽象，例如，芒果、苹果和橘子都是 fruit 类的对象。类是用户定义的数据类型，但是在一种程序设计语言中，它和内建的数据类型行为相同。例如，创建一个类对象的语法和创建一个整数对象的语法一模一样。

把数据和函数装在一个单独的单元（称为类）的行为称为封装。数据封装是类最典型的特点。数据不能被外界访问,只能被封装在同一个类中的函数访问。这些函数提供了对象数据和程序之间的接口。避免数据被程序直接访问的概念被称为"数据隐藏"。

抽象指仅表现核心的特性而不描述背景细节的行为。类使用了抽象的概念,并且被定义为一系列抽象的属性,例如,尺寸、重量和价格及操作这些属性的函数。类封装了将要被创建的对象的所有核心属性。因为类使用了数据抽象的概念,所以它们被称为抽象数据类型(Abstract Data Type,ADT)。

封装机制将数据和代码捆绑到一起,避免了外界的干扰和不确定性,它同样允许创建对象。简单地说,一个对象就是一个封装了数据和操作这些数据的代码的逻辑实体。

在一个对象内部,某些代码和(或)某些数据可以是私有的,不能被外界访问。通过这种方式,对象对内部数据提供了不同级别的保护,以防止程序中无关的部分意外地改变或错误地使用了对象的私有部分。

简而言之,类封装了一系列方法,并且可以通过一定的规则约定方法访问权限。在Python 中没有 public、protected、private 之类的访问权限控制修饰词,Python 通过方法名约定访问权限。

(1) 普通名字,表示 public。

(2) 以"_"前导的名字,从语法上视为 public,但约定俗成的意思是"可以被访问,但请视为 private,不要随意访问"。

(3) 以"__"前导、以"__"后缀的名字,特殊属性,表示 public。

(4) 以"__"前导、不以"__"后缀的名字,表示 private。

private 名字不能被继承类引用。private 不允许通过实例对象直接访问,本质上是因为 private 属性名被 Python 解释器改成类名属性名了,因此仍然可以通过类名属性名访问 private 属性,但是不同版本的 Python 解释器改造的规则不一致,通常不建议用户这样访问 private 属性,因为代码不具有可移植性。

4.2 认识 Python 中的类、对象和方法

4.2.1 类的定义与创建

类(class)可以看作是类别或种类的同义词。在 Python 中类用来描述具有相同属性和方法的对象的集合,它定义了该集合中每个对象所共有的属性和方法。使用类几乎可以模拟任何东西。

例如,设想自己正走在大街上,从身前跑过一只猫,猫是"猫类"的实例,这就是一个有很多子类的一般类,从自己身前跑过的猫可能属于子类"波斯猫类"。这里可以将"猫类"想象成是所有猫的集合,而"波斯猫类"是其中的一个子集。当一个对象所属的类是另一个对象所属类的子集时就称前者为后者的子类(subclass)。所以,"波斯猫类"是"猫类"的子类;相反,"猫类"是"波斯猫类"的超类(superclass)。

这里的猫指从自己身前跑过的那只特定的猫,但"猫类"或"波斯猫类"表示的不是特定的猫,而是任何猫或任何波斯猫。对于大多数宠物猫来说,大家都了解些什么呢?这

些猫都有年龄和名字，当然猫还会打滚和下蹲。因为猫都具有上述两项信息（年龄和名字）和两种行为（打滚和下蹲），依据这些，就可以创建一个用来表示猫的简单类 Cat。

　　下面使用 Python 中的类定义语言来创建简单类 Cat，并借此讲解这个类定义函数。类是一个用户定义类型，和其他大多数计算机语言一样，Python 使用关键字 class 来定义类。函数的语法格式如下：

```
class classname:
    < statement - 1 >
    …
    < statement - n >
```

< statement-1 >与< statement-n >之间可以包含任何有效的 Python 语句，用来定义类的属性与方法。下面创建简单类 Cat。

【例 4.2】　Cat 类的定义。

```
class Cat():                          ♯一次模拟小猫的简单尝试

    def __init__(self, name, age):    ♯初始化属性 name 和 age
        self.name = name
        self.age = age

    def sit(self):                    ♯模拟小猫被命令下蹲
        print(self.name.title() + " is now sitting.")
    def roll_over(self):              ♯模拟小猫被命令打滚
        print(self.name.title() + " rolled over!")
```

　　通过以上代码就可以创建简单类 Cat，赋予每只小猫下蹲（sit()）和打滚（roll_over()）的行为。

　　在这段代码中，用 class 定义了一个名为 Cat 的类。根据约定，在 Python 中首字母大写的名称指的是类。在本代码的第 1 行中，这个类定义中的括号是空的，这是因为要创建一个空白类。从第 3 行开始，在类中定义了 3 个函数，类中的函数称为方法。前面学过的有关函数的一切都适用于方法，唯一重要的差别是调用方法的方式不同。第 1 个方法 __init__()是特殊的方法，每当用户根据 Cat 类创建新实例时 Python 都会自动运行它。这里将 __init__()方法定义成包含 3 个形参，即 self、name、age，形参 self 必不可少，还必须位于其他形参的前面。那么为什么必须在方法定义中包含形参 self 呢？这是因为 Python 在调用这个 __init__()方法创建 Cat 实例时将自动传入实参 self。每个与类相关联的方法调用都自动传递实参 self，它是一个指向实例本身的引用，让实例能够访问类中的属性和方法。在创建 Cat 实例时，Python 将调用 Cat 类的方法 __init__()。程序将通过实参向 Cat()传递名字和年龄；self 会自动传递，因此不需要手动去传递它。每当根据 Cat 类创建实例时都只需要给最后两个形参（name 和 age）提供值。

　　第 4、5 行定义的两个变量都有前缀 self。以 self 为前缀的变量可供类中的所有方法使用，还可以通过类的任何实例来访问这些变量。self.name = name 获取存储在形参 name 中的值，并将其存储到变量 name 中，然后该变量被关联到当前创建的实例。self.age=age 的作用与此类似。像这样可通过实例访问的变量称为属性。

Cat 类还定义了另外两个方法,即 sit()和 roll_over()。由于这些方法不需要额外的信息,例如名字或年龄,所以它们只有一个形参 self。在后面创建的实例中都能够访问这些方法,换句话说,它们都会下蹲和打滚。当前,sit()和 roll_over()所做的有限,它们只是打印一条消息,指出小猫正下蹲或打滚。用户可以扩展这些方法来模拟实际情况:如果这个类包含在一个计算机游戏中,这些方法将包含创建小猫下蹲和打滚动画效果的代码。如果这个类是用于控制机器猫的,这些方法将引导机器猫做出下蹲和打滚的动作。

接下来创建一个表示特定小猫的实例。首先可以将类视作有关如何创建实例的说明,即可以理解成 Cat 类是一系列说明,让 Python 知道如何创建一个表示特定小猫的实例。

【例 4.3】 小猫实例。

```
my_cat = Cat("tommy",3)

print("my cat's name is " + my_cat.name.title() + ".")
print("my cat is " + str(my_cat.age) + "years old.")
```

这里使用的是前一个示例中编写的 Cat 类。在第 1 行代码处,让 Python 创建一只名字为 tommy、年龄为 3 的小猫。当遇到这行代码时,Python 使用实参"tommy"和 3 调用 Cat 类中的方法 __init__()。方法 __init__()创建一个表示特定小猫的实例,并使用外部提供的值设置属性 name 和 age。方法 __init__()并未显式地包含 return 语句,但 Python 自动返回一个表示这只小猫的实例,然后将这个实例存储在变量 my_cat 中。在这里命名约定很有用:通常可以认为首字母大写的名称(例如 Cat)指的是类,而小写的名称(例如 my_cat)指的是根据类创建的实例。

在本节前面创建了一个简单的 Cat 类,并在方法 __init__()中定义了 name 和 age 属性。如果要访问实例的属性,可以使用句点表示法。在第 3 行编写了如下代码来访问 my_cat 的 name 属性的值。

```
my_cat.name
```

句点表示法在 Python 中很有用,这种语法演示了 Python 语句如何来获得属性的值。例如,在这个示例中,Python 先找到 my_cat 实例,再查找与这个实例相关联的 name 属性。在 Cat 类中引用这个属性时使用的是 self.name。在代码的第 3 行中,使用同样的方法来获取 age 属性的值。在代码的第 1 个 print()语句中,my_cat.name.title()将 my_cat 的 name 属性值 tommy 的首字母改成大写的 T;在代码的第 2 个 print()语句中,str(my_cat.age)将 my_cat 的 age 属性值 3 转换成字符串类型。对于上述示例来说,my_cat 实例的输出结果如下:

```
my cat's name is Tommy.
my cat is 3years old.
```

4.2.2　构造函数

在 4.1.1 节的示例代码中已经使用到类中的一个特殊方法——__init__(self,…),这个方法被称为构造函数,用来初始化对象(实例),在创建新对象时调用。__init__()方法在类的一个对象(实例)被建立时马上运行。这个方法可以用来对用户的对象做一些用户希望的初始化。构造函数属于每个对象,每个对象都有自己的构造函数。如果用户未设计构造函数,Python 将提供一个默认的构造函数。注意,这个名称的开始和结尾都是双下画线。构造函数的作用有两个:一是在内存中为类创建一个对象;二是调用类的初始化方法来初始化对象。

【例 4.4】 类的创建和实例化。

```
class Person:
    def __init__(self,name):
        self.name = name
    def sayHi(self):
        print ("Hello,my name is",self.name)
p = Person("python")
p. sayHi()
```

运行结果如下:

```
Hello, my name is python
```

__init__()方法定义为取一个参数 name(以及普通的参数 self)。在这个__init__()方法里只是创建一个新的域,也称为 name。注意它们是两个不同的变量,尽管它们有相同的名字。点号使用户能够区分它们。最重要的是,无须专门调用__init__()方法,而是在创建一个类的新实例时把参数包括在圆括号内跟在类名后面,从而传递给__init__()方法。这是这种方法的重要之处。

4.3 类的属性

4.3.1 类属性和实例属性

类中的属性分为两种:一是类属性,二是实例属性。类属性是在类中方法之外定义的;实例属性则是在构造函数__init__()中定义的,在定义时以 self 为前缀,只能通过对象名访问,4.2.1 节创建的 Cat 类中的 self. name 和 self. age 就是实例属性。为了更好地讲解类属性,这里将通过对 4.2.1 节中创建的简单类 Cat 的属性进行增加和修改来说明。类属性的修改和增加都是通过"类名. 属性名"的方式直接进行的。

下面创建一个简单的类 Cat。

【例 4.5】 增加类属性。

```
class Cat():
#一次模拟小猫的简单尝试

#增加类属性
    Reproduction_way = "taisheng"
```

```
Song_way = "miaomiao"
def __init__(self, name, age):
♯初始化 name 和 age 属性
    self.name = name
    self.age = age

def _sit_(self):
♯模拟小猫被命令下蹲
    print(self.name.title() + " is now sitting.")

def roll_over(self):
♯模拟小猫被命令打滚
    print(self.name.title() + " rolled over!")
```

上面的代码增加了两个类属性,分别是生育后代的方式 taisheng 及叫声 miaomiao,这是猫类的共同属性。

4.3.2　公有属性和私有属性

在默认情况下,程序是可以从外部访问一个对象的属性的。有些程序员认为这样做是可以的,有些程序员(例如,SmallTalk 之父,SmallTalk 的对象特性只允许由同一个对象的方法访问)认为这样做是不可以的,觉得这样做就破坏了封装的原则。他们认为对象的状态对于外部来说应该是完全隐藏的(不可访问)。可能会有人感到奇怪,为什么他们会站在如此极端的立场上,每个对象管理自己的属性还不够吗? 为什么还要对外部世界隐藏呢? 毕竟如果能直接使用将会更方便。

关键在于其他程序员可能不知道(可能也不应该知道)用户的对象内部的具体操作。Python 并不直接支持私有方式,而是靠程序员自己把握在外部进行属性修改的时机。毕竟在使用对象前应该知道如何使用,但是可以用一些小技巧达到私有属性的效果。

如果想要让方法或属性变为私有的,即从外部无法进行访问,只需要在它的名字前面加上双下画线即可。具体来讲,以"__"(双下画线)开头的属性是私有属性,否则这个属性就是公有属性。私有属性通过"对象名.类名__私有成员名"进行访问,不能在类外进行直接访问。举例如下。

【例 4.6】 定义私有属性。

```
class Secret():
    def __unaccessible(self):
        print ("Sorry , you can not accessible...")
    def accessible(self):
        print ("Yes , you can accessible ,and the secret is ... ")
        self.__unaccessible()
```

现在,正如在这个例子中展示的,__unaccessible()是无法从外界进行访问的,但是从类的内部还是能够进行访问的(例如,从 accessible()进行访问)。

```
>>> s = Secret()
>>> s.__unaccessible()
```

运行结果如下：

```
Traceback (most recent call last):
  File"< pyshell♯112>", line 1, in ?
    s.__unaccessible()
AttributeError: Secretive instance has no attribute '__unaccessible'
```

输入代码：s.accessible()，运行结果如下：

```
Yes , you can accessible ,and the secret is ...
Sorry , you can not accessible ...
```

双下画线虽然有些奇怪，但看起来像是在其他编程语言中的标准的私有方法。事实上真正发生的事情是不标准的。因为在类的内部定义中，所有以双下画线开始的命名都将会被翻译成前面加单下画线和类名的形式。

```
>>> Secret._Secret__unaccessible
```

运行结果如下：

```
< unbound method Secret.__unaccessible>
```

总体来说，想要确保其他人不会访问对象的方法和属性是不可能的，但是像这类的"名称变化术"就是他们不应该访问这些方法或属性的强信号。

如果不想使用这种方法，但是又想让其他对象不能访问内部数据，那么可以使用双下画线。虽然这不过是一个习惯，但的确有实际效果。例如，前面有下画线的名字都不会被带星号的 import 语句 form module import ∗ 导入。

有些编程语言支持多种层次的成员变量或属性私有化，例如，在 Java 中就支持 4 种级别。尽管单、双下画线在某种程度上给出了两个级别的私有性，但是 Python 并没有真正的私有化支持。

4.4 类的方法

4.4.1 类方法的调用

在这里仍旧使用 4.2.1 节中创建的 Cat 类实例，在创建 Cat 类实例后就可以使用句点表示法来调用 Cat 类中定义的任何方法。下面通过让小猫进行下蹲和打滚的动作来展示调用方法。

【例 4.7】 类方法调用的示例。

```
class Cat():
    ♯省略,见例 4.5
```

```
my_cat = Cat("tommy",3)
my_cat._sit_()
my_cat.roll_over()
```

如果想要调用类中的方法,可以通过指定实例的名称(这里是 my_cat)和想要调用的方法,并用句点分隔它们。当遇到代码 my_cat._sit_()时,Python 在 Cat 类中查找 sit()方法并运行其代码块。同样,Python 也会用一样的方式解读代码 my_cat.roll_over()。

扫一扫

视频讲解

4.4.2 类方法的分类

在类中可以根据需要定义一些方法,定义方法使用 def 关键字,在类中定义的方法至少会有一个参数,一般以名为 self 的变量作为该参数(用其他名称也可以),而且需要作为第一个参数。在 Python 中类的方法大致可以分为 3 类,即类方法、实例方法和静态方法。

类方法是类对象所拥有的方法,需要用修饰器@classmethod 来标识其为类方法。它能够通过实例对象和类对象去访问。类方法的用途就是可以对类属性进行修改。对于类方法来说,第一个参数必须是类对象,一般以 cls 作为第一个参数。举例如下。

【例 4.8】 类方法示例。

```
class people:
    country = "china"
    @classmethod
    def getCountry(cls):            #类方法
        return cls.country
```

实例方法是在类中最常定义的成员方法,它至少有一个参数,并且必须以实例对象作为其第一个参数,一般以名为 self 的变量作为第一个参数(注意,不能通过类对象引用实例方法)。举例如下。

【例 4.9】 实例方法示例。

```
class InstanceMethod(object):
    def __init__(self, a):
        self.a = a
    def f1(self):
        print ("This is {0}".format(self))
    def f2(self, a):
        print ("Value:{0}".format(a))
```

静态方法需要通过修饰器@staticmethod 进行修饰,静态方法对参数没有要求,不需要多定义参数。在静态方法中只能访问属于类的成员,不能访问属于对象的成员,而静态方法也只能通过类名调用。举例如下。

【例 4.10】 静态方法示例。

```
country = "china"
@staticmethod
```

```
    def getcountry():
    return people.country
@staticmethod
    def setcountry(countryName):
        people.country = countryName
```

这 3 种不同的方法出现了一个问题：既然有了实例方法，类方法和静态方法与之相比又有什么好处呢？具体地讲，在类方法中不管是使用实例还是类调用方法，都会把类作为第一个参数传递进来，这个参数就是类本身。如果继承了这个使用类方法的类，则该类的所有子类都会拥有这个方法，并且这个方法会自动指向子类本身。静态方法和类与实例都没有关系的，完全可以使用一般方法代替，但是使用静态方法可以更好地组织代码，防止代码较多时变得比较混乱。类方法是可以代替静态方法的。静态方法不能在继承中修改。

4.4.3　析构函数

在 Python 中没有专用的构造和析构函数，但是一般可以用 __init__()方法和 __del__()方法分别完成初始化和删除操作，因此可用它们代替构造和析构函数。从这个意义上讲，__init__()方法属于 Python 语言的构造函数；__del__()方法属于 Python 语言的析构函数，它在对象消逝时被调用，用来释放对象占用的资源。析构函数在对象就要被垃圾回收之前调用，但发生调用的具体时间是不可知的。这里通过一个例子来说明 Python 的析构函数。

【例 4.11】　析构函数示例。

```
class test():
    def __init__(self):
        print("AAA")
    def __del__(self):
        print("BBB")
    def my(self):
        print("CCC")
>>> obj = test()
AAA
BBB
>>> obj.my()
CCC
>>> del obj
BBB
```

上述例子中的__del__()函数就是一个析构函数，当使用 del 删除对象时会调用它本身的析构函数。另外，当对象在某个作用域中调用完毕后，在跳出其作用域的同时析构函数也会被调用一次，这样可以用来释放内存空间。__del__()也是可选的，如果不提供，则 Python 会在后台提供默认析构函数。如果要显式地调用析构函数，可以使用 del 关键字，方式如下：

```
del 对象名
```

4.5 类的继承

代码重用是软件工程的重要目标之一,类的重用是面向对象的核心内容之一,在编写类时并非总是要重新开始。如果用户要编写的类是另一个现成类的特殊版本,那么可以使用继承,在这个现成类的基础上创建新类,在所创建的新类中通过添加代码来扩展现成类的属性和方法,这样不仅能够减少工作量,而且能降低出现错误的可能性。

4.5.1 父类与子类

当一个类继承另一个类时,它将自动获得另一个类的所有属性和方法,原有的类被称为基类(baseclass)、父类或超类(superclass),而新类被称为子类(subclass)。子类继承了其父类的所有属性和方法,同时还可以定义自己的属性和方法。

父类指被直接或间接继承的类。在 Python 中 object 类是所有类的直接或间接父类。在继承关系中,继承者是被继承者的子类。子类继承所有祖先的非私有属性和非私有方法,子类也可以增加新的属性和方法,子类还可以通过重定义覆盖从父类中继承而来的方法。

扫一扫

视频讲解

4.5.2 继承的语法

下面通过一个示例来展示继承的语法。

例如,已经编写了一个名为 Animal 的 class,有一个 run()方法可以直接打印。

【例 4.12】 Animal 继承。

```python
class Animal(object):
    def run(self):
        print("Animal is running...")
```

当需要编写 Dog 和 Cat 类时就可以直接从 Animal 类继承。

```python
class Dog(Animal):
    pass
class Cat(Animal):
    pass
```

对于 Dog 来说,Animal 就是它的父类;对于 Animal 来说,Dog 就是它的子类。Cat 和 Dog 类似。在创建子类时,父类必须包含在当前文件中,且位于子类前面。这里定义了子类 Dog 和 Cat。在定义子类时,必须在括号内指定父类的名称。

那么继承有什么好处呢?最大的好处是子类获得了父类的全部功能。由于 Animal 实现了 run()方法,因此 Dog 和 Cat 作为它的子类什么事也没干就自动拥有了 run()方法。

```python
dog = Dog()
dog.run()
cat = Cat()
cat.run()
```

运行结果如下：

```
Animal is running...
Animal is running...
```

继承的第二个好处需要读者对代码做一点改进。可以看到，无论是 Dog 还是 Cat，它们在 run（）时显示的都是 Animal is running...，符合逻辑的做法是分别显示 Dog is running...和 Cat is running...，因此对 Dog 和 Cat 类改进如下：

```
class Dog(Animal):
    def run(self):
        print("Dog is running...")

class Cat(Animal):
    def run(self):
        print("Cat is running...")
```

再次运行，结果如下：

```
Dog is running...
Cat is running...
```

当子类和父类存在相同的 run（）方法时，子类的 run（）覆盖父类的 run（），在代码运行时总是会调用子类的 run（）。

当然，用户也可以给子类增加一些方法，例如 Dog 类：

```
class Dog(Animal):
    def run(self):
        print("Dog is running...")

    def eat(self):
        print("Eating meat...")
```

4.5.3　多重继承

继承是面向对象编程的一个重要方式，因为通过继承，子类就可以扩展父类的功能。

这里想一下 Animal 类层次的设计，假设要实现 Dog（狗）、Bat（蝙蝠）、Parrot（鹦鹉）、Ostrich（鸵鸟）4 种动物，如果按照哺乳动物和鸟类归类，可以设计出如下类层次。

- 哺乳类：能跑的哺乳类，能飞的哺乳类。
- 鸟类：能跑的鸟类，能飞的鸟类。

如果要再增加"宠物类"和"非宠物类"，那么类的数量会呈指数增长，很明显这样设计是不行的，正确的做法是采用多重继承。首先，主要的类层次仍按照哺乳类和鸟类设计。

【例 4.13】　多重继承示例。

```
class Animal(object):
    pass
#大类
```

```
class Mammal(Animal):
    pass
class Bird(Animal):
    pass
#各种动物
class Dog(Mammal):
    pass
class Bat(Mammal):
    pass
class Parrot(Bird):
    pass
class Ostrich(Bird):
    pass
```

现在要给动物加上 Runnable 和 Flyable 的功能,只需要先定义好 Runnable 和 Flyable 的类即可。

```
class Runnable(object):
    def run(self):
        print("Running...")
class Flyable(object):
    def fly(self):
        print("Flying...")
```

对于需要 Runnable 功能的动物来说,就多继承一个 Runnable,例如 Dog。

```
class Dog(Mammal, Runnable):
    pass
```

对于需要 Flyable 功能的动物来说,就多继承一个 Flyable,例如 Bat。

```
class Bat(Mammal, Flyable):
    pass
```

通过多重继承,一个子类就可以同时获得多个父类的所有功能。

在设计类的继承关系时,通常主线都是单一继承下来的,例如,Ostrich 继承自 Bird。但是,如果需要"混入"额外的功能,通过多重继承就可以实现,例如,让 Ostrich 除了继承自 Bird 外,再同时继承 Runnable。这种设计通常称为 Mixin。

为了更好地看出继承关系,把 Runnable 和 Flyable 改为 RunnableMixin 和 FlyableMixin。类似地,用户还可以定义出肉食动物 CarnivorousMixin 和草食动物 HerbivoresMixin,让某个动物同时拥有几个 Mixin。

```
class Dog(Mammal,RunnableMixin, CarnivorousMixin):
    pass
```

Mixin 的目的就是给一个类增加多个功能,这样在设计类时可以优先考虑通过多重继承来组合多个 Mixin 的功能,而不是设计多层次的复杂的继承关系。

Python 自带的很多库也使用了 Mixin。举个例子,Python 自带了 TCPServer 和

UDPServer 这两类网络服务,若要同时服务,多个用户就必须使用多进程或多线程模型,这两种模型由 ForkingMixin 和 ThreadingMixin 提供。通过组合,用户就可以创造出合适的服务。

　　这样,用户不需要复杂而庞大的继承链,只要选择组合不同的类的功能,就可以快速构造出所需的子类。

4.5.4　运算符的重载

　　在 Python 类中可以重写某些运算符的方法函数,例如,类中提供了__add__()这个钩子函数,当调用"+"(加法)运算时,实际上是调用了__add__()钩子函数,用户在类中可以重写这些钩子函数。

　　在 Python 中带有前/后缀、双下画线的方法函数称为钩子函数,钩子函数具有以下特征。

　　(1) 多数钩子函数均可在类中被重写。

　　(2) 钩子函数无预设值。

　　(3) 相应运算符调用时会自动映射调用这些钩子函数。

　　表 4.1 列举了一些常见的运算符重载方法。

表 4.1　常见的运算符重载方法

方　　法	名　　称	举　　例
__init__()	构造函数	对象创建：X＝Class(args)
__del__()	析构函数	X 对象收回
__add__()	运算符＋	X＋Y、X＋＝Y
__or__()	运算符 |	X|Y、X|＝Y
__repr__()、__str__()	打印、转换	print(X)、repr(X)、str(X)
__call__()	函数调用	X(＊args,＊＊kwargs)
__getattr__()	点号运算	X.undefined
__setattr__()	属性赋值	X.any＝value
__delattr__()	属性删除	delX.any
__getattribute__()	属性获取	X.any
__getitem__()	索引运算	X[key]、X[i:j]
__setitem__()	索引赋值	X[key]、X[i:j]＝sequence
__delitem__()	索引和分片删除	del X[key]、del X[i:j]
__len__()	长度	len(X)
__bool__()	布尔测试	bool(X)
__lt__()、__gt__()、 __le__()、__ge__()、 __eq__()、__ne__()	特定的比较	X＜Y、X＞Y、X＜＝Y、X＞＝Y、 X＝＝Y、X！＝Y
__radd__()	右侧加法	other＋X
__iadd__()	实地(增强的)加法	X＋＝Y(或__add__())
__iter__()、__next__()	迭代环境	I＝iter(X)、next()
__contains__()	成员关系测试	item in X(任何可迭代)
__index__()	整数值	hex(X)、bin(X)、oct(X)

方　　法	名　　称	举　　例
__enter__()、__exit__()	环境管理器	withobj as var：
__get__()、__set__()、__delete__()	描述符属性	X. attr，X. attr＝value，del X. attr
__new__()	创建	在__init__()之前创建对象

4.6　类的组合

前面讲了面向对象与类的继承,大家知道了继承是一种"什么是什么"的关系。然而类与类之间还有另一种关系,那就是组合,这是类的另一种重用方式。如果程序中的类需要使用一个其他对象,就可以使用类的组合方式。在 Python 中,一个类可以包含其他类的对象作为属性,这就是类的组合。

下面看一个例子,先定义一个老师类,老师类有名字、年龄、出生的年/月/日、所教的课程等特征及走路和教书的技能。

【例 4.14】　类组合示例。

```python
class Teacher:
    def __init__(self,name,age,year,mon,day):
        self.name = name
        self.age = age
        self.year = year
        self.mon = mon
        self.day = day

    def walk(self):
        print("%s is walking slowly" % self.name)

    def teach(self):
        print("%s is teaching" % self.name)
```

再定义一个学生类,学生类有名字、年龄、出生的年/月/日、学习的组名等特征及走路和学习的技能。

```python
class Student:
    def __init__(self,name,age,year,mon,day):
        self.name = name
        self.age = age
        self.year = year
        self.mon = mon
        self.day = day

    def walk(self):
        print("%s is walking slowly" % self.name)

    def study(self):
        print("%s is studying" % self.name)
```

根据类的继承这个特性，可以把代码缩减一下。首先定义一个人类，然后让老师类和学生类继承人类的特征和技能。

```python
class People:
    def __init__(self,name,age,year,mon,day):
        self.name = name
        self.age = age
        self.year = year
        self.mon = mon
        self.day = day

    def walk(self):
        print("%s is walking" % self.name)
class Teacher(People):
    def __init__(self,name,age,year,mon,day,course):
        People.__init__(self,name,age,year,mon,day)
        self.course = course

    def teach(self):
        print("%s is teaching" % self.name)
class Student(People):
    def __init__(self,name,age,year,mon,day,group):
        People.__init__(self,name,age,year,mon,day)
        self.group = group

    def study(self):
        print("%s is studying" % self.name)
```

再对老师和学生进行实例化，得到一个老师和一个学生。

```python
t1 = Teacher("alex",28,1989,9,2,"python")
s1 = Student("jack",22,1995,2,8,"group2")
```

现在想知道 t1 和 s1 的名字、年龄、出生的年/月/日都很容易，但是想一次性打印出 t1 或 s1 的生日就不那么容易了，这时需要用字符串进行拼接，有没有什么更好的办法呢？

有，那就是组合。

继承是一个子类与一个父类的关系，而组合是一个类与另一个类的关系。

可以说每个人都有生日，而不能说人是生日，这样就要使用组合的功能。

可以把出生的年/月/日再另外定义一个日期的类，然后用老师类或学生类与这个日期的类组合起来，就可以很容易地得出老师 t1 或学生 s1 的生日，再也不用字符串拼接那么麻烦。请看下面的代码：

```python
class Date:
    def __init__(self,year,mon,day):
        self.year = year
        self.mon = mon
        self.day = day

    def birth_info(self):
```

```
                print("The birth is %s-%s-%s" % (self.year,self.mon,self.day))
class People:
    def __init__(self,name,age,year,mon,day):
        self.name = name
        self.age = age
        self.birth = Date(year,mon,day)

    def walk(self):
        print("%s is walking" % self.name)

class Teacher(People):
    def __init__(self,name,age,year,mon,day,course):
        People.__init__(self,name,age,year,mon,day)
        self.course = course

    def teach(self):
        print("%s is teaching" % self.name)

class Student(People):
    def __init__(self,name,age,year,mon,day,group):
        People.__init__(self,name,age,year,mon,day)
        self.group = group

    def study(self):
        print("%s is studying" % self.name)
t1 = Teacher("alex",28,1989,9,2,"python")
s1 = Student("jack",22,1995,2,8,"group2")
```

这样一来，就可以使用跟前面一样的方法来调用老师 t1 或学生 s1 的姓名、年龄等特征及走路、教书或学习的技能。

```
print(t1.name)
t1.walk()
t1.teach()
```

输出如下：

```
alex
alex is walking
alex is teaching
```

那么怎么能够知道他们的生日呢？可以如下：

```
print(t1.birth)
```

输出如下：

```
<__main__.Date object at 0x0000000002969550>
```

这个 birth 是子类 Teacher 从父类 People 继承过来的，而父类 People 的 birth 又是与 Date 类组合在一起的，所以这个 birth 是一个对象。在 Date 类下面有一个 birth_info 的技能，这样就可以通过调用 Date 下面的 birth_info() 函数属性来知道老师 t1 的生日了。

```
t1.birth.birth_info()
```

得到的结果如下：

```
The birth is 1989 - 9 - 2
```

如果想知道学生 s1 的生日，使用同样的方法：

```
s1.birth.birth_info()
```

得到的结果如下：

```
The birth is 1995 - 2 - 8
```

组合就是在一个类中使用到另一个类，从而把几个类拼到一起。组合是为了减少重复代码。

在实际的项目开发过程中，如果只使用继承和组合中的一种技术，是很难满足实际需求的，所以在实际的开发过程中开发人员通常会将两种技术结合起来使用。

4.7　类的异常处理

异常处理在任何一门编程语言里都是被关注的一个话题，良好的异常处理可以让程序更加健壮，清晰的错误信息更能帮助程序开发人员快速修复问题。在 Python 中，和部分高级语言一样，使用了 try/except 语句块来处理异常，如果用户有其他编程语言的经验，实践起来并不难。

4.7.1　异常

异常即是在程序执行过程中发生的、影响程序正常运行的一个事件。一般情况下，在 Python 无法正常处理程序时就会发生一个异常。异常是 Python 对象，表示一个错误。当 Python 脚本发生异常时我们需要捕获处理它，否则程序会终止执行。异常处理使程序能够处理完异常后继续它的正常执行，不至于使程序因异常导致退出或崩溃。

举一个具体的例子：打开一个不存在的文件。

【例 4.15】　异常举例。

```
fr = open("/not there","r")
```

运行结果如下：

```
Traceback (most recent call last):
    File "tiaoshi005.py", line 1, in < module >
      fr = open("/notthere","r")
FileNotFoundError: [Errno 2] No such file or directory: '/not there'
```

在例子中的代码试图打开一个不存在的文件，运行之后，抛出 FileNotFoundError 异常。

4.7.2 Python 中的异常类

Python 程序出现异常时将抛出一个异常类的对象。在 Python 中所有的异常类都是 BaseException 的直接或间接子类。大部分常规异常类的基类是 Exception 的子类。

不管程序是否正常退出，都将引发 SystemExit 异常。例如，在代码中的某个位置调用了 sys.exit()函数时将触发 SystemExit 异常。利用这个异常，可以阻止程序退出或让用户确认是否真的需要退出程序。

表 4.2 列出了在 Python 中内置的标准异常类，自定义异常类都是继承自这些标准异常类。

表 4.2 在 Python 中内置的标准异常类

异常类名称	描 述
BaseException	所有异常的基类
SystemExit	解释器请求退出
KeyboardInterrupt	用户中断执行(通常是输入^C)
Exception	常规错误的基类
StopIteration	迭代器没有更多的值
GeneratorExit	生成器(generator)发生异常来通知退出
StandardError	所有的内建标准异常的基类
ArithmeticError	所有数值计算错误的基类
FloatingPointError	浮点计算错误
OverflowError	数值运算超出最大限制
ZeroDivisionError	除(或取模)零 (所有数据类型)
AssertionError	断言语句失败
AttributeError	对象没有这个属性
EOFError	没有内建输入,到达 EOF 标记
EnvironmentError	操作系统错误的基类
IOError	输入输出操作失败
OSError	操作系统错误
WindowsError	系统调用失败
ImportError	导入模块/对象失败
LookupError	无效数据查询的基类
IndexError	序列中没有此索引(index)
KeyError	映射中没有这个键
MemoryError	内存溢出错误(对于 Python 解释器来说不是致命的)
NameError	未声明/初始化对象 (没有属性)
UnboundLocalError	访问未初始化的本地变量
ReferenceError	弱引用(weak reference)试图访问已经垃圾回收了的对象
RuntimeError	一般的运行时错误
NotImplementedError	尚未实现的方法
SyntaxError	Python 语法错误
IndentationError	缩进错误
TabError	Tab 和空格混用

续表

异常类名称	描　　述
SystemError	一般的解释器系统错误
TypeError	对类型无效的操作
ValueError	传入无效的参数
UnicodeError	Unicode 相关的错误
UnicodeDecodeError	Unicode 解码时错误
UnicodeEncodeError	Unicode 编码时错误
UnicodeTranslateError	Unicode 转换时错误
Warning	警告的基类
DeprecationWarning	关于被弃用的特征的警告
FutureWarning	关于构造将来语义会有改变的警告
OverflowWarning	旧的关于自动提升为长整型(long)的警告
PendingDeprecationWarning	关于特性将会被废弃的警告
RuntimeWarning	可疑的运行时行为(runtime behavior)的警告
SyntaxWarning	可疑的语法的警告
UserWarning	用户代码生成的警告

4.7.3　捕获与处理异常

捕捉异常通常使用 try/except 语句。

try/except 语句用来检测在 try 语句块中的错误，从而让 except 语句捕获异常信息并处理。如果用户不想在异常发生时结束程序，只需在 try 里捕获它。

以下为简单的 try…except 的语法。

```
try:
<语句>                  # 运行别的代码
except <名字>:
<语句>                  # 如果在 try 部分引发了 'name' 异常
except <名字>,<数据>:
<语句>                  # 如果引发了 'name' 异常,获得附加的数据
```

当开始一个 try 语句后，Python 就在当前程序的上下文中作标记，这样当异常出现时就可以回到这里，try 子句先执行，接下来会发生什么依赖于执行时是否出现异常。

如果 try 后的语句执行时发生异常，那么 Python 就跳回到 try 并执行第一个匹配该异常的 except 子句，异常处理完毕，控制流就通过整个 try 语句（除非在处理异常时又引发新的异常）。

如果在 try 后的语句中发生了异常，却没有匹配的 except 子句，异常将被递交到上层的 try，或者到程序的最上层（这样将结束程序，并打印默认的出错信息）。

如果在 try 子句执行时没有发生异常，那么 Python 将执行 else 语句后的语句（如果有 else），然后控制流通过整个 try 语句。

当然也可以不带任何异常类型使用 except，示例如下：

```
try:
    #正常的操作
    ...
except:
    #发生异常,执行这块代码
    ...
else:
    #如果没有异常执行这块代码
```

通过以上方式 try-except 语句捕获所有发生的异常。但这不是一个很好的方式,我们不能通过该程序识别出具体的异常信息,因为它捕获所有的异常。

接下来将结合 4.7.1 节中的例子具体讲述 try-except 语句的使用方法。在 4.7.1 节中举了一个打开不存在文件,然后抛出 FileNotFoundError 异常的例子,下面就使用 try-except 语句来进行异常捕获和处理。

【例 4.16】 try-except 语句的使用。

```
try:
    fr = open("/notthere")
except FileNotFoundError:
    print("This file is not exist!")
```

运行结果如下:

```
This file is not exist!
```

同时,再利用一个例子来阐述 try-except-else 语句的使用方法。

【例 4.17】 try-except-else 语句的使用。

```
a = 1
b = 2
c = "1"
try :
    assert a < b
    d = a + b
except AssertionError as e:
    print ( "a < b" )
except TypeError as e:
    print (e)
else :
    print ( "Program execution successful" )
```

运行结果如下:

```
Program execution successful
```

在这个代码块中,尝试捕获处理两个异常,分别是 AssertionError 异常和 TypeError 异常。但是,程序运行顺利,没有发生异常,所以执行 else 语句。

下面将通过例子的讲述对异常处理做进一步的讲解。

该案例是一个猜数字游戏,先看一下最简单的猜数字的游戏,随机取 1～10,然后让游戏者猜。

【例 4.18】 猜数字游戏。

```
import random
num = random.randint(1,10)
while True:
    guess = int(raw_input('Enter 1~10'))
    if guess > num:
        print("guess Bigger : ",guess)
    elif guess < num:
        print("guess Smaller : ",guess)
    else:
        print("Great,You guess correct.game over !")
        Break
```

运行之后的结果如下：

```
>>> Enter 1~10:5
guess Bigger: 5
>>> Enter 1~10:3
guess Bigger: 3
>>> Enter 1~10:2
guess Bigger: 2
>>> Enter 1~10:1
Great,You guess correct.Game Over
```

这个是没有异常保护的，若正常输入没有问题，但是若恶意输入 abc 或是非数字，那就会有问题了。

```
>>> Enter 1~10:aa
ValueError: invalid literal for int() with base 10: 'abc'
```

所以要加入异常处理，具体如下：

```
import random
num = random.randint(1,10)
while True:
    try:
        guess = int(raw_input('Enter 1~10'))
    except Exception,e:
        print("Input error!Please enter num :1~10")
        continue
    if guess > num:
        print ("guess Bigger : ",guess)
    elif guess < num:
        print ("guess Smaller : ",guess)
    else:
        print("Great,You guess correct.game over !")
        Break
```

在以上代码中加入了异常处理语句，这样在输入非数字的时候，程序就可以捕获该错误，保证程序的正常运行。

4.7.4 自定义异常类

通过创建一个新的异常类,程序可以命名自己的异常。自定义异常应该是通过直接或间接的方式继承自典型的 Exception 类。

以下为与 RuntimeError 相关的实例,在实例中创建了一个类,基类为 RuntimeError,其用于在异常触发时输出更多的信息。在 try 语句块中,用户自定义的异常后执行 except 块语句,变量 e 是用于创建 Networkerror 类的实例。

【例 4.19】 自定义异常类举例。

```
class Networkerror(RuntimeError):
    def __init__(self, arg):
        self.args = arg
```

在定义以上类后,可以触发该异常,如下所示:

```
try:
    raise Networkerror("Bad hostname")
except (Networkerror) as e:
    print (e.args)
```

但是,因为 Networkerror 是一个自定义类,所以需要使用 raise 来显式地抛出异常。

自定义异常的其他使用方法则与标准模块中的异常类的使用方法一致。下面将通过一个具体的例子来进行自定义异常使用的详细讲解。

【例 4.20】 判断输入的长短。

```
class ShortInputException(Exception):
    # A user - defined exception class.
    def __init__(self, length, atleast):
        Exception.__init__(self)
        self.length = length
        self.atleast = atleast
try:
    s = raw_input('Enter something -->')
    if len(s) < 3:
        raise ShortInputException(len(s), 3)
    else:
        print (s)
except EOFError:
    print '\nWhy did you do an EOF on me?'
except ShortInputException as x:
    print ('ShortInputException:The input was length % d, \
        was expecting at least % d.' % (x.length, x.atleast))
else:
    print ('No exception was raised.')
```

在上述例子中,先自定义了一个名为 ShortInputException 的异常类,其用来判断用户输入的字符串长度是否满足要求。在本例中,其判断输入字符串的长度是否大于或等于 3 个字符,若不满足,则抛出该异常。

4.7.5　with 语句

有一些任务，可能事先需要设置，事后做清理工作。对于这种场景来说，Python 的 with 语句提供了一种非常方便的处理方式。一个很好的例子是文件处理，用户需要获取一个文件句柄，从文件中读取数据，然后关闭文件句柄。

Python 中的 with 语句用于对资源进行访问的场合，保证不管处理过程中是否发生错误或异常都会执行规定的__exit__（"清理"）操作，释放被访问的资源，例如，有文件读写后自动关闭、线程中锁的自动获取和释放等。

与 Python 中 with 语句有关的概念有上下文管理协议、上下文管理器、运行时上下文、上下文表达式、处理资源的代码段。

with 语句的语法格式如下：

```
with context_expression [as target(s)]:
    with - body
```

下面将通过一个例子（打开文件的方法：文件不存在，或者读取数据失败，没有容错信息）来说明 with 语句与 try-except 语句之间的区别。

【例 4.21】　with 语句与 try-except 语句的比较。

```
file = open("test.txt")
data = file.read()
file.close()
```

这里有两个问题：一是可能忘记关闭文件句柄；二是文件读取数据发生异常，没有进行任何处理。下面是处理异常的加强版本：

```
try:
    file = open("test.txt")
    data = file.read()
    do something
finally:
    file.close()
```

虽然这段代码运行良好，但是太冗长了。这时候就是 with 一展身手的时候了。除了有更优雅的语法以外，with 还可以很好地处理上下文环境产生的异常。下面是 with 版本的代码：

```
with open("test.txt") as f:
    data = f.read()
    do something
```

在这个例子中，由于使用了 with 语句，不需要 try-finally 语句来确保文件对象的关闭。因为无论该程序是否会出现异常，文件对象都将被系统关闭。

但是并不是所有对象都支持 with 语句这一新特性的，只有支持上下文管理协议的对象才能使用 with 语句,支持该协议的对象有 file、decimal、Context、thread、LockType、threading. Lock、threading. RLock、threading. Condition、threading. Semaphore、threading. BoundedSemaphore。

4.7.6　断言

使用 assert 断言是学习 Python 的一个非常好的习惯,Python assert 断言语句的格式及用法很简单。在没完善一个程序之前,我们不知道程序在哪里会出错,与其让它在运行时崩溃,不如让它在出现错误条件时就崩溃,这时就需要 assert 断言的帮助。

Python assert 断言的作用:Python assert 断言是声明其布尔值必须为真的判定,如果发生异常就说明表达式为假。可以理解 assert 断言语句为 raise-if-not,用来测试表达式,其返回值为假,就会触发异常。如果断言成功,则程序不会采取任何措施,否则就会触发 AssertionError 异常。

assert 断言语句的语法格式如下:

```
assert 表达式
```

下面是一些有关 assert 用法的语句,供读者参考。

```
assert 1 == 1
assert 2 + 2 == 2 * 2
assert len(['my boy',12]) < 10
assert range(4) == [0,1,2,3]
```

如何为 assert 断言语句添加异常参数? assert 的异常参数,其实就是在断言表达式后添加字符串信息,用来解释断言并更好地知道哪里出了问题。格式如下:

```
assert 表达式 [, 参数]
```

下面将通过一个例子来展示 assert 的使用方法。

【例 4.22】 assert 断言的使用。

```
assert 4 == 3 + 1
assert 4 == 3 * 1
```

运行结果如下:

```
Traceback (most recent call last):
    File "tiaoshi006.py", line 2, in <module>
    assert 4 == 3 * 1
AssertionError
```

在这个例子中,第 1 行代码成功运行,但是第 2 行代码在运行过程中抛出了一个 AssertionError 异常。

接下来利用 try-except 语句来捕获处理 AssertionError 异常。

```
try:
    assert 4 == 3 * 1
except AssertionError:
    print("The expression symbol is wrong!")
```

运行结果如下：

```
The expression symbol is wrong!
```

这样，通过使用 try-except 语句成功地捕获了断言失败异常。

本章案例

在本章的最后，通过讲解一个文件读取的案例来展示一下处理多个异常的具体操作。在进行文件读取的处理时可能会遇到多个异常，接下来进行解释。

例如，在当前目录下没有 test.txt 文件，然后执行下面的读取文件的代码。

【例 4.23】　多异常处理。

```
try:
    f = open("test.txt")
    line = f.read()
    num = int(line)
    print('"read num = % d" % num')
except IOError,e:
    print('"we catch IOError:",e')
finally:
    print("Close file")
    f.close()
```

在运行程序之后，就会捕获一个 IOError 错误，具体运行结果如下：

```
>>>
we catch IOError: [Errno 2] No such file or directory:'test.txt'
Close file
```

表明程序没有在当前目录下找到该文件，原本应该是返回一个异常，但是因为在程序中已经添加了异常处理语句，所以该异常被捕获并被处理，使得程序能正常运行。

接下来在当前目录下新建一个 test.txt 文件，并且在里面写上一个数字 50，再运行代码，就没有问题了，运行结果如下：

```
>>>
read num = 50
Close file
```

但是，若把 test.txt 文件里面的数字 50 改成字符串 'abc'，会出现什么情况呢？

运行结果如下：

```
>>>
Close file
Traceback (most recent call last):
ValueError: invalid literal for int() with base 10: 'abc'
```

　　运行之后，就会报这是一个 ValueError，但是原先的代码只能捕捉 IOError，没有捕捉 ValueError，所以没有处理 except 部分，导致返回一个异常。继续修改代码，在原先的代码中加入 ValueError 异常处理，代码如下：

```
try:
    f = open("test.txt")
    line = f.read()
    num = int(line)
    print('"read num = %d" % num')
except IOError,e:
    print('"we catch IOError:",e')
except ValueError,e:
    print('"we catch ValueError:",e')
finally:
    print("Close file")
    f.close()
```

　　运行上述程序之后，结果如下：

```
>>>
we catch ValueError: invalid literal for int() with base 10: 'abc'
Close file
```

　　通过在程序中加入新的异常处理语句，就捕捉到了 ValueError，这说明 Python 在异常处理里面可以捕捉多个异常。也就是说，若发生了 IOError，就执行 IOError 里面的异常处理；若发生了 ValueError，就执行 ValueError 里面的异常处理。同样，还可以通过添加其他类型的异常处理语句对各种类型的异常进行处理。

本章小结

　　类是客观世界中事物的抽象，是一种广义的数据类型，根据类来创建对象被称为实例化，对象是类实例化后的变量。本章主要介绍面向对象编程类的定义、属性和方法及运算符的重载，还介绍了类的继承和组合这两种重用技术，最后以概念与实例相结合的方式详细讲述了 Python 异常处理机制、内置异常类的类型、异常处理的语法结构、异常的检测和处理方法、自定义异常类的方法与使用。

本章习题

扫一扫

自测题

　　1. 下列选项中，(　　　)正确地定义了一个名为 Person 的类，并且具有一个初始化方法和一个名为 greet 的方法。

A.

```
class Person:
    def __init__(self, name):
        self.name = name

    def greet(self):
        print("Hello, my name is " + name)
```

B.

```
class Person:
    def __init__(self, name):
        self.name = name

    def greet(self):
        print("Hello, my name is " + self.name)
```

C.

```
class Person:
    def __init__(name):
        self.name = name

    def greet(self):
        print("Hello, my name is " + self.name)
```

D.

```
class Person:
    def __init__(self, name):
        self.name = name

    def greet(name):
        print("Hello, my name is " + self.name)
```

2. 根据第 1 题创建的 Person 类，下列选项中，（　　）正确地创建了一个 Person 对象，并调用其 greet 方法。

A.

```
p = Person("Alice")
p.greet()
```

B.

```
p = Person()
p.greet()
```

C.

```
p = Person("Alice")
Person.greet()
```

D.

```
p = Person("Alice")
greet()
```

3. 下列选项中，（　　）正确地定义了一个名为 Employee 的类，该类继承自第 1 题的 Person 类，并添加了一个名为 salary 的新属性。

A.

```
class Employee(Person):
    def __init__(self, name, salary):
        self.name = name
        self.salary = salary
```

B.

```
class Employee(Person):
    def __init__(self, name, salary):
        super().__init__(name)
        self.salary = salary
```

C.

```
class Employee(Person):
    def __init__(self, name, salary):
        Person.__init__(self, name)
        self.salary = salary
```

D.

```
class Employee(Person):
    def __init__(self, name, salary):
        super().__init__(self)
        self.salary = salary
```

4. 下列选项中,( )正确地在子类 Employee 中重写了父类 Person 的 greet 方法。

A.

```
class Employee(Person):
    def greet(self):
        print("Hello, I am an employee")
```

B.

```
class Employee(Person):
    def greet(name):
        print("Hello, I am an employee")
```

C.

```
class Employee(Person):
    def greet(self, name):
        print("Hello, I am an employee")
```

D.

```
class Employee(Person):
    def greet(self):
        print("Hello, I am an Employee")
        super().greet()
```

5. 简要阐述继承和组合的概念,以及两者的区别。

6. 简要描述异常的处理机制。

7. 定义一个名为 Circle 的类，具有一个属性 radius 和一个方法 area，该方法计算圆的面积。然后，创建一个 Circle 对象并计算其面积。

8. 定义一个名为 Calculator 的类，具有一个类方法 add 和一个静态方法 multiply，分别用于计算两个数的和和积。

9. 定义两个类 Engine 和 Car，其中 Car 类组合了 Engine 类。Car 类具有一个方法 start，调用 Engine 类的 run 方法。

10. 定义一个名为 Shape 的基类和一个名为 Rectangle 的子类。基类具有一个方法 area，子类实现该方法，计算矩形的面积。

11. 定义一个名为 BankAccount 的类，具有私有属性 _balance 和私有方法 _update_ balance，以及公共方法 deposit 和 withdraw，用于更新余额。

第 **5** 章

Python数据分析基础库

本章学习目标：
- 学习 NumPy 库的用法、数据结构和基本操作。
- 学习 Pandas 库的用法、数据结构和基本操作。
- 学习 Matplotlib 库的用法、数据结构和基本操作。

本章介绍 Python 进行数据分析时常用的 NumPy、Pandas 和 Matplotlib 基础库。NumPy 是 Python 的一种开源数值计算扩展库，这种工具可用来存储和处理大型矩阵，比 Python 自身的嵌套列表(nested list structure)结构要高效许多；Pandas 是基于 NumPy 的一种工具，该工具是为了解决数据分析任务而创建的，Pandas 提供了大量的库和标准数据模型及高效、便捷地处理大型数据集所需的函数和方法；Matplotlib 是一个 Python 的 2D 绘图库，它基于各种硬拷贝格式和跨平台的交互式环境生成出版质量级别的图形。

5.1 NumPy

NumPy(Numerical Python)是一个开源的 Python 科学计算库，包含很多实用的数学函数，涵盖线性代数运算、傅里叶变换和随机数生成等功能。NumPy 允许用户进行快速交互式原型设计，可以很自然地使用数组和矩阵。它的部分功能如下。

(1) ndarray：一个具有矢量算术运算功能且节省空间的多维数组。

(2) 用于对整组数据进行快速运算的标准数学函数(无须编写循环)。

(3) 用于读/写磁盘数据的工具及操作内存映射文件的工具。

(4) 线性代数、随机数生成及傅里叶变换功能。

（5）用于集成 C、C++、FORTRAN 等语言的代码编写工具。

NumPy 的底层算法在设计时就有着优异的性能，对于同样的数值计算任务来说，使用 NumPy 要比直接编写 Python 代码便捷得多。对于大型数组的运算来说，使用 NumPy 数组的存储效率和输入输出性能均优于 Python 中等价的基本数据结构（例如嵌套的 list 容器）。对于 TB 级的大文件来说，NumPy 使用内存映射文件来处理，以达到最优的数据读写性能。这是因为 NumPy 能够直接对数组和矩阵进行操作，可以省略很多循环语句，其众多的数学函数也会让开发人员编写代码的工作轻松许多。不过 NumPy 数组的通用性不及 Python 提供的 list 容器，这是其不足之处。因此，在科学计算之外的领域，NumPy 的优势也就不那么明显了。NumPy 本身没有提供那么多高级的数据分析功能，理解 NumPy 数组及面向数组的计算将有助于更加高效地使用诸如 Pandas 之类的工具。下面对 NumPy 的数据结构和操作进行介绍。

NumPy 的多维数组对象 ndarray 是一个快速、灵活的大数据集容器。用户可以利用这种数组对象对整块数据进行数学运算，其运算跟标量元素之间的运算一样。创建 ndarray 数组最简单的办法就是使用 array()函数，它接收一切序列型的对象（包括其他数组），然后产生一个新的、含有传入数据的 NumPy 数组。这里以一个列表的转换为例：

```
In [1]: import numpy as np
        data = [6, 7.5, 8, 0, 1]
        arr1 = np.array(data)
        arr1
Out[1]: array([ 6. ,  7.5,  8. ,  0. ,  1. ])
```

ndarray 是一个通用的同构数据多维容器，其中所有的元素必须是相同类型的。每一个数组都有一个 shape（表示维度大小的数组）和一个 dtype（用于说明数组数据类型的对象）。

```
In [2]: arr1.shape
Out[2]: (5,)
In [3]: arr1.dtype
Out[3]: dtype('float64')
```

嵌套序列（例如，由一组等长列表组成的列表）将会被转换成一个多维数组。

```
In [4]: data2 = [[1, 2, 3, 4], [5, 6, 7, 8]]
        arr2 = np.array(data2)
        arr2
Out[4]:
array([[1, 2, 3, 4],
       [5, 6, 7, 8]])
In [5]: arr2.ndim
Out[5]: 2
In [6]: arr2.shape
Out[6]: (2, 4)
```

除非显式说明，否则 np.array()会尝试为新建的数组推断出一个较为合适的数据类型。数据类型保存在一个特殊的 dtype 对象中，例如上面的两个例子。

```
In [7]: arr1.dtype
Out[7]: dtype('float64')
In [8]: arr2.dtype
Out[8]: dtype('int32')
```

除了 np.array()外,还有一些函数可以新建数组,例如,np.zeros()和 np.ones()可以分别创建指定长度或形状全为 0 或全为 1 的数组。Empty 可以创建一个没有任何具体数值的数组。如果要用这些方法创建数组,只需传入一个表示形状的元组即可。

```
In [9]: np.zeros(8)
Out[9]: array([ 0.,  0.,  0.,  0.,  0.,  0.,  0.,  0.])
In [10]: np.zeros((2, 4))
Out[10]:
array([[ 0.,  0.,  0.,  0.],
       [ 0.,  0.,  0.,  0.]])
In [11]: np.empty((2, 3, 2))
Out[11]:
array([[[  9.78249979e - 322,    0.00000000e + 000],
        [  0.00000000e + 000,    0.00000000e + 000],
        [  0.00000000e + 000,    0.00000000e + 000]],

       [[  0.00000000e + 000,    0.00000000e + 000],
        [  0.00000000e + 000,    0.00000000e + 000],
        [  0.00000000e + 000,    0.00000000e + 000]]])
```

在 NumPy 中,np.empty()会认为返回全为 0 的数组是不安全的,所以它会返回一些未初始化的很接近 0 的随机值。

ndarray 的一些常用的基本数据操作函数如表 5.1 所示。

表 5.1　ndarray 基本数据操作函数

函　数	说　明
array()	将输入数据(列表、元组、数组或其他序列类型)转换为 ndarray。推断出 dtype 或特别指定 dtype,默认直接赋值输入数据
asarray()	将输入转换为 ndarray。如果输入本身是一个 ndarray,就不再复制
arange()	类似于内置的 range,但返回的是一个 ndarray 而非 list
ones(),ones_like()	根据指定的形状和 dtype 创建一个全 1 数组。ones_like 以另一个数组为参数,并根据其形状和 dtype 创建一个全 1 数组
zeros(),zeros_like()	类似于 ones()和 ones_like(),只不过产生的是全 0 数组
empty(),empty_like()	创建新数组,只分配内存空间,不填充任何值
full(),full_like()	用 full value 中的所有值,根据指定的形状和 dtype 创建一个数组。full_like()使用另一个数组,用相同的形状和 dtype 创建
eye(),identity()	创建一个正方的 N×N 矩阵(对角线为 1,其余为 0)

5.1.1　ndarray 的数据类型

dtype(数据类型)是一个特殊的对象,它含有 ndarray 将一块内存解释为特定数据类型所需的信息。

```
In [12]: arr3 = np.array([1, 2, 3], dtype = np.float64)
         arr3
Out[12]: array([ 1.,   2.,   3.])
In [13]: arr4 = np.array([1, 2, 3], dtype = np.int32)
         arr4
Out[13]: array([1, 2, 3])
```

dtype 是 NumPy 如此强大和灵活的原因之一。在多数情况下，它直接映射到相应的机器表示，这使得"读写磁盘上的二进制数据流"及"集成低级语言代码"等工作变得更加简单。数值型 dtype 的命名形式相同：一个类型名（例如 float 或 int），后面跟一个用于表示各元素位长的数字。标准的双精度浮点值（即 Python 中的 float 对象）需要占用 8B（即 64b）。因此，该类型在 NumPy 中记作 float64。

可以用 astype 方法显式更改数组的 dtype。

```
In [14]: arr5 = np.array([1, 2, 3])
  arr5.dtype
Out[14]: dtype('int32')
In [15]: arr6 = arr5.astype(np.float64)
  arr6
Out[15]: array([ 1.,   2.,   3.])
```

扫一扫

视频讲解

5.1.2   数组和标量之间的运算

用数组表达式代替循环的方法，通常被称作矢量化（vectorization）。大小相等的数组之间的任何算术运算都会应用到元素集。

```
In [16]: arr = np.array([[1. ,2. , 3.], [4. ,5. ,6]])
         arr * arr
Out[16]:
array([[  1.,   4.,   9.],
       [ 16.,  25.,  36.]])
In [17]: arr - arr
Out[17]:
array([[ 0.,   0.,   0.],
       [ 0.,   0.,   0.]])
```

同样，数组和标量的运算也会将那个标量传播到各个元素。

```
In [18]: 1 / arr
Out[18]:
array([[ 1.        ,  0.5       ,  0.33333333],
       [ 0.25      ,  0.2       ,  0.16666667]])
In [19]: arr ** 0.5
Out[19]:
array([[ 1.        ,  1.41421356,  1.73205081],
       [ 2.        ,  2.23606798,  2.44948974]])
```

扫一扫

视频讲解

5.1.3　索引和切片

NumPy 索引和切片是一个内容丰富的主题，因为选取数据子集或单个元素的方式有很多。首先，一维数组的切片索引基本和 Python 列表的切片索引功能一致。

```
In [20]: arr = np.arange(10)
         arr
Out[20]: array([0, 1, 2, 3, 4, 5, 6, 7, 8, 9])
In [21]: arr[4]
Out[21]: 4
In [22]: arr[3:7]
Out[22]: array([3, 4, 5, 6])
In [23]: arr[3:5] = 12
         arr
Out[23]: array([ 0,  1,  2, 12, 12,  5,  6,  7,  8,  9])
```

如上所示，当将一个标量赋值给一个切片时（例如，arr[3:5]=12），该值会自动传播到整个选区。因为数组切片是原始数组视图，这就意味着如果做任何修改，原始数组都会跟着更改。

```
In [24]: arr_slice = arr[3:5]
         arr_slice[1] = 100
         arr
Out[24]: array([  0,   1,   2,  12, 100,   5,   6,   7,   8,   9])
In [25]: arr_slice[:] = 250
         arr
Out[25]: array([  0,   1,   2, 250, 250,   5,   6,   7,   8,   9])
```

对于高维数组来说，能做的事情更多。在一个二维数组中，各索引位置上的元素不再是标量而是一维数组。

```
In [26]: arr = np.array([[1, 2, 3], [4, 5, 6], [7, 8, 9]])
         arr[2]
Out[26]: array([7, 8, 9])
```

因此，可以对各个元素进行递归访问，但这样需要做的事情有点多。用户可以传入一个以逗号隔开的索引列表来选取单个元素。也就是说，下面这两种方式是等价的。

```
In [27]: arr[1][2]
Out[27]: 6
In [28]: arr[1, 2]
Out[28]: 6
```

花式索引是利用整数数组进行索引，假设有一个 8×4 的数组：

```
In [29]: arr = np.empty((8,4))
         for i in range(8):
             arr[i] = i
         arr
Out[29]:
array([[ 0.,   0.,   0.,   0.],
       [ 1.,   1.,   1.,   1.],
       [ 2.,   2.,   2.,   2.],
       ...,
       [ 5.,   5.,   5.,   5.],
       [ 6.,   6.,   6.,   6.],
       [ 7.,   7.,   7.,   7.]])
```

为了以特定的顺序选取行子集，只需传入一个用于指定顺序的整数列表或 ndarray 即可。

```
In [30]: arr[[4, 3, 0, 6]]
Out[30]:
array([[ 4.,   4.,   4.,   4.],
       [ 3.,   3.,   3.,   3.],
       [ 0.,   0.,   0.,   0.],
       [ 6.,   6.,   6.,   6.]])
```

使用负数索引将会从末尾开始选取行。

```
In [31]: arr[[-3, -5, -7]]
Out[31]:
array([[ 5.,   5.,   5.,   5.],
       [ 3.,   3.,   3.,   3.],
       [ 1.,   1.,   1.,   1.]])
```

当一次传入多个数组时，它返回的是一个一维数组，其中的元素对应各个索引元组。

```
In [32]: arr = np.arange(32).reshape((8,4))
         arr
Out[32]:
array([[ 0,   1,   2,   3],
       [ 4,   5,   6,   7],
       [ 8,   9, 10, 11],
       ...,
       [20, 21, 22, 23],
       [24, 25, 26, 27],
       [28, 29, 30, 31]])
In [33]: arr[[1,5,7,2], [0,3,1,2]]
Out[33]: array([ 4, 23, 29, 10])
```

它选出的元素其实是(1,0)、(5,3)、(7,1)和(2,2)这些位置的元素。这个花式索引的结果可能和某些用户预测的不太一样，选取矩阵的行列子集应该是矩形区域的形式才对。下面是得到该结果的一个办法：

```
In [34]: arr[[1,5,7,2]][:,[0,3,1,2]]
Out[34]:
array([[ 4,  7,  5,  6],
       [20, 23, 21, 22],
       [28, 31, 29, 30],
       [ 8, 11,  9, 10]])
```

另外一个办法就是使用 np.ix_()函数，它可以将两个一维数组转换成一个用于选取方形区域的索引器。

```
In [35]: arr[np.ix_([1,5,7,2], [0,3,1,2])]
Out[35]:
array([[ 4,  7,  5,  6],
       [20, 23, 21, 22],
       [28, 31, 29, 30],
       [ 8, 11,  9, 10]])
```

注意：花式索引和切片不一样，它是将数据复制到新的数组中。

5.1.4　数组转置和轴对换

转置（transpose）是重塑的一种特殊形式，它返回的是源数据的视图（不会进行任何复制操作）。数组不仅有 transpose()方法，还有一个特殊的 T 属性。

```
In [36]: arr = np.arange(15).reshape(5,3)
         Arr
Out[36]:
array([[ 0,  1,  2],
       [ 3,  4,  5],
       [ 6,  7,  8],
       [ 9, 10, 11],
       [12, 13, 14]])

In [37]: arr.T
Out[37]:
array([[ 0,  3,  6,  9, 12],
       [ 1,  4,  7, 10, 13],
       [ 2,  5,  8, 11, 14]])
```

在进行矩阵计算时，经常需要用到该操作，例如，利用 np.dot()计算矩阵内积。

```
In [38]: arr = np.random.randn(6,3)
np.dot(arr.T, arr)
Out[38]:
array([[  9.03630405,   0.49388948,  -1.54587135],
       [  0.49388948,   2.25164741,   1.93791071],
       [ -1.54587135,   1.93791071,  10.55460651]])
```

对于高维数组来说，transpose()需要得到一个由轴编号组成的元组才能对这些轴进行转置。

```
In [39]: arr = np.arange(16).reshape((2, 2, 4))
Arr
Out[39]:
array([[[ 0,  1,  2,  3],
        [ 4,  5,  6,  7]],

       [[ 8,  9, 10, 11],
        [12, 13, 14, 15]]])
In [40]: arr.transpose((1, 0, 2))
Out[40]:
array([[[ 0,  1,  2,  3],
        [ 8,  9, 10, 11]],

       [[ 4,  5,  6,  7],
        [12, 13, 14, 15]]])
```

扫一扫

视频讲解

5.1.5　利用数组进行数据处理

NumPy 数组可以将很多数据处理任务表述为简洁的数组表达式（否则需要编写循环）。矢量化数组运算要比 Python 方式快一两个数量级，尤其是对于各种数值运算来说。例如，np.meshgrid()函数接收两个一维数组，并产生两个二维矩阵（对应两个数组中所有的(x,y)对）。

```
In [41]: points = np.arange(-5, 5, 0.01)      #1000 个间隔相等的点
         xs, ys = np.meshgrid(points, points)
         ys
Out[41]:
array([[-5.  , -5.  , -5.  , ..., -5.  , -5.  , -5.  ],
       [-4.99, -4.99, -4.99, ..., -4.99, -4.99, -4.99],
       [-4.98, -4.98, -4.98, ..., -4.98, -4.98, -4.98],
       ...,
       [ 4.97,  4.97,  4.97, ...,  4.97,  4.97,  4.97],
       [ 4.98,  4.98,  4.98, ...,  4.98,  4.98,  4.98],
       [ 4.99,  4.99,  4.99, ...,  4.99,  4.99,  4.99]])
```

假设在一组值上计算函数 sqrt(x^2 + y^2)，这时对函数的求值运算就好办了，把这两个数组当作两个浮点数编写表达式即可。

```
In [42]: import matplotlib.pyplot as plt
         z = np.sqrt(xs ** 2 + ys ** 2)
         z
Out[42]:
array([[ 7.07106781,  7.06400028,  7.05693985, ...,  7.04988652,
         7.05693985,  7.06400028],
       [ 7.06400028,  7.05692568,  7.04985815, ...,  7.04279774,
         7.04985815,  7.05692568],
```

```
        [ 7.05693985,  7.04985815,  7.04278354, ...,  7.03571603,
          7.04278354,  7.04985815],
        ...,
        [ 7.04988652,  7.04279774,  7.03571603, ...,  7.0286414 ,
          7.03571603,  7.04279774],
        [ 7.05693985,  7.04985815,  7.04278354, ...,  7.03571603,
          7.04278354,  7.04985815],
        [ 7.06400028,  7.05692568,  7.04985815, ...,  7.04279774,
          7.04985815,  7.05692568]])
In [43]: plt.imshow(z, cmap = plt.cm.gray)
         plt.colorbar()
         plt.title('Image plot of $ \sqrt{x^2 + y^2} $ for a grid of values')
Out[43]: < matplotlib.text.Text at 0x1086aa90 >
```

函数值的图形化结果如图 5.1 所示。

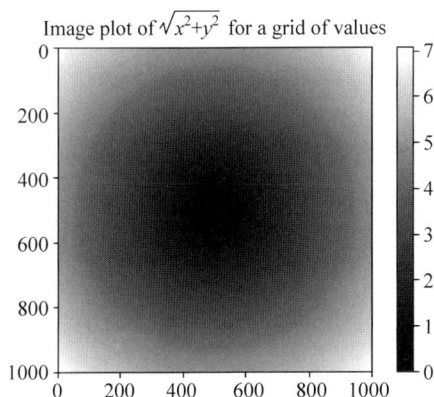

图 5.1   根据网格对函数求值的结果

5.1.6   数学和统计方法

用户可以通过数组上的一组数学函数对整个数组或某个轴向的数据进行统计计算。

```
In [44]: arr = np.random.randn(5, 4)       #产生正态分布数据
         arr.mean()
Out[44]: - 0.24070480645161735
In [45]: np.mean(arr)
Out[45]: - 0.24070480645161735
In [46]: arr.sum()
Out[46]: - 4.8140961290323467
```

mean()和 sum()这类函数可以接收一个 axis 参数(用于计算该轴向上的统计值),最终结果是一个少一维的数组。

```
In [47]: arr.mean(axis = 1)
Out[47]: array([ - 0.26271711,  - 0.50185429,  0.38508322,  - 0.25435201,  - 0.56968384])
In [48]: arr.sum(0)
Out[48]: array([ 0.81837351,  - 2.17245972,  - 4.01616748,  0.55615755])
```

像 cumsum()和 cumprod()之类的方法则不聚合，而是产生一个由中间结果组成的数组。

```
In [49]: arr = np.array([[0,1,2], [3,4,5], [6,7,8]])
        arr.cumsum(0)
Out[49]:
array([[ 0,  1,  2],
       [ 3,  5,  7],
       [ 9, 12, 15]], dtype = int32)
In [50]: arr.cumprod(1)
Out[50]:
array([[  0,   0,   0],
       [  3,  12,  60],
       [  6,  42, 336]], dtype = int32)
```

5.2　Pandas

Pandas 的名称来自面板数据（panel data）和 Python 数据分析（data analysis）。Pandas 是一种基于 NumPy 的数据分析包，最初由 AQR Capital Management 于 2008 年 4 月作为金融数据分析工具开发出来，并于 2009 年底开源，目前由专注于 Python 数据包开发的 PyData 开发小组继续维护。Pandas 提供了大量的高效操作大型数据集所需的函数和方法，它是使 Python 成为强大而高效的数据分析工具的重要因素之一。

5.2.1　Pandas 数据结构

1. Series

Series 是一种类似于一维数组的对象，它由一组数据及与之相关的一组数据标签（即索引）组成。只有一组数据可产生最简单的 Series。

```
In [1]: import pandas as pd
        from pandas import Series, DataFrame
        obj = Series([4, 7, - 5, 3])
        obj
Out[1]:
0    4
1    7
2   - 5
3    3
dtype: int64
```

Series 的字符串表现形式为索引在左边，值在右边。由于没有为数据指定索引，会自动创建一个 0～（N−1）（N 为数据长度）的整数型索引。用户可以通过 Series 的 values 和 index 属性获取其数组表示形式和索引对象。

```
In [2]: obj.values
Out[2]: array([ 4,  7, - 5,  3], dtype = int64)
In [3]: obj.index
Out[3]: RangeIndex(start = 0, stop = 4, step = 1)
```

通常,需要创建的 Series 带有一个可以对各个数据点进行标记的索引。

```
In [4]: obj2 = Series([4,3, - 5,7], index = ['d','b','a','c'])
        obj2
Out[4]:
d    4
b    3
a  - 5
c    7
dtype: int64
```

与普通的 NumPy 数组相比,可以通过索引的方式选取 Series 中的单个或一组值。

```
In [5]: obj2['a']
Out[5]: - 5
In [6]: obj2[['c', 'a', 'd']]
Out[6]:
c    7
a  - 5
d    4
dtype: int64
```

2. DataFrame

DataFrame 是一个表格型的数据结构,它含有一组有序的列,每列可以是不同的类型(数值型、字符串、布尔型等)。DataFrame 既有行索引,又有列索引,可以看作是由 Series 组成的字典(共用同一个索引)。跟其他类似的数据结构相比,DataFrame 中面向行和面向列的操作基本是平衡的。构建 DataFrame 的方法很多,最常见的就是直接传入一个由等长列表或 NumPy 数组组成的字典。

```
In [7]: data = {'state': ['Ohio', 'Ohio', 'Ohio', 'Nevada', 'Nevada'],
                 'year':[2000, 2001, 2002, 2001, 2002],
                 'pop':[1.5, 1.7, 3.6, 2.4, 2.9]}
    frame = DataFrame(data)
    frame
Out[7]:
   pop    state  year
0  1.5    Ohio  2000
1  1.7    Ohio  2001
2  3.6    Ohio  2002
3  2.4  Nevada  2001
4  2.9  Nevada  2002
```

如果指定了列序列,DataFrame 的列就会按照指定的顺序进行排列。

```
In [8]: DataFrame(data, columns = ['year', 'state', 'pop'])
Out[8]:
   year   state  pop
0  2000    Ohio  1.5
1  2001    Ohio  1.7
2  2002    Ohio  3.6
3  2001  Nevada  2.4
4  2002  Nevada  2.9
```

5.2.2　Pandas 文件操作

1. Pandas 读取文件

Pandas 提供了一些用于将表格型数据读取为 DataFrame 对象的函数。表5.2对它们进行了总结，其中 read_csv() 和 read_table() 可能会是今后用得最多的。

表 5.2　Pandas 读取文件的函数

函　　数	说　　明
read_csv()	从文件、URL、文件型对象中加载带分隔符的数据。默认分隔符为逗号
read_table()	从文件、URL、文件型对象中加载带分隔符的数据。默认分隔符为制表符("\t")
read_fwf()	读取定宽列格式数据(也就是说没有分隔符)
read_clipboard()	读取剪贴板中的数据，可以看作是 read_table() 的剪贴板。它在将网页转换为表格时非常有用

2. Pandas 导出文件

Pandas 导出文件的函数如表5.3所示。

表 5.3　Pandas 导出文件的函数

函　　数	说　　明
to_csv(file_path,sep=' ',index=True,header=True)	file_path 表示文件路径 sep 表示分隔符 index 代表是否导出行序号 header 代表是否导出列序号
to_excel(file_path,sep=' ',index=True,header=True)	file_path 表示文件路径 sep 表示分隔符 index 代表是否导出行序号 header 代表是否导出列序号

5.2.3　数据处理

在数据分析中，数据清洗是在数据价值链中最关键的步骤。数据清洗就是处理缺失数据及清除无意义的信息。对于垃圾数据来说，即使是通过最好的分析，也将产生错误的结果，并误导业务本身。

对缺失值的处理有数据补齐、删除对应行、不处理等几种方法。

```
In [9]:
import pandas as pd
import numpy as np
from pandas import DataFrame
data = {'Tom':[170, 26, 30],'Mike':[175, 25, 28],'Jane':[170, 26,np.nan],'Tim':[175, 25, 28]}
data1 = DataFrame(data).T
data1.drop_duplicates()
data1
```

该段代码的输出结果如下：

```
Out [9]:
          0     1     2
Jane   170.0  26.0   NaN
Mike   175.0  25.0  28.0
Tim    175.0  25.0  28.0
Tom    170.0  26.0  30.0
```

方法一：删除有缺失值的行。

```
In [10]:
data2 = data1.dropna()
data2
```

删除后的结果如下：

```
Out [10]:
          0     1     2
Mike   175.0  25.0  28.0
Tim    175.0  25.0  28.0
Tom    170.0  26.0  30.0
```

通过使用 dropna()方法后，可以看到第 1 行存在缺失值，故被删掉了。

方法二：对缺失值进行填充有很多方法，比较常用的有均值填充、中位数填充、众数填充等。以下采用均值填充。

```
In [11]:
data3 = data1.fillna(data1.mean())
data3
```

结果如下：

```
Out [11]:
          0     1          2
Jane   170.0  26.0   28.666667
Mike   175.0  25.0   28.000000
Tim    175.0  25.0   28.000000
Tom    170.0  26.0   30.000000
```

5.2.4 层次化索引

层次化索引是 Pandas 的一个重要功能，它能使一个轴上有多个（两个以上）索引级别，即它能以低维度形式处理高维度数据。

```
In [12]:
import pandas as pd
import numpy as np
from pandas import Series,DataFrame
data = Series(np.random.randn(10),
              index = [['a','a','a','b','b','b','c','c','d','d'],
                       [1,2,3,1,2,3,1,2,2,3]])
data
Out[12]:
a   1   - 0.088594
    2     0.316611
    3     1.383978
b   1     0.215510
    2   - 0.111913
    3   - 0.580355
c   1   - 0.048050
    2   - 0.054285
d   2   - 0.136860
    3   - 1.578472
dtype: float64
```

这就是带有多重索引的 Series 格式化输出。下面看一下它的索引：

```
In [13]:
data.index
Out[13]:
MultiIndex(levels = [['a', 'b', 'c', 'd'], [1, 2, 3]],
           labels = [[0, 0, 0, 1, 1, 1, 2, 2, 3, 3], [0, 1, 2, 0, 1, 2, 0, 1, 1, 2]])
```

对于一个层次化索引的对象来说，选取一个数据集很简单。

```
In [14]:
data['b']
Out[14]:
1     0.215510
2   - 0.111913
3   - 0.580355
In [15]:
data['b':'c']
Out[15]:
b   1     0.215510
    2   - 0.111913
    3   - 0.580355
c   1   - 0.048050
    2   - 0.054285
dtype: float64
In [16]:
```

```
data[['b','d']]
Out[16]:
b  1   0.215510
   2  - 0.111913
   3  - 0.580355
d  2  - 0.136860
   3  - 1.578472
dtype: float6
```

甚至还可以在"内层"中进行选取。

```
In [17]:
data[:,2]
Out[17]:
a    0.316611
b  - 0.111913
c  - 0.054285
d  - 0.136860
dtype: float64
```

层次化索引在数据重塑和基于分组的操作中扮演着重要的角色。例如,一个数据可以通过它的 unstack()方法被重新安排到一个 DataFrame 中。

```
In [18]:
data.unstack()
Out[18]:
          1           2          3
a - 0.088594    0.316611    1.383978
b   0.215510  - 0.111913  - 0.580355
c - 0.048050  - 0.054285       NaN
d       NaN   - 0.136860  - 1.578472
```

对于一个 DataFrame 对象来说,每条轴都可以有分层索引。

```
In [19]:
df = DataFrame(np.arange(12).reshape((4,3)),
              index = [['a','a','b','b'],[1,2,1,2]],
                columns = [['Ohio','Ohio','Colorado'],
                           ['green','red','green']])
Df
Out[19]:
     Ohio       Colorado
     green red    green
a 1    0   1        2
  2    3   4        5
b 1    6   7        8
  2    9  10       11
```

各层都可以有名字(字符串或其他 Python 对象)。如果指定名称,它就会显示在控制台输出中。

```
In [20]:
df.index.names = ['key1','key2']
df.columns.names = ['state','color']
df
Out[20]:
state         Ohio       Colorado
color      green red      green
key1 key2
a    1        0   1          2
     2        3   4          5
b    1        6   7          8
     2        9  10         11
```

由于有了分部的索引，所以可以很轻松地选取列分组。

```
In [21]:
df['Ohio']
Out[21]:
color      green  red
key1 key2
a    1        0    1
     2        3    4
b    1        6    7
     2        9   10
```

5.2.5　分级顺序

1. 重新分级排序

有时需要重新调整某条轴上各级别的顺序，或者根据指定级别的值对数据进行重新排序。Swaplevel()接收两个级别的编号或名称，并返回一个互换级别的新对象（但数据不会发生变化）。

```
In [22]:
df.swaplevel('key1','key2')
Out[22]:
state         Ohio       Colorado
color      green red      green
key2 key1
1    a        0   1          2
2    a        3   4          5
1    b        6   7          8
2    b        9  10         11
```

在交换级别时经常会用到 sortlevel()，它根据单个级别中的值对数据进行排序，这样最终结果就是有序的了。

```
In [23]:
df.sortlevel(1)
Out[23]:
```

```
state       Ohio     Colorado
color       green red  green
key1 key2
a    1        0   1       2
b    1        6   7       8
a    2        3   4       5
b    2        9  10      11
```

2. 根据级别汇总统计

许多对 DataFrame 和 Series 的描述和汇总统计都有一个 level 选项,它用于指定在某条轴上求和的级别。

```
In [24]:
df.sum(level = 'key2')
Out[24]:
state     Ohio     Colorado
color green red      green
key2
1         6   8       10
2        12  14       16
```

5.2.6　使用 DataFrame 的列

有时希望将 DataFrame 的一个或多个列索引当成行用,或者将 DataFrame 的行索引变成列。

```
In [25]:
Df = DataFrame({'a':range(7),'b':range(7,0, - 1),
            'c':['one','one','one','two','two','two','two'],
            'd':[0,1,2,0,1,2,3]})
Df
Out[25]:
    a  b    c  d
0   0  7  one  0
1   1  6  one  1
2   2  5  one  2
3   3  4  two  0
4   4  3  two  1
5   5  2  two  2
6   6  1  two  3
```

DataFrame 的 set_index()方法会将一个或多个列转换为行索引,并创建一个新的 DataFrame。

```
In [26]:
df1 = df.set_index(['c','d'])
df1
Out[26]:
```

```
        a  b
c  d
one 0  0  7
    1  1  6
    2  2  5
two 0  3  4
    1  4  3
    2  5  2
    3  6  1
```

DataFrame 的 reset_index()方法会将层次化索引的级别转移到列里面去。

```
In [27]:
df1.reset_index()
Out[27]:
    c  d  a  b
0  one  0  0  7
1  one  1  1  6
2  one  2  2  5
3  two  0  3  4
4  two  1  4  3
5  two  2  5  2
6  two  3  6  1
```

5.3　Matplotlib

Matplotlib 可以通过绘图帮助用户找出异常值，进行必要的数据转换，得出有关模型的 idea 等，其是 Python 数据分析重要的可视化工具。

5.3.1　figure 和 subplot

Matplotlib 的图像都位于 figure 中，可以用 plt.figure()创建一个新的 figure。

```
In [28]:
import matplotlib.pyplot as plt
fig = plt.figure()            ♯创建一个新的 figure,会弹出一个空窗口
```

plt.figure()的一些选项，特别是 figuresize，可以确保图片保存到磁盘上时具有一定的大小和纵横比。plt.gcf()可得到当前 figure 的引用，必须用 add_subplot()创建一个或多个 subplot 才可以绘图。

```
In [29]:
ax1 = fig.add_subplot(2,2,1)
```

以上代码的意思是该图像是 2×2 的（即有 4 个 subplot），且当前选中的是 4 个 subplot 中的第一个（编号从 1 开始）。如果要把后面的也创建并显示出来，那么可以用如下代码。

```
In [30]:
ax2 = fig.add_subplot(2,2,2)
ax3 = fig.add_subplot(2,2,3)
ax4 = fig.add_subplot(2,2,4)
```

这几行代码运行的结果如图 5.2 所示。

```
Out[30]:
```

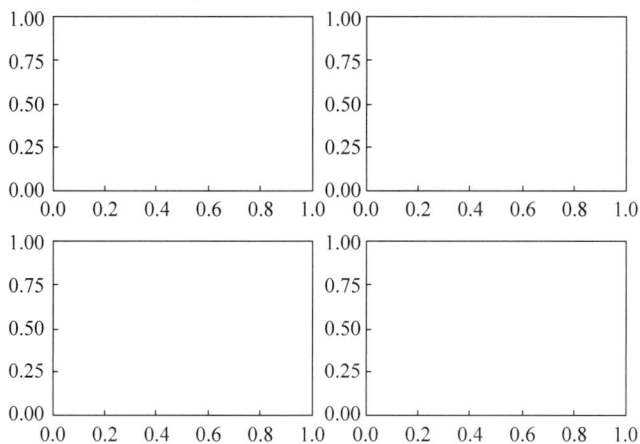

图 5.2 有 4 个 subplot 的 figure

这时如果执行一条绘图命令 plt.plot（[ ]），Matplotlib 就会在最后一个用过的 subplot（没有则创建一个）上进行绘制。因此，执行下列代码可以得到如图 5.3 所示的结果。

```
In [31]:
from numpy.random import randn
plt.plot(randn(50).cumsum(), 'k--')
Out[31]:
```

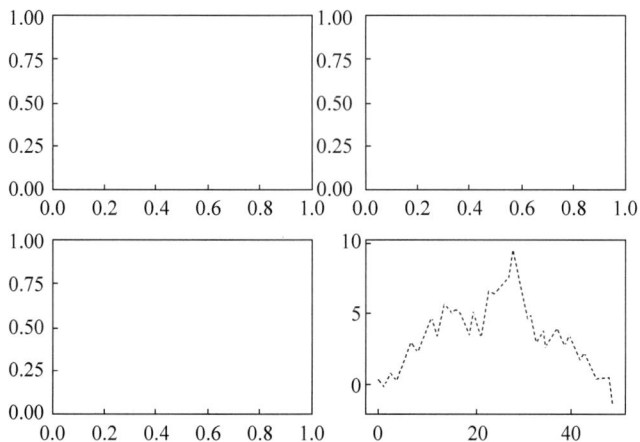

图 5.3 进行绘制操作后的图

'k--'是一个线型选项，用于告诉 Matplotlib 绘制黑色虚线图。前面那些由 fig.add_subplot() 返回的是 AxesSubplot 对象，直接调用其实例方法就可以在其他空着的格子里面绘图。

```
In [32]:
import numpy as np
ax1.hist(randn(100),bins = 20,color = 'k', alpha = 0.3)
ax2.scatter(np.arange(30),np.arange(30) + 3 * randn(30))
```

结果如图 5.4 所示。

```
Out[32]:
```

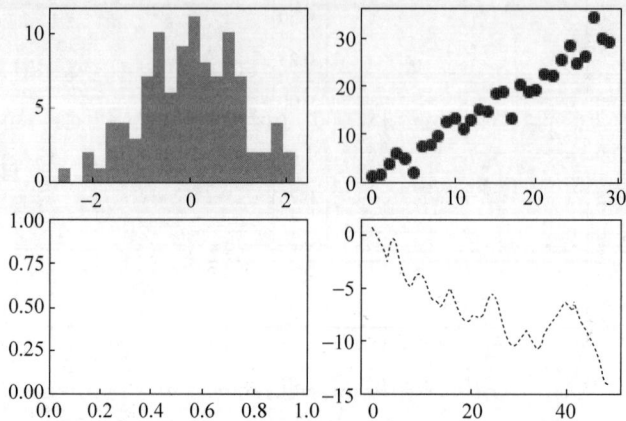

图 5.4　连续绘制后的图

可以在 Matplotlib 中找到各种图标类型。根据特定布局创建 figure 和 subplot 是一件非常常见的任务，于是便出现了一个更为方便的方法——plt.subplots()。它可以创建一个新的 figure，并返回一个含有已创建的 subplot 对象的 NumPy 数组。

```
In [33]:
fig, axes = plt.subplots(2,3)
axes
```

输出结果如下：

```
Out[33]:
array([[<matplotlib.axes._subplots.AxesSubplot object at 0x0000000012486278>,
        <matplotlib.axes._subplots.AxesSubplot object at 0x0000000013EFF780>,
        <matplotlib.axes._subplots.AxesSubplot object at 0x00000000161A67B8>],
       [<matplotlib.axes._subplots.AxesSubplot object at 0x00000000161FF588>,
        <matplotlib.axes._subplots.AxesSubplot object at 0x0000000016265AC8>,
        <matplotlib.axes._subplots.AxesSubplot object at 0x00000000162BE400>]],
      dtype = object)
```

这是非常实用的，因为可以轻松地对 axes 数组进行索引，就好像一个二维数组一样，例如 axes[0,1]。用户还可以通过 sharex 和 sharey 指定 subplot 应该具有相同的 X 轴或 Y 轴。在比较相同范围内的数据时，这也是非常实用的，否则 Matplotlib 会自动缩放各图表的界限。关于 subplots 的更多信息如表 5.4 所示。

表 5.4　pyplot. subplots() 的参数

参　　数	说　　明
nrows	subplot 的行数
ncols	subplot 的列数
sharex	所有 subplot 应该使用相同的 X 轴刻度(调节 xlim 会影响所有的 subplot)
sharey	所有 subplot 应该使用相同的 Y 轴刻度(调节 ylim 会影响所有的 subplot)
subplot_kw	用于创建各 subplot 的关键字字典
** fig_kw	创建 figure 时的其他关键字

5.3.2　调整 subplot 周围的间距

在默认情况下,Matplotlib 会在 subplot 外围留下一定的边距,并在 subplot 之间留下一定的间距。间距与图像的高度和宽度有关,因此,如果调整了图像大小,间距也会自动调整。利用 figure 的 subplots_adjust() 方法可以轻而易举地修改间距,代码如下:

```
In [34]:
fig, axes = plt.subplots(2,2,sharex = True, sharey = True)
for i in range(2):
    for j in range(2):
        axes[i,j].hist(randn(500),bins = 50, color = 'k', alpha = 0.5)
plt.subplots_adjust(wspace = 0, hspace = 0)
```

wspace 和 hspace 用于控制宽度和高度的百分比,可以用作 subplot 之间的间距,在这个例子中将间距收缩到 0,如图 5.5 所示。

```
Out[34]:
```

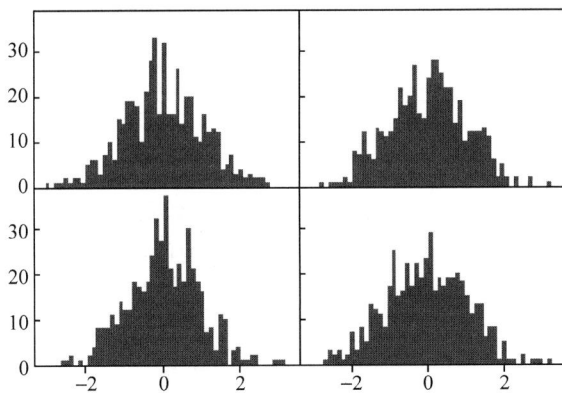

图 5.5　各 subplot 之间没有间距

由图 5.5 不难看出其中的轴标签重叠了。Matplotlib 不会检查轴标签是否重叠,所以对于这种情况来说,用户只能自己设定刻度位置和刻度标签。

5.3.3　颜色、注释和线型

Matplotlib 的 plot()函数可以接收一组(x,y)坐标及表示颜色和线型的字符串缩写。常用的颜色都有一个缩写词，如果要使用其他颜色，可以使用指定其 RGB 值的方式。例如，要根据 x 和 y 绘制红色虚线，可以执行如下代码：

```
In [35]:
plt.plot(x,y,'r--')
```

这种在一个字符串中指定颜色和线型的方式非常方便，也可以通过下面这种更为明确的方式得到同样的效果。

```
In [36]:
plt.plot(x,y,linestyle='--', color='r')
```

在 Matplotlib 绘制的图形中可以添加两类注释：指向性注释和无指向性注释。用一个箭头指向要注释的地方，再写上一段话的行为，称为指向性注释。Matplotlib 使用函数 plt.annotate()来实现这个功能，而无指向性注释使用 text()函数实现。annotate()函数的语法结构如下：

```
plt.annotation(s, xy, xytext=None, xycoords='data', textcoords=None, arrowprops=None,
annotation_clip=None, **kwargs)
```

主要参数解释如下。

s：字符串，注释信息内容。

xy：(float,float)，箭头点所在的坐标位置。

xytext：(float,float)，注释内容的坐标位置。

xycoords：被注释点的坐标系属性（xycoords 的值为 data，以被注释的坐标点 xy 为参考）。

textcoords：设置注释文本的坐标系属性（textcoords 选择为相对于被注释点 xy 的偏移量）。

arrowprops：dict，设置指向箭头的参数（arrowstyle：设置箭头的样式；color：设置箭头的颜色；connectionstyle：设置箭头的形状为直线或曲线）。

无指向性的注释文本使用 matplotlib.pyplot.text()函数进行添加，该函数会在图中指定的位置添加注释内容而无指向箭头。函数的语法结构如下：

```
plt.text(x,y,s,family,fontsize,style,color, **kwargs)
```

主要参数解释如下。

x,y：代表注释内容位置。

s：代表注释文本内容。

family：设置字体，自带的可选项有{'serif', 'sans-serif', 'cursive', 'fantasy', 'monospace'}。

fontsize：字体大小。

style：设置字体样式，可选项有{'normal'，'italic'（斜体），'oblique'（斜体）}。

下面实例使用柱状图展示我国 Top5 城市富裕家庭数量分布并用 text()函数标注家庭数量。

```python
import matplotlib.pyplot as plt
import numpy as np
# 构建数据
Y2020 = [15600,12700,11300,4270,3620]
Y2021 = [17400,14800,12000,5200,4020]
cities = ['北京','上海','香港','深圳','广州']
bar_width = 0.4
half_bar_width = 0.2
# 中文乱码的处理
plt.rcParams['font.sans-serif'] = ['Microsoft YaHei']
plt.rcParams['axes.unicode_minus'] = False
# 绘图
plt.bar(np.arange(5)-half_bar_width, Y2020, label = '2020', color = 'royalblue', alpha
= 0.8, width = bar_width)
plt.bar(np.arange(5)+half_bar_width, Y2021, label = '2021', color = 'goldenrod', alpha
= 0.8, width = bar_width)
plt.xlabel('Top5 城市')
plt.ylabel('家庭数量')
plt.title('财富家庭数 Top5 城市分布')
plt.xticks(np.arange(5),cities)
# 为每个条形图添加数值标签
for x2020,y2020 in enumerate(Y2020):
    plt.text(x2020-bar_width, y2020+100, '%s' % y2020)
for x2021,y2021 in enumerate(Y2021):
    plt.text(x2021, y2021+100, '%s' % y2021)
plt.legend()
plt.show()
```

上述代码的执行结果如图 5.6 所示。

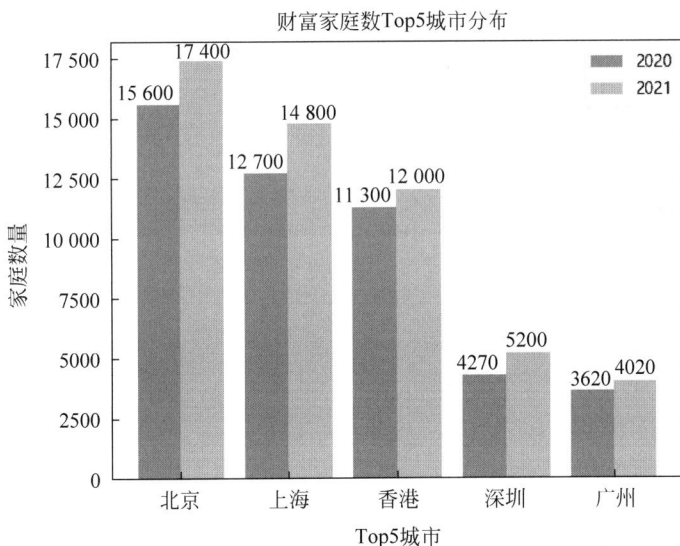

图 5.6 我国 Top5 城市富裕家庭数分布柱状图

5.3.4　刻度标签和图例

对于大多数的图表装饰项而言，其实现方式主要有两种，即使用过程型的 pyplot 接口和更为面向对象的原生 Matplotlib API。设计 pyplot 接口的目的就是实现交互式作用，它含有诸如 xlim()、xticks() 和 xticklabels() 之类的方法，分别控制图表的范围、刻度位置和刻度标签等。其使用方式有以下两种。

（1）调用时不带参数，则返回当前的参数值。例如，plt.xlim() 返回当前 X 轴的绘图范围。

（2）调用时带参数，则设置参数。例如，plt.xlim([0,100]) 会将 X 轴的范围设置为 0～100。

这些方法都是对当前或最近创建的 AxesSubplot 起作用，它们各自对应 subplot 对象上的两个方法。以 xlim() 为例，就是 ax.get_xlim() 和 ax.set_xlim()。为了说明轴的自定义，创建一个简单的图像并绘制一段随机漫步图例，如图 5.7 所示。

```
In [37]:
fig = plt.figure()
ax = fig.add_subplot(1,1,1)
ax.plot(randn(1000).cumsum())
Out[37]:
```

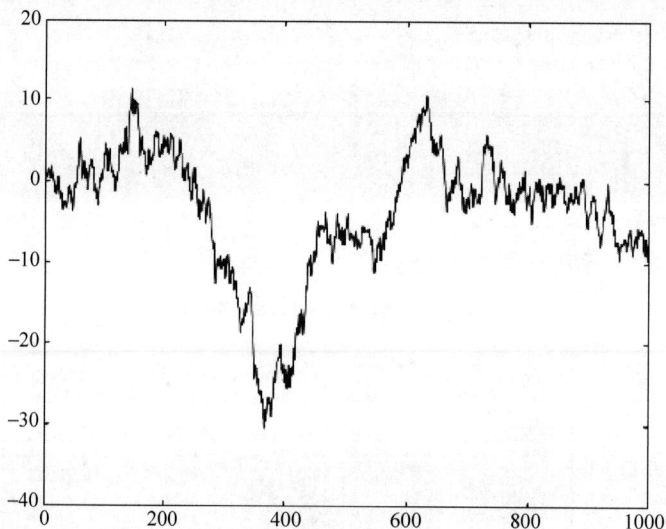

图 5.7　随机漫步图例

如果要修改 X 轴刻度，最简单的办法就是使用 set_xticks() 和 set_xticklabels()。前者告诉 Matplotlib 要将刻度放在数据范围中的哪些位置，在默认情况下这些位置也就是刻度标签。

5.3.5　添加图例

图例（legend）是另外一种用于表示图标元素的重要工具。添加图例的最简单方式，就是在添加 subplot 时传入 label 参数。

```
In [38]:
fig = plt.figure()
ax = fig.add_subplot(1,1,1)
ax.plot(randn(1000).cumsum(),'k',label = 'one')
```

当需要对图中的线进行注解时，可用下面这样的代码添加图例。

```
In [39]:
fig = plt.figure()
ax = fig.add_subplot(1,1,1)
ax.plot(randn(1000).cumsum(),'k',label = 'one')
ax.plot(randn(1000).cumsum(),'k--',label = 'two')
ax.plot(randn(1000).cumsum(),'k.',label = 'three')
ax.legend(loc = 'best')
```

这几行代码得到的效果如图 5.8 所示。用户可以通过 loc 参数来指定图例所在的位置，'best'表示它会自动找一个最佳位置。

```
Out[39]:
```

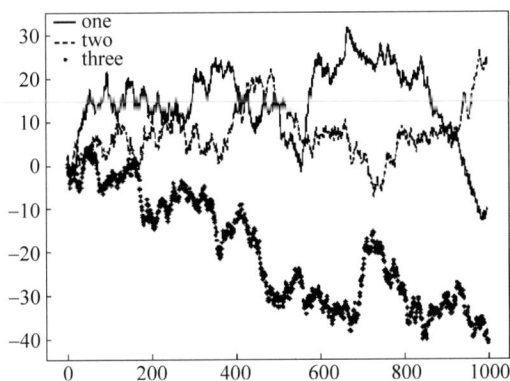

图 5.8　在最佳位置添加图例

5.3.6　将图表保存到文件

利用 plt.savefig()方法可以将当前图表保存到文件。该方法相当于 figure 对象的 savefig()实例方法。例如，要将图表保存为 SVG 格式文件，需要用如下代码：

```
In [40]:
plt.savefig('figpath.svg')
```

文件类型是通过文件扩展名推断出来的。因此，如果用户使用的是.jpg，就会得到一个 JPG 格式的文件。在发布图片时最常用到的两个选项是 dpi（控制"每英寸点数"）和 bbox_inches（剪除当前图表周围的空白部分）。如果用户想得到一个指定分辨率的文件，可以用下面的语句：

```
In [41]:
plt.savefig('figpath.svg', dpi = xxx, bbox_inches = 'tight')
```

dpi 表示想要得到的分辨率，bbox_inches＝'tight'表示得到的图片带有最小的白边。
figure.savefig()方法的参数说明如表 5.5 所示。

表 5.5　figure.savefig()方法的参数说明

参　　数	说　　明
fname	含有文件路径的字符串，或者 Python 的文件型对象，图像格式由文件扩展名推断出
dpi	图像的分辨率（每英寸点数），默认等于 100
facecolor	图像的背景颜色，默认为白色
edgecolor	图像四周的颜色，默认为白色
format	设置文件格式，例如 png、pdf、svg、jpg
bbox_inches	图像需要保存的部分。如果设置为'tight'，则会尝试剪掉图像周围的空白部分

本章小结

本章介绍 Python 数据分析的常用库：NumPy 数值计算库是数据分析的基础，它将数据转换为数组进行计算；Pandas 是 Python 数据分析的标准库，里面包含了很多数据分析的工具；Matplotlib 是将数据可视化的库，可以让用户对数据有一个更加直观、清晰的认识。

扫一扫

自测题

本章习题

1. 创建一个长度为 10 的一维全为 0 的 ndarray 对象，然后让第 3 个元素等于 5。

2. 创建一个包含 0 到 15 的一维 NumPy 数组，然后将其重塑为一个 4×4 的二维数组，并计算每列的平均值。

3. 创建一个 1×100 的随机数组，计算数组的最大值、最小值和标准差。

4. 创建一个 6×6 的二维数组，其中包含从 0 到 35 的整数。然后，提取数组中所有位于奇数行和偶数列的元素，并将这些元素重新组成一个新的数组。

5. 创建一个 8×8 的二维数组，其中包含从 1 到 64 的整数。然后，执行以下切片操作：

（1）提取数组的左上角 3×3 子数组。

（2）提取数组的右下角 3×3 子数组。

（3）提取数组的中心 4×4 子数组。

6. 创建一个 Pandas Series 对象,包含从 1 到 10 的整数。然后,执行以下操作:

(1) 计算所有元素的平方并存储在一个新的 Series 中。

(2) 过滤出所有大于 50 的元素。

(3) 计算原始 Series 中所有元素的总和。

7. 创建一个包含表5.6中数据的 Pandas DataFrame,然后,打印 DataFrame 的基本信息和统计摘要。

表 5.6　第 5 章习题 7 的数据

Name	Age	City
Alice	24	New York
Bob	30	Los Angeles
Charlie	22	Chicago
David	35	Miami
Eva	29	Seattle

8. 若有一个 CSV 文件,名为 student.csv,包含有学生的姓名、学号、年龄、性别等信息,使用 pandas 库从该文件中读取数据,并过滤出所有年龄大于 25 岁的学生信息。

9. 使用表5.7中的数据创建一个 DataFrame,将 "Salary" 列中的美元符号和逗号去除,并将其转换为数值类型。

表 5.7　第 5 章习题 9 的数据

Name	Salary
Alice	$ 60000
Bob	$ 75000
Charlie	$ 50000
David	$ 85000
Eva	$ 70000

10. 使用表5.8中的数据创建一个 DataFrame,查找并填充 "Age" 列中的缺失值,使用平均值填充。

表 5.8　第 5 章习题 10 的数据

Name	Age	City
Alice	24	New York
Bob	NaN	Los Angeles
Charlie	22	Chicago
David	35	Miami
Eva	NaN	Seattle

第 **6** 章

网络数据获取与处理

本章学习目标：

- 了解网页的基本组织形式。
- 了解 HTML 和 XML 的基础知识。
- 熟练掌握 urllib 和 BeautifulSoup4 模块。

随着互联网在世界范围内的迅速普及，其产生了越来越多的数据。互联网自出现以来，与人类社会各方面的发展联系得越来越紧密，其产生的数据中蕴藏着大量对社会生产实践过程有用的信息。但是，数据量的急剧增加也带来了一个严重的问题——信息过载。通俗地理解，就是单凭人力难以完成人们所需数据的检索与获取。换言之，即无法凭借人有限的计算力从海量的数据中获取有用的信息。幸运的是，随着计算机技术的飞快发展，人们开始可以借助计算机代替或协助完成这项繁重的任务。本章是为获取网络数据做前期准备，在内容上限于互联网网页数据的获取。本章首先介绍两种流行的互联网网页形式——HTML 和 XML；然后介绍如何使用 urllib 获取网页数据；最后介绍如何使用 BeautifulSoup4 解析网页文档。

6.1　网页数据的组织形式

将网页作为一个整体进行获取并不困难，困难之处在于如何从网页中提取出用户所需要的数据。想要实现这个目的，了解网页是如何组织的就显得非常必要了。在浏览器中，用户可以看见网页的最终呈现形式，继而很清楚地知道自己需要哪些数据。那么如何通过计算机获取这些数据呢？通常而言，计算机程序获取的是以文本形式存在的网页源代码，必须由用户告诉它需要提取网页源代码中的哪部分数据。本节简要介绍两种典型的网页组织形式,即 HTML 和 XML,从而为网络数据的抓取做好基础工作。

6.1.1　HTML

超文本标记语言(Hyper Text Markup Language,HTML)是标准通用标记语言下的一个应用,也是一种规范、一种标准,它通过标记符号来标记要显示的网页中的各个部分。网页文件本身是一种文本文件,通过在文本文件中添加标记符可以告诉浏览器如何显示其中的内容(例如,文字如何处理、画面如何安排、图片如何显示等)。浏览器按顺序阅读网页文件,然后根据标记符解释和显示其标记的内容,但对书写出错的标记不指出错误,且不停止其解释执行过程。程序编写者只能通过显示效果来分析出错原因和出错位置。需要注意,不同的浏览器对同一个标记符可能会有不完全相同的解释,因此可能会呈现出不同的显示效果。

超文本标记语言文档的制作并不是很复杂,但其功能确实异常强大,支持不同数据格式的文件放入 HTML 文档中,这也是万维网(WWW)盛行的原因之一。HTML 主要有以下特点。

(1) 可扩展性:超文本标记语言的广泛应用促使越来越多的组织或个人为其带来了加强功能、增加标识符等要求,它采取子类元素的方式,为系统扩展带来保证。

(2) 平台无关性:虽然安装有 Windows 操作系统的计算机盛行于世,但使用 macOS、Linux、UNIX 等其他操作系统计算机的也大有人在。超文本标记语言是一项互联网通用标准,可以广泛使用在各种平台上,并不依赖于某个或某些特定的操作系统。这也是万维网盛行的另一个原因。

(3) 通用性:超文本标记语言是网络的通用语言,是一种简单、通用的全置标记语言。其允许网页制作者基于 HTML 建立文本与图片、音频、视频相结合的复杂页面,这些页面可以被网上的任何人浏览到,而无论他们使用的是什么类型的操作系统或浏览器。

HTML 文档包含了 HTML 标签(tag)和文本,通过它们来描述网页。Web 浏览器的作用是将 HTML 源文件转换为网页形式,并显示出它们。浏览器本身并不会显示出 HTML 标签,而是使用它们来解释页面的内容。

6.1.2　HTML 元素

HTML 标签通常用两个角括号括起来,即用"< >"进行标记,例如段落标记< p >、图片标记< img >等。标签都是闭合的(两种格式:双标签(成对)与单标签(不成对))。双标签形如"<标签名>标签内容</标签名>",例如,< table >…</ table >。这被称为一个标签对,并分为开始标签和结束标签。第一个标签是开始标签(也称为开放标签),第二个标签是结束标签(也称为闭合标签)。单标签形如"<标签名/>",例如,< br/>、< hr/>等。在 HTML 中,通常大多数 HTML 元素都是成对出现的。这里有两点需要注意:第一,由于 HTML 是一种弱势语言,如果单标签不写"/"一般也不会报错,但如果放在某些规定比较严格的浏览器上运行,可能会出现问题,所以建议用户按照规范的格式写代码;第二,标签与大小写无关,例如,< body >和< BODY >表示的意思是一样的,推荐用户使用小写,这样符合 XHTML 标准。开始标签和结束标签及它们之间包含的内容构成了一个元素。某些 HTML 元素没有内容,这被称为空元素。空元素在开始标签中进行关闭(以开始标签的结束而结束)。

在大多数元素之中可以嵌套其他元素。例如,html 元素< html >…</html >之间可以嵌套主体元素< body >…</body >,而主体元素< body >…</body >之间又可以嵌套段落元素< p >…</p >。对于 HTML 文档来说,嵌套是它最基本的组织架构之一。对于 HTML 元素来说,有以下几个需要注意的问题。

(1) 结束标签:对于目前的 HTML 版本来说,即使用户忘记使用结束标签,大多数浏览器也会正确地显示相应的 HTML 内容,但是并不建议这样做。在未来的 HTML 版本中将逐步严格要求使用结束标签。

(2) 空元素:没有内容的 HTML 元素被称为空元素。它并不需要通过类似于< tag >…</tag >的方式开始和关闭标签,而是通过<… />标签直接开始和结束标签。换行标签(< br >)就是一种空元素。正确关闭空元素的方法是在开始标签末尾直接添加斜杠,例如< br/>。目前,HTML、XHTML 和 XML 都接受这种方式。也就是说,即使< br >在所有浏览器中都是有效的,但是使用< br/>其实是更有保障的做法。

(3) 标签大小写:目前,HTML 标签不区分大小写,例如,< body >和< BODY >代表相同的意思,虽然有许多网站使用大写的 HTML 标签。值得注意的是,万维网联盟(W3C)在 HTML4 中推荐使用小写,而在 XHTML 版本中强制使用小写。

从上述内容中可以看出,在当前的互联网环境下,HTML 文档的编写并没有严格的要求和组织,存在一些标签的缺失和不规范,这就需要使用工具去补全 HTML 文档的结构。在表 6.1 中列举了一些常用的 HTML 元素。

表 6.1　一些常用的 HTML 元素

元　素	描　述
<!--...-->	定义注释
<! DOCTYPE >	定义文档类型
< a >	超链接
< address >	定义文档作者或拥有者的联系信息
< aside >	定义页面内容之外的内容
< audio >	定义声音内容
< base >	定义页面中所有链接的默认地址或默认目标
< body >	定义文档的主体
< br >	定义简单的折行
< div >	定义文档中的节
< dl >	定义列表
< form >	定义供用户输入的 HTML 表单
< frame >	定义框架集的窗口或框架
< h1 > ~ < h6 >	定义 HTML 标题
< head >	定义关于文档的信息
< hr >	定义水平线
< html >	定义 HTML 文档

续表

元　　素	描　　述
＜iframe＞	定义内联框架
＜img＞	定义图像
＜object＞	定义内嵌对象
＜ol＞	定义有序列表
＜p＞	定义段落
＜script＞	定义客户端脚本
＜span＞	定义文档中的节
＜style＞	定义文档的样式信息
＜table＞	定义表格
＜title＞	定义文档的标题
＜ul＞	定义无序列表
＜var＞	定义文本的变量部分
＜video＞	定义视频

6.1.3　HTML 属性

HTML 标签是可以设置并拥有属性的,属性提供了关于 HTML 元素的附加信息,在 HTML 元素中属性一般出现在开始标签中,并且总是以名称/值对的形式出现,例如,name＝"value"。

下面举几个 HTML 属性的实例。

属性例子 1:

＜h1＞定义标题的开始。

＜h1 align＝"center"＞拥有关于对齐方式的附加信息,表示居中排列标题。

属性例子 2:

＜body＞定义 HTML 文档的主体。

＜body bgcolor＝"yellow"＞拥有关于背景颜色的附加信息,表示将背景颜色设置为黄色。

属性有以下注意事项。

(1) 大小写:属性和属性值不区分字母大小写,不过万维网联盟在其 HTML 推荐标准中推荐使用小写的属性名/属性值,在 XHTML 中要求使用小写属性。

(2) 值应该包含在引号内:属性值应该始终被包括在引号内,双引号是最常用的,不过使用单引号也没有问题。在某些个别的情况下,例如,属性值本身就含有双引号的情况,必须使用单引号,例如,name＝'Bill "HelloWorld" Gates'。

6.2　XML

可扩展标记语言(eXtensible Markup Language,XML)是一种用于标记电子文件使其具有结构性的标记语言,类似于 HTML。1998 年 2 月,W3C 正式批准了可扩展标记语言的标准定义,是 W3C 的推荐标准。XML 可对文档和数据进行结构化处理,从而能够在企业内、外部进行数据交换，实现动态内容的生成。XML 可帮助人们更加准确地搜索、更加方便地传送软件组件、更好地描述一些事物。

　　XML 是各种应用程序之间进行数据传输的最常用的工具。XML 的设计宗旨是传输数据，而不是显示数据。此外，XML 标签没有被预定义，用户需要根据实际需求自行定义标签。XML 文档不会对标签或数据内容本身做任何变换，它只是被设计用来结构化、存储及传输信息。用户需要通过编写程序或软件才能传送、接收和显示 XML 文档。

　　HTML 和 XML 都是标准通用标记语言的子集，但 XML 不是 HTML 的替代，XML 和 HTML 是为不同目的设计的。

　　（1）XML 被设计用来传输和存储数据，其焦点是数据的内容。

　　（2）HTML 被设计用来显示数据，其焦点是数据的外观。

　　简单地说，HTML 旨在显示信息，而 XML 旨在传输信息。此外，与 HTML 相比，XML 的标记需要成对出现，并且字母区分大小写。另外，存在错误的 HTML 文档是可以编译的，但是存在语法错误的 XML 文档应该避免进行编译。

　　目前，XML 在 Web 中起到的作用已经完全不亚于一直作为 Web 基石的 HTML。XML 正成为各种应用程序之间进行数据传输的最常用工具，并且在信息存储和描述领域变得越来越流行。

　　XML 具有以下用途。

　　（1）实现 HTML 布局与数据的分离：XML 文件可以独立地存储数据，因此用户可专注于 HTML 的布局和显示，而无须因数据的变更修改 HTML 文档。

　　（2）简化数据共享：作为一种通用标记语言，XML 可以在不同的计算机系统、不同的操作系统、不同的应用程序之间交换数据，从而使数据的共享更加简单。

　　（3）简化数据传输：XML 使不兼容系统之间的数据传输更加轻松。

　　（4）简化平台变更：由于 XML 在数据共享和传输方面的功能，平台的变更更加自由。

　　（5）创建新的 Internet 语言：例如 XHTML、WAP、WAML、RSS 等互联网常用技术都是通过 XML 创建的。

　　在论述了 XML 的特点和用途之后，下面把重点转移到其本身——结构和语法。

6.2.1　XML 的结构和语法

　　XML 文档形成了一种树结构，它从"根部"开始，然后扩展到"枝叶"。XML 文档必须包含根元素，该元素是其他所有元素的父元素。一个形象的描述是，XML 文档中的元素形成了一棵文档树，这棵树从根部开始，一直扩展到树的最底端，所有元素均可拥有子元素。父、子及同胞等术语用于描述元素之间的关系。父元素拥有子元素，相同层级上的子元素称为同胞，所有元素均可拥有文本内容和属性。

　　下面用一个具体的例子来讲述 XML。

　　【例 6.1】　XML 详解。

```
< bookstore >
< book category = "COOKING">
  < title lang = "en"> Everyday Italian </title>
```

```
    < author > Giada De Laurentiis </author >
    < year > 2005 </year >
    < price > 30.00 </price >
</book >
< book category = "CHILDREN">
    < title lang = "en">Harry Potter </title >
    < author > J. K. Rowling </author >
    < year > 2005 </year >
    < price > 29.99 </price >
</book >
< book category = "WEB">
    < title lang = "en">Learning XML </title >
    < author > Erik T. Ray </author >
    < year > 2003 </year >
    < price > 39.95 </price >
</book >
</bookstore >
```

该例中的根元素是< bookstore >,文档中的所有< book >元素被包含在< bookstore >中。< book >元素有 4 个子元素,即< title >、< author >、< year >、< price >,而且它们互为同胞元素。

XML 的语法非常简单、清晰,一个合法的 XML 文档应具有以下特点。

(1) 元素必须要有关闭标签,而 HTML 在某些情况下可以省略关闭标签。

(2) 标签区分字母大小写,而 HTML 不区分字母大小写。在 XML 中,标签< Letter >与标签< letter >是不同的。

(3) 必须正确地嵌套:在 HTML 中用户经常会看到没有正确嵌套的元素,例如,< b >< i > This text is bold and italic </b ></i >;在 XML 中所有元素都必须彼此正确地嵌套,例如< b >< i > This text is bold and italic </i ></b >。在这里正确嵌套的意思是,由于< i >元素是在< b >元素内打开的,那么它必须在< b >元素内关闭。

(4) 文档必须要有根元素,且只能有一个根元素,即必须要有一个元素是其他所有元素的父元素。

【例 6.2】 根元素。

```
< root >
  < child >
    < subchild >…</subchild >
  </child >
</root >
```

(5) 属性值需要添加引号:与 HTML 类似,XML 也可拥有属性(名称/值对)。其中,属性值需要用单引号或双引号括起来。请研究下面两个 XML 文档,第一个是错误的,第二个是正确的。

【例 6.3】 格式对比。

```
< note date = 08/08/2008 >
< to > George </to >
< from > John </from >
```

```
</note>

< note date = "08/08/2008">
< to > George </to>
< from > John </from>
</note>
```

第一个文档中的错误是，<note>元素中 date 属性的值没有加引号。

（6）实体引用：在 XML 中一些字符有特殊的意义。如果用户把字符"<"放在 XML 元素中，会发生错误，这是因为解析器会把它当作新元素的开始，这样会产生 XML 错误，例如< message > if salary < 1000 then </message >。为了避免产生这个错误，请用实体引用来代替"<"字符，即< message > if salary < 1000 then </message >。

在 XML 中有 5 个预定义的实体引用，如表 6.2 所示。

表 6.2　实体引用介绍

替 代 符 号	原 符 号	含 义
&lt;	<	小于
&gt;	>	大于
&amp;	&	和号
&apos;	'	单引号
&quot;	"	引号

与 HTML 不同，XML 文本内容中的空格会被保留。HTML 会把多个连续的空格字符裁剪（合并）为一个。

```
HTML: Hello          my name is David.
输出：Hello my name is David.
```

在 XML 中，文档中的空格不会被删节。

（7）XML 以 LF 存储换行：在 Windows 应用程序中，换行通常以一对字符来存储，即回车符（CR）和换行符（LF）。这对字符与打字机设置新行的动作有相似之处。在 UNIX 应用程序中，新行以 LF 字符存储，而 Macintosh 应用程序使用 CR 存储新行。

6.2.2　XML 元素和属性

和 HTML 一样，XML 也由元素构成。XML 元素指的是从（且包括）开始标签直到（且包括）结束标签的部分。元素可包含其他元素、文本或两者的混合物，元素也可拥有属性。与 HTML 不同的是，XML 的元素标签都是用户自定义的，而非预定义的。因此，在 XML 中的标签可以有任意多个，并且可以表达一定的实际含义，这也是 XML 可作为数据传输和存储文档的关键所在。其次，XML 元素是可扩展的，这也使得它可以携带更多的信息。请看下面这个 XML 例子。

【例 6.4】　XML 扩展。

```
< note >
< to > George </to>
```

```
<from>John</from>
<body>Don't forget the meeting!</body>
</note>
```

假设创建了一个应用程序,可将<to>、<from>及<body>元素提取出来,并产生以下输出:

```
MESSAGE
To:     George
From:   John

Don't forget the meeting!
```

之后又向这个文档添加了一些额外的信息:

```
<note>
<date>2008 - 08 - 08</date>
<to>George</to>
<from>John</from>
<heading>Reminder</heading>
<body>Don't forget the meeting!</body>
</note>
```

想一下,这个应用程序会中断或崩溃吗?

答案是不会。这个应用程序仍然叮以找到 XML 文档中的<to>、<from>及<body>元素,并产生同样的输出。也就是说,即使在一些编辑完成的 XML 文档中插入新内容也不会影响到其他应用程序对原有文档数据的提取。XML 的优势之一是可以经常在不中断应用程序的情况下进行扩展。

XML 的元素大部分是用户自定义的,因此其命名需要遵循一定的规则。

(1)名称可以包含字母、数字及其他字符。

(2)名称不能以数字或标点符号开始。

(3)名称不能以字符 xml(或 XML、Xml)开始。

(4)名称不能包含空格。

因为 XML 没有保留字,所以在遵循以上规则的前提下可以使用任意字符作为元素的名称。但是,由于 XML 是用于数据传输的,元素的命名最好可标识相应的实际含义,元素的名称也应该尽量简短。此外,由于 XML 中数据的提取是在其他软件中进行的,所以在命名元素时需要考虑对应软件的处理习惯,以免造成一些麻烦。

与 HTML 类似,XML 元素也可以在开始标签中包含属性,并通过属性提供有关元素的额外信息。值必须被引号包围,不过单引号和双引号均可使用。例如,在 person 标签中提供一个人的性别,可以这样写:

```
<person sex = "female">
```

也可以这样写:

```
< person sex = 'female'>
```

如果属性值本身包含双引号，那么有必要使用单引号引住它，就像这个例子：

```
< gangster name = 'George "Shotgun" Ziegler'>
```

或使用实体引用：

```
< gangster name = "George &quot;Shotgun&quot; Ziegler">
```

从原则上说，任何元素的开始标签都可以包含属性。但是，从 XML 的数据传输与数据存储的功能出发，会因使用属性而引起一些问题。

（1）属性无法包含多重的值（元素可以）。

（2）属性无法描述树结构（元素可以）。

（3）属性不易扩展（为未来的变化）。

（4）属性难以阅读和维护，请尽量选择用元素来描述数据，而使用属性提供与数据无关的信息。

有时候会向元素分配 ID 索引，这些 ID 索引可用于标识 XML 元素，它起作用的方式与 HTML 中的 ID 属性是一样的。下面这个例子演示了这种情况。

【例 6.5】 ID 索引。

```
< messages >
  < note id = "501">
    < to > George </to >
    < from > John </from >
    < heading > Reminder </heading >
    < body > Don't forget the meeting!</body >
  </note >
  < note id = "502">
    < to > John </to >
    < from > George </from >
    < heading > Re: Reminder </heading >
    < body > I will not </body >
  </note >
</messages >
```

上面的 ID 仅仅是一个标识符，用于标识不同的便签，它并不是便签数据的组成部分。

因此读者应该有这样一个概念：元数据（有关数据的数据）应当存储为属性，而数据本身应当存储为元素。

6.3 利用 urllib 处理 HTTP

如何获取网页数据呢？简单地说，就是通过 URL 来获取 HTML 文档。在浏览器中呈现给用户的可能是排版精良、图文并茂的一个网页，其实这就是浏览器解释的结果。

从根本上讲，它是一段结合了 JavaScript 和 CSS 的 HTML 代码。形象地说，如果把网页比作一个人，那么 HTML 便是骨架，JavaScript 就是肌肉，CSS 则是衣服。

本节讲解如何使用 Python 标准库中的 urllib 获取网页的 HTML 源代码及如何使用 BeautifulSoup4 从 HTML 中提取各种元素。

在互联网中最基本的传输单元是网页。万维网的工作基于 B/S 计算模型，由网络浏览器和网络服务器构成，两者之间采用超文本传输协议（Hypertext Transfer Protocol, HTTP）通信。HTTP 构建于 TCP/IP 之上，是网络浏览器和网络服务器之间的应用层协议，是一种通用的、无状态的、面向对象的协议。它允许将超文本标记语言（HTML）文档从 Web 服务器传送到客户端的浏览器。除了保证计算机正确、快速地传输 HTML 以外，HTTP 还确定传输文档中的哪一部分及哪部分内容首先显示（例如，文本先于图形）等。

一次 HTTP 操作称为一个事务，其工作过程可分为以下 4 步。

（1）建立连接（connect）：首先客户机与服务器需要建立连接，只要单击某个超链接，HTTP 的工作便开始。

（2）浏览器请求（request）：在建立连接后，客户机发送一个请求给服务器，请求方式的格式为"统一资源标识符（URL）＋协议版本号＋MIME 信息（包括请求修饰符、客户机信息和可能的内容）"。

（3）服务器应答（response）：服务器接到请求后给予相应的响应信息，其格式为"状态行＋通用信息头＋响应头＋实体类＋报文主体"。

（4）关闭连接（close）：客户机接收服务器返回的信息，通过浏览器显示在用户的显示屏上，然后客户机与服务器断开连接。

如果以上过程中的某一步出现错误，那么产生错误的信息将返回到客户机，由显示屏输出。对于用户来说，这些过程是由 HTTP 完成的，用户只要单击鼠标，等待信息显示就可以了。

下面举一个例子来展示这个典型的 HTTP 操作过程。

首先在浏览器上输入"http://www.maketop.net/resource/rs_041112_02.php"，将浏览器连接到 www.maketop.net 然后发送。

【例 6.6】　HTTP 操作。

```
>> GET /resource/rs_041112_02.php HTTP1.1
>> Host: www.maketop.net
>> Accept: image/gif,image/x-xbitmap,image/jpeg,image/pjpeg
>> Accept-Language: en
>> Accept-Encoding: gzip,deflate
>> User-Agent: Mozilla/5.0 (Windows; U; Windows NT 5.1; rv: 1.7.3) Gecko/20040913 Firefox/0.10
>> Connection: Keep-Alive
>>
```

解释：浏览器使用 HTTP1.1 协议请求页面"/resource/rs_041112_02.php"，并告诉服务器用户的浏览器是 Firefox 0.10，操作系统是 Windows XP。浏览器希望保持与 www.maketop.net 的连接，并请求获得更多的文件，包括网页中的图片。

翻译如下：

```
>> 用 HTTP1.1 协议获得 "/resource/rs_041112_02.php"
>> 访问的主机: www.maketop.net
>> 接收的文件: image/gif、image/x - xbitmap、image/jpeg、image/pjpeg
>> 使用的语言: en
>> 接收的编码方式(浏览器能够解释的): gzip、deflate
>> 用户的浏览器信息:Windows XP 的操作系统、Firefox 0.10 的浏览器
>> 保持连接: 还要获取图片
>>
```

www.maketop.net 的服务器发出响应:

```
<< HTTP/1.1 200 OK
<< Date: Mon,12 Mar 2004 19:12:16 GMT
<< Server: Apache/1.3.31 (UNIX) mod_throttle/3.1.2
<< Last - Modified: Fri,22 Sep 2004 14:16:18
<< ETag: "dd7b6e - d29 - 39cb69b2"
<< Accept - Ranges: bytes
<< Content - Length: 3369
<< Connection: close
<< Content - Type: text/html
<<
<< File content goes here
```

浏览器从服务器的响应中获得服务器的信息,例如运行在 Apache。

上面的语言翻译如下:

```
<< HTTP1.1 协议方式有效
<< 当前时间: Mon,12 Mar 2004 19:12:16 GMT
<< 服务器: Apache/1.3.31 (UNIX) mod_throttle/3.1.2
<< 最后一次修改: Fri,22 Sep 2004 14:16:18
<< ETag: "dd7b6e - d29 - 39cb69b2"
<< Accept - Ranges: bytes
<< Content - Length: 3369
<< Connection: close
<< Content - Type: text/html
<<
<< File content goes here
```

上面的例子就是最简单的交互过程描述。

urllib 提供了一系列用于操作 URL 且进一步获取 URL 所定位数据文档的高层接口。其中,该模块的 urlopen()方法类似于 Python 的内置方法 open(),但前者以 url 作为参数。此外,urllib 仅支持以只读方式打开 url,并且没有类似 seek()的方法定义指针。

urllib. request. urlopen(url[,data[,proixes,[,context]]])用于打开一个由 url 标记的网络对象,以进行读取。第 1 个参数 url 即为 URL,第 2～4 个参数可以不传递。第 2 个参数 data 可用于传递某个 POST 请求(通常请求类型为 GET),该参数值最好使用 urlencode()方法获取。第 3 个参数为 proxies。urlopen()函数对代理的使用非常透明,并不要求身份验证。在 UNIX 或 Windows 环境下进行 Python 编译之前,需要为 URL 设置 http_proxy 和 ftp_proxy 环境变量,以定位到目标代理服务器。proxies 参数应该设

定为一个主机后缀的逗号分隔列表,可选择在 URL 后附加":port"。在 Windows 环境下,如果未设置代理环境变量,则代理设置参数采用注册表中的 Internet 设置;在 macOS X 环境下,代理设置采用 macOS X 系统配置框架。当然,用户也可以设置为不使用代理。下面是一些使用 HTTP 代理的情况及例子。

使用"http://tianqi.so.com/weather/101210111"作为 HTTP 代理:

```
>>> proxies = {'http': 'http://tianqi.so.com/weather/101210111'}
>>> filehandle = urllib.request.urlopen(some_url, proxies = proxies)
```

不使用 HTTP 代理:

```
>>> filehandle = urllib.request.urlopen(some_url, proxies = {})
```

使用系统环境中的代理设置:

```
>>> filehandle = urllib.request.urlopen(some_url, proxies = None)
>>> filehandle = urllib.request.urlopen(some_url)
```

以下是使用 GET 和 POST 方法返回网络对象的示例。

【例 6.7】 GET 方法:

```
>>> import urllib
>>> params = urllib.parse.urlencode({'spam': 1, 'eggs': 2, 'bacon': 0})
>>> f = urllib.request.urlopen("http://www.musi-cal.com/cgi-bin/query? % s" % params)
>>> print(f.read())
```

【例 6.8】 POST 方法(代码 6-8.py):

```
>>> import urllib
>>> params = urllib.parse.urlencode({'spam': 1, 'eggs': 2, 'bacon': 0})
>>> f = urllib.request.urlopen("http://www.musi-cal.com/cgi-bin/query", params)
>>> print(f.read())
```

此外,urllib 还有许多其他使用方法。

- urllib.request.urlretrieve(url[,filename[,reportbook[,data]]]):用于将一个网络对象复制到本地文件夹(或缓存)。不过,如果 url 参数指向本地文件或一个当前对象的有效缓存设备,则这个对象不会被复制。该方法返回一个元组(filename,headers),其中 filename 指本地文件名,headers 则保存了网络对象的 info()方法的返回值。

【例 6.9】 urllib.request.urlretrieve(url[,filename[,reportbook[,data]]])的使用方法:

```
>>> filename = urllib.request.urlretrieve('http://cuiqingcai.com/947.html', filename = r'C: /1.html')
>>> type(filename)
tuple
>>> filename[0]
```

```
'C:/1.html'
>>> filename[1]
< httplib.HTTPMessage instance at 0x0000000004082688 >
>>> print(filename[1])
Server: nginx/1.4.6 (Ubuntu)
Data: Sat,16 Jul 2016 13:39:18GMT
Content-Type: text/html;charset=UTF-8
Connection: close
X-Powered-By: PHP/5.5.9-lubuntu4.14
Vary: Accept-Encoding,Cookie
Cache-Control: max-age=3,must-revalidate
WP-Super-Cache: Served supercache file from PHP
```

- urllib.request.urlcleanup()：用于清除之前引用 urlretrieve()方法产生的缓存。
- urllib.parse.quote(string[,safe])：用％xx 代替字符串中的一些特殊字符。

【例 6.10】　urllib.parse.quote(string[,safe])的使用方法：

```
>>> urllib.parse.quote('http://www.cnblogs.com/sysu-blackbear/p/3629420.html')
'http%3A//www.cnblog.com/sysu-blackbear/p/3629420.html'
# 使用%3A 代替冒号
```

urllib.parse.quote_plus(string[,safe])：和 urllib.quote(string[,safe])类似，不过字符串中的空格使用"＋"代替。

【例 6.11】　urllib.parse.quote_plus(string[,safe])的使用方法：

```
>>> urllib.parse.quote_plus('http://www.cnblogs.com/sysu-blackbear/p/3629 420.html')
'http%3A//www.cnblogs.com/sysu-blackbear/p/3629 + 420.html'
# 使用%3A 代替冒号,并使用" + "代替空格
```

urllib.parse.unquote(string)：urllib.quote()的逆操作。

【例 6.12】　urllib.parse.unquote(string)的使用方法：

```
>>> urllib.parse.unquote('http%3A//www.cnblogs.com/sysu-blackbear/p/3629420.html')
'http://www.cnblogs.com/sysu-blackbear/p/3629420.html'
```

urllib.parse.unquote_plus(string)：urllib.quote_plus()的逆操作。

【例 6.13】　urllib.parse.unquote_plus(string)的使用方法：

```
>>> urllib.parse.unquote_plus('http%3A//www.cnblogs.com/sysu-blackbear/p/3629 + 420.html')
'http://www.cnblogs.com/sysu-blackbear/p/3629 420.html'
```

urllib.parse.urlencode(query[,doseq])：用于将一个映射对象或一个两元素元组序列转换为一个由"％"编码的字符串,传递给 urlopen()作为可选声明 data 的值。

【例 6.14】　urllib.parse.urlencode(query[,doseq])的使用方法（代码 6-14.py）：

```
>>> params = urllib.parse.urlencode({'egg':1,'fruit':2,'bird':3})
>>> params
'egg = 1&fruit = 2&bird = 3'
```

到目前为止,读者可能已经发现,urllib 把 HTTP 的 3 个步骤(建立连接、发出请求和收到响应)统一在 urlopen()方法中实现。然而,在很多情况下这并不能保证可以顺利获取目标 URL 对应的数据文件。现在大多数网站都是动态网页,在获取网页的过程中需要动态地传递参数,它再对此做出相应的响应。所以,在访问一些网页时需要传递数据。

在 Python 标准库中的另一个 URL 处理包 urllib2 可以构建一个 Request 类的实例来设置 URL 请求的 Headers,因此可通过 urllib 模块伪装浏览器,进而能处理更复杂的 HTTP 访问。当然,urllib2 不能代替 urllib,例如,urllib 并没有提供 urlencode()方法用来生成 GET 查询字符串,且 urllib.urlretrieve()函数及 urllib.quote()等一系列 quote()和 unquote()方法都没有加入 urllib2。这也是在实际应用中一起使用 urllib 和 urllib2 的原因。

6.4　利用 BeautifulSoup4 解析 HTML 文档

在利用 urllib 获取目标 HTML 文档之后,接下来就要对文档中的内容进行析取。关键问题在于,在 HTML 文档中有很大一部分内容是用于设置文档呈现形式的,而这部分内容在很多情况下并不被用户关心。用户关心更多的可能是网页正文内容中的某些信息,或者网页内的超链接。用户可以使用 Python 标准库中的 re 模块,通过构建模式对象的方式析取出满足用户需求的文本。然而,在实践中并不推荐用户使用这种方法。re 模式的构建较为复杂,且构建好的模式难以推广到多个案例中。

Python 的第三方库 BeautifulSoup 在处理 HTML 和 XML 编码文档方面的表现非常优秀。BeautifulSoup 是一个可以从 HTML 或 XML 文件中提取数据的 Python 库,它能够通过用户喜欢的转换器实现惯用的文档导航、查找、修改文档等功能。BeautifulSoup 模块可以很好地处理不规范标记并生成剖析树,且提供简单又常用的导航、搜索及修改剖析树的操作,特别是 BeautifulSoup 的一些关键函数可以结合正则表达式 re 模块中的模式或使用 CSS 查询器语法,在很大程度上减少了用户花在编程上的时间。

BeautifulSoup 将复杂的 HTML 或 XML 转换为树状结构,每个节点都是 Python 对象。这里借用官方文档中的一个例子来对 BeautifulSoup4 的属性和方法进行演示。这是《爱丽丝梦游仙境》中的一段内容。

```
html_doc = """
<html><head><title>The Dormouse's story</title></head>
<body>
<p class = "title"><b>The Dormouse's story</b></p>

<p class = "story">Once upon a time there were three little sisters; and their names were
<a href = "http://example.com/elsie" class = "sister" id = "link1">Elsie</a>,
<a href = "http://example.com/lacie" class = "sister" id = "link2">Lacie</a> and
<a href = "http://example.com/tillie" class = "sister" id = "link3">Tillie</a>;
and they lived at the bottom of a well.</p>

<p class = "story">...</p>
"""
```

使用 BeautifulSoup 解析这段代码能够得到一个 BeautifulSoup 的对象，并能按照标准缩进格式的结构输出。

【例 6.15】　BeautifulSoup 模块的使用。

```
>>> from bs4 import BeautifulSoup
>>> soup = BeautifulSoup(html_doc,'html.parser')
>>> print(soup.prettify())
<html>
<head>
  <title>
    The Dormouse's story
  </title>
</head>
<body>
  <p class = "title">
   <b>
     The Dormouse's story
   </b>
  </p>
  <p class = "story">
   Once upon a time there were three little sisters; and their names were
   <a class = "sister" href = "http://example.com/elsie" id = "link1">
    Elsie
   </a>
   <a class = "sister" href = "http://example.com/lacie" id = "link2">
    Lacie
   </a>
   and
   <a class = "sister" href = "http://example.com/tillie" id = "link2">
    Tillie
   </a>
   ; and they lived at the bottom of a well.
  </p>
  <p class = "story">
   ...
  </p>
</body>
</html>
```

扫一扫

视频讲解

6.4.1　BeautifulSoup4 中的对象

BeautifulSoup 将复杂的 HTML 文档转换成一个复杂的树状结构，每个节点都是 Python 对象，所有对象可以归纳为 4 种，即 Tag、NavigableString、BeautifulSoup 和 Comment。

1. Tag 对象

在 BeautifulSoup 中的 Tag 对象与 XML 或 HTML 原生文档中的 Tag 相同。Tag 对象通过 .Tag 的方式获取对应类别的第一个标签对象。

【例 6.16】　Tag 对象的介绍。

```
>>> soup = BeautifulSoup('< b class = "boldest"> Extremely bold </b>')
>>> tag = soup.b
>>> type(tag)
< class 'bs4.element.Tag'>
```

Tag 有很多方法和属性，现在介绍一下其最重要的属性 name 和 attributes。首先讲解 name 属性。

每个 Tag 都有自己的名字，并可通过 .name 来获取。

```
>>> tag.name
'b'
```

如果改变了 Tag 的 name，那么将影响所有通过当前 BeautifulSoup 对象生成的 HTML 文档。

```
>>> tag.name = "blockquote"
>>> tag
< blockquote class = "boldest"> Extremely bold </blockquote>
```

接下来讲解 attributes 属性。一个 Tag 可能有很多个属性。在 tag < b class = "boldest">中有一个 class 属性，值为 boldest。Tag 属性的操作方法与字典相同。

```
>>> tag['class']
['boldest']
```

用户也可以直接"点"取属性，例如".attrs"。

```
>>> tag.attrs
{'class': ['boldest']}
```

Tag 的属性可以被添加、删除或修改。再说一次，Tag 属性的操作方法与字典一样。

```
>>> tag['class'] = 'verybold'
>>> tag['id'] = 1
>>> tag
< blockquote class = "verybold" id = "1"> Extremely bold </blockquote>
>>> del tag['class']
>>> del tag['id']
>>> tag
< blockquote > Extremely bold </blockquote>
```

如果引用了 Tag 中一个不存在的属性，则返回 None。

```
>>> tag['class']
KeyError: 'class'
>>> print(tag.get('class'))
None
```

2. NavigableString 对象

接下来可通过 .string 获取标签中的文本内容，文本类型为 NavigableString。字符串常被包含在 Tag 内。BeautifulSoup 用 NavigableString 类来包装 Tag 中的字符串。

【例 6.17】　NavigableString 对象的介绍。

```
>>> tag.string
Extremely bold
>>> type(tag.string)
< class 'bs4.element.NavigableString'>
```

在 Tag 中包含的字符串不能编辑，但是可以被替换成其他字符串，用 replace_with()方法。

```
>>> tag.string.replace_with("No longer bold")
>>> tag
< blockquote > No longer bold </blockquote>
```

3. BeautifulSoup 对象

BeautifulSoup 对象表示的是一个文档的全部内容，在大部分时候，可以把它当作 Tag 对象，它支持遍历文档树和搜索文档树中描述的大部分方法。

因为 BeautifulSoup 对象并不是真正的 HTML 或 XML 的 Tag，所以它没有 name 和 attributes 属性。但有时查看它的.name 属性是很方便的，所以 BeautifulSoup 对象包含了一个值为"[document]"的特殊属性".name"。

【例 6.18】　BeautifulSoup 对象的介绍。

```
>>> soup.name
[document]
```

4. Comment 对象

Tag、NavigableString、BeautifulSoup 几乎覆盖了 HTML 和 XML 中的所有内容，但还有一些特殊对象容易让人担心内容是文档的注释部分。Comment 对象是一种特殊类型的 NavigableString 对象。

【例 6.19】　Comment 对象的介绍。

```
>>> markup = "< b ><! -- Hey, buddy. Want to buy a used parser? --></b>"
>>> soup = BeautifulSoup(markup)
>>> comment = soup.b.string
>>> type(comment)
< class 'bs4.element.Comment'>
```

当它出现在 HTML 文档中时，Comment 对象会使用特殊的格式输出。

```
>>> print(soup.b.prettify())
< b >
<! -- Hey, buddy. Want to buy a used parser? -->
</b>
```

6.4.2 遍历文档树

一个标签可能包含许多字符串或其他标签,从文档树的视角看,这些都是该标签的子节点。通过 Tag 方法可以获取标签对象的子节点标签,并且可在一个语句中多次使用。通过.string 方法可获取标签对象的字符串子节点。BeautifulSoup 提供了许多操作和遍历子节点的属性。注意,BeautifulSoup 中的字符串节点不支持这些属性,因为字符串没有子节点。

这里仍用《爱丽丝梦游仙境》文档来做例子。

【例 6.20】 遍历文档树示例。

```
html_doc = """
<html><head><title>The Dormouse's story</title></head>
    <body>
<p class="title"><b>The Dormouse's story</b></p>
<p class="story">Once upon a time there were three little sisters; and their names were
<a href="http://example.com/elsie" class="sister" id="link1">Elsie</a>,
<a href="http://example.com/lacie" class="sister" id="link2">Lacie</a> and
<a href="http://example.com/tillie" class="sister" id="link3">Tillie</a>;
and they lived at the bottom of a well.</p>
<p class="story">...</p>
"""

>>> from bs4 import BeautifulSoup
>>> soup = BeautifulSoup(html_doc, 'html.parser')
```

这个例子演示了怎样从文档的一段内容找到另一段内容。

操作文档树最简单的方法就是告诉它想获取的 Tag 的 name。如果想获取<head>标签,使用 soup.head。

```
>>> soup.head
<head><title>The Dormouse's story</title></head>
>>> soup.title
<title>The Dormouse's story</title>
```

下面的代码可以获取<body>标签中的第一个<b>标签。

```
>>> soup.body.b
<b>The Dormouse's story</b>
```

通过点取属性的方式只能获得当前名字的第一个 Tag。

```
>>> soup.a
<a class="sister" href="http://example.com/elsie" id="link1">Elsie</a>
```

如果想要得到所有的<a>标签,或者通过名字得到比一个 Tag 更多的内容,则需要用到其他方法,例如 find_all()。

```
>>> soup.find_all('a')
[<a class = "sister" href = "http://example.com/elsie" id = "link1"> Elsie </a>,
<a class = "sister" href = "http://example.com/lacie" id = "link2"> Lacie </a>,
<a class = "sister" href = "http://example.com/tillie" id = "link3"> Tillie </a>]
```

1．.contents 和.children

Tag 的.contents 属性可以将 Tag 的子节点以列表的方式输出。

【例 6.21】 .contents 和.children 的介绍。

```
>>> head_tag = soup.head
>>> head_tag
< head >< title > The Dormouse's story </title ></head >
>>> head_tag.contents
[< title > The Dormouse's story </title >]
>>> title_tag = head_tag.contents[0]
>>> title_tag
< title > The Dormouse's story </title >
>>> title_tag.contents
[The Dormouse's story]
```

BeautifulSoup 对象本身一定会包含子节点，也就是说< html >标签也是 BeautifulSoup 对象的子节点。

```
>>> len(soup.contents)
1
>>> soup.contents[0].name
html
```

字符串没有.contents 属性，因为字符串没有子节点。

```
>>> text = title_tag.contents[0]
>>> text.contents
AttributeError: 'NavigableString' object has no attribute 'contents'
```

通过 Tag 的.children 生成器可以对 Tag 的子节点进行循环。

```
>>> for child in title_tag.children:
print(child)
The Dormouse's story
```

2．.descendants

.contents 和.children 属性仅包含 Tag 的直接子节点。例如，< head >标签只有一个直接子节点< title >。

【例 6.22】 .descendants 的介绍。

```
>>> head_tag.contents
[< title > The Dormouse's story </title >]
```

但是<title>标签也包含一个子节点——字符串 The Dormouse's story,在这种情况下字符串 The Dormouse's story 属于<head>标签的子孙节点。. descendants 属性可以对所有 Tag 的子孙节点进行递归循环。

```
>>> for child in head_tag.descendants:
        print(child)
<title>The Dormouse's story</title>
The Dormouse's story
```

在上面的例子中,<head>标签只有一个子节点,但是有两个子孙节点——<head>节点和<head>的子节点,BeautifulSoup 有一个直接子节点(<html>节点),却有很多子孙节点。

```
>>> len(list(soup.children))
1
>>> len(list(soup.descendants))
25
```

3. . string

如果 Tag 只有一个 NavigableString 类型的子节点,那么这个 Tag 可以使用. string 得到子节点。

【例 6.23】. string 的介绍。

```
>>> title_tag.string
The Dormouse's story
```

如果一个 Tag 仅有一个子节点,那么这个 Tag 也可以使用. string 方法,输出结果与当前唯一子节点的. string 结果相同。

```
>>> head_tag.contents
[<title>The Dormouse's story</title>]
```

```
>>> head_tag.string
The Dormouse's story
```

如果 Tag 包含了多个子节点,那么 Tag 将无法确定. string 方法应该调用哪个子节点的内容,. string 的输出结果是 None。

```
>>> print(soup.html.string)
None
```

4. . strings 和. stripped_strings

如果在 Tag 中包含多个字符串,那么可以使用. strings 循环获取。

【例 6.24】. strings 和. stripped_strings 示例。

```
>>> for string in soup.strings:
        print(repr(string))
    The Dormouse's story
    '\n\n'
    The Dormouse's story
    '\n\n'
    'Once upon a time there were three little sisters; and their names were\n'
    'Elsie'
    ',\n'
    'Lacie'
    ' and\n'
    'Tillie'
    ';\nand they lived at the bottom of a well.'
    '\n\n'
    '...'
    '\n'
```

在输出的字符串中可能包含了很多空格或空行，使用.stripped_strings可以去除多余的空白内容。

```
>>> for string in soup.stripped_strings:
        print(repr(string))
    The Dormouse's story
    The Dormouse's story
    'Once upon a time there were three little sisters; and their names were'
    'Elsie'
    ','
    'Lacie'
    'and'
    'Tillie'
    ';\nand they lived at the bottom of a well.'
    '...'
```

这样，全部是空格的行会被忽略掉，段首和段末的空白会被删除。

上面介绍了如何用 BeautifulSoup 对象和 Tag 对象的属性遍历文档树，但这只是一部分，更多可用属性见表 6.3。

表 6.3　文档搜索属性

属　　　性	描　　　述
.contents	可以将 Tag 的子节点以列表的方式输出
.children	生成器，可以对 Tag 的子节点进行循环
.descendants	可以对所有 Tag 的子孙节点进行递归循环
.strings	如果 Tag 中包含多个字符串，可以使用.strings 循环获取
.stripped_strings	输出的字符串中可能包含了很多空格或空行，使用.stripped_strings 可以去除多余的空白内容
.parent	获取某个元素的父节点
.parents	可以递归得到元素的所有父节点
.next_sibling	查询下一个兄弟节点；如果没有，则返回 None

续表

属 性	描 述
. previous_sibling	查询上一个兄弟节点；如果没有，则返回 None
. next_siblings	向后迭代当前节点的兄弟节点
. previous_siblings	向前迭代当前节点的兄弟节点
. next_element	指向解析过程中下一个被解析的对象
. previous_element	指向当前被解析的对象的前一个解析对象
. next_elements	通过.next_elements 的迭代器就可以向后访问文档的解析内容
. previous_elements	通过.previous_elements 的迭代器就可以向前访问文档的解析内容

扫一扫

视频讲解

6.4.3 搜索文档树

BeautifulSoup 定义了很多搜索方法，这里着重介绍 find()和 find_all()方法，其他方法的参数和用法与它们类似。

这里仍以《爱丽丝梦游仙境》文档作为例子。

【例 6.25】 搜索文档树的介绍。

```
html_doc = """
<html><head><title>The Dormouse's story</title></head>
<body>
<p class = "title"><b>The Dormouse's story</b></p>
<p class = "story">Once upon a time there were three little sisters; and their names were
<a href = "http://example.com/elsie" class = "sister" id = "link1">Elsie</a>,
<a href = "http://example.com/lacie" class = "sister" id = "link2">Lacie</a> and
<a href = "http://example.com/tillie" class = "sister" id = "link3">Tillie</a>;
and they lived at the bottom of a well.</p>
<p class = "story">...</p>
"""
from bs4 import BeautifulSoup
soup = BeautifulSoup(html_doc, 'html.parser')
```

使用 find_all()方法可以查找到想要查找的文档内容。

在介绍 find_all()方法之前先介绍一下过滤器的类型，这些过滤器贯穿整个搜索的API。过滤器可以被用在 Tag 的 name 中、节点的属性中、字符串中或它们的混合中，具体见表 6.4。

表 6.4 过滤器类型

过滤器类型	描 述
字符串	最简单的过滤器，匹配标签或文本内容，返回列表
正则表达式	通过正则表达式的 match()匹配标签或文本内容，返回列表
列表	返回所有与列表元素匹配的标签或文本内容
True	匹配标签或文本内容的任何值，返回列表
函数	若无合适的过滤器，定义一个只接收一个元素参数且返回逻辑值 True 或 False 的函数，进而匹配满足特定条件的标签或文本内容，返回列表

1. 字符串

最简单的过滤器是字符串。在搜索方法中传入一个字符串参数，BeautifulSoup 会查找与字符串完整匹配的内容。下面的例子用于查找文档中所有的< b >标签。

【例 6.26】　字符串的介绍。

```
>>> soup.find_all('b')
[< b > The Dormouse's story </b>]
```

如果传入字节码参数，那么 BeautifulSoup 会当成 UTF-8 编码，可以通过传入一段 Unicode 编码来避免 BeautifulSoup 解析编码出错。

2. 正则表达式

如果传入正则表达式作为参数，那么 BeautifulSoup 会通过正则表达式的 match() 来匹配内容。在下面的例子中找出所有以 b 开头的标签，这表示< body >和< b >标签都应该被找到。

【例 6.27】　正则表达式的介绍。

```
>>> import re
>>> for tag in soup.find_all(re.compile("^b")):
        print(tag.name)
body
b
```

下面的代码找出名字中包含 t 的所有标签。

```
>>> for tag in soup.find_all(re.compile("t")):
        print(tag.name)
html
title
```

3. 列表

如果传入列表参数，那么 BeautifulSoup 会将与列表中任一元素匹配的内容返回。下面的代码找到文档中所有的< a >标签和< b >标签。

【例 6.28】　列表的介绍。

```
>>> soup.find_all(["a","b"])
[< b > The Dormouse's story </b>,
< a class = "sister" href = "http://example.com/elsie" id = "link1"> Elsie </a>,
< a class = "sister" href = "http://example.com/lacie" id = "link2"> Lacie </a>,
< a class = "sister" href = "http://example.com/tillie" id = "link3"> Tillie </a>]
```

4. True

True 可以匹配任何值，下面的代码查找出所有的 Tag，但是不会返回字符串节点。

【例 6.29】 True 的介绍。

```
>>> for tag in soup.find_all(True):
        print(tag.name)
html
head
title
body
p
b
p
a
a
a
p
```

5. 函数

如果没有合适的过滤器,还可以定义一个方法,方法只接收一个元素参数。如果这个方法返回 True,就表示当前元素匹配并且被找到,如果不是,则返回 False。

下面的方法检验了当前元素,如果包含 class 属性却不包含 id 属性,那么将返回 True。

【例 6.30】 函数的介绍。

```
>>> def has_class_but_no_id(tag):
        return tag.has_attr('class') and not tag.has_attr('id')
```

将这个方法作为参数传入 find_all()方法,将得到所有< p >标签。

```
>>> soup.find_all(has_class_but_no_id)
[< p class = "title"><b> The Dormouse's story</b></p>,
< p class = "story"> Once upon a time there were...</p>,
< p class = "story">...</p >]
```

在返回的结果中只有< p >标签没有< a >标签,因为< a >标签还定义了 id; 没有返回< html >和< head >,因为< html >和< head >中没有定义 class 属性。

在通过一个方法过滤一类标签属性的时候,这个方法的参数是要被过滤的属性的值,而不是这个标签。下面的例子是找出 href 属性不符合指定正则表达式的< a >标签。

```
>>> def not_lacie(href):
        return href and not re.compile("lacie").search(href)
>>> soup.find_all(href = not_lacie)
[< a class = "sister" href = "http://example.com/elsie" id = "link1"> Elsie</a>,
< a class = "sister" href = "http://example.com/tillie" id = "link3"> Tillie</a >]
```

标签过滤方法可以使用复杂方法。下面的例子可以过滤出前、后都有文字的标签。

```
>>> from bs4 import NavigableString
>>> def surrounded_by_strings(tag):
        return (isinstance(tag.next_element, NavigableString)
```

```
                    and isinstance(tag.previous_element,NavigableString))
>>> for tag in soup.find_all(surrounded_by_strings):
        print tag.name
p
a
a
a
p
```

下面来了解搜索方法 find_all() 的细节，其格式如下：

```
find_all(name,attrs,recursive,string, ** kwargs)
```

find_all() 方法搜索当前 Tag 的所有 Tag 子节点，并判断是否符合过滤器的条件。这里有几个例子。

【例 6.31】　find_all() 的介绍。

```
>>> soup.find_all("title")
[<title>The Dormouse's story</title>]
>>> soup.find_all("p","title")
[<p class = "title"><b>The Dormouse's story</b></p>]
>>> soup.find_all("a")
[<a class = "sister" href = "http://example.com/elsie" id = "link1">Elsie</a>,
<a class = "sister" href = "http://example.com/lacie" id = "link2">Lacie</a>,
<a class = "sister" href = "http://example.com/tillie" id = "link3">Tillie</a>]
>>> soup.find_all(id = "link2")
[<a class = "sister" href = "http://example.com/lacie" id = "link2">Lacie</a>]
>>> import re
>>> soup.find(string = re.compile("sisters"))
'Once upon a time there were three little sisters; and their names were\n'
```

这里有几个方法很相似，还有几个方法是新的，参数中的 string 和 id 是什么含义？为什么 find_all("p","title") 返回的是 CSS class 为 title 的 <p> 标签？接下来仔细看一下 find_all() 的参数。

name 参数可以查找所有名字为 name 的 Tag，字符串对象会被自动忽略掉。其简单的用法如下：

```
>>> soup.find_all("title")
[<title>The Dormouse's story</title>]
```

注意，name 参数的值可以是任一类型的过滤器、字符串、正则表达式、列表、方法或 True。

如果一个指定名字的参数不是搜索内置的参数名，在搜索时就会把该参数当作指定名字 Tag 的属性来搜索，如果包含一个名字为 id 的参数，BeautifulSoup 会搜索每个 Tag 的 id 属性。

```
>>> soup.find_all(id = 'link2')
[< a class = "sister" href = "http://example.com/lacie" id = "link2"> Lacie </a>]
```

如果传入 href 参数，那么 BeautifulSoup 会搜索每个 Tag 的 href 属性。

```
>>> soup.find_all(href = re.compile("elsie"))
[< a class = "sister" href = "http://example.com/elsie" id = "link1"> Elsie </a>]
```

在搜索指定名字的属性时可以使用的参数值包括字符串、正则表达式、列表、True。
下面的例子在文档树中查找所有包含 id 属性的 Tag，而无论 id 的值是什么。

```
>>> soup.find_all(id = True)
[< a class = "sister" href = "http://example.com/elsie" id = "link1"> Elsie </a>,
< a class = "sister" href = "http://example.com/lacie" id = "link2"> Lacie </a>,
< a class = "sister" href = "http://example.com/tillie" id = "link3"> Tillie </a>]
```

使用多个指定名字的参数可以同时过滤 Tag 的多个属性。

```
>>> soup.find_all(href = re.compile("elsie"), id = 'link1')
[< a class = "sister" href = "http://example.com/elsie" id = "link1"> three </a>]
```

有些 Tag 属性在搜索时不能使用，例如，HTML5 中的 data-* 属性。

```
>>> data_soup = BeautifulSoup('< div data - foo = "value"> foo!</div >')
>>> data_soup.find_all(data - foo = "value")
SyntaxError: keyword can't be an expression
```

但是可以通过 find_all() 方法的 attrs 参数定义一个字典参数来搜索包含特殊属性的
Tag。

```
>>> data_soup.find_all(attrs = {"data - foo": "value"})
[< div data - foo = "value"> foo!</div >]
```

按照 CSS 类名搜索 Tag 的功能非常实用，但标识 CSS 类名的关键字 class 在 Python
中是保留字，使用 class 做参数会导致语法错误。从 BeautifulSoup 的 4.1.1 版本开始，可
以通过 class_ 参数搜索有指定 CSS 类名的 Tag。

```
>>> soup.find_all("a", class_ = "sister")
[< a class = "sister" href = "http://example.com/elsie" id = "link1"> Elsie </a>,
< a class = "sister" href = "http://example.com/lacie" id = "link2"> Lacie </a>,
< a class = "sister" href = "http://example.com/tillie" id = "link3"> Tillie </a>]
```

class_ 参数同样接收不同类型的过滤器、字符串、正则表达式、方法或 True。

```
>>> soup.find_all(class_ = re.compile("itl"))
[< p class = "title"> < b > The Dormouse's story </b></p >]
>>> def has_six_characters(css_class):
        return css_class is not None and len(css_class) == 6
soup.find_all(class_ = has_six_characters)
```

```
[< a class = "sister" href = "http://example.com/elsie" id = "link1"> Elsie </a>,
< a class = "sister" href = "http://example.com/lacie" id = "link2"> Lacie </a>,
< a class = "sister" href = "http://example.com/tillie" id = "link3"> Tillie </a>]
```

Tag 的 class 属性是多值属性。在按照 CSS 类名搜索 Tag 时，可以分别搜索 Tag 中的每个 CSS 类名。

```
>>> css_soup = BeautifulSoup('< p class = "body strikeout"></p>')
>>> css_soup.find_all("p",class_ = "strikeout")
[< p class = "body strikeout"></p>]
>>> css_soup.find_all("p",class_ = "body")
[< p class = "body strikeout"></p>]
```

在搜索 class 属性时也可以通过 CSS 值完全匹配。

```
>>> css_soup.find_all("p",class_ = "body strikeout")
[< p class = "body strikeout"></p>]
```

当完全匹配 class 的值时，如果 CSS 类名的顺序与实际不符，将搜索不到结果。

```
>>> soup.find_all("a",attrs = {"class": "sister"})
[< a class = "sister" href = "http://example.com/elsie" id = "link1"> Elsie </a>,
< a class = "sister" href = "http://example.com/lacie" id = "link2"> Lacie </a>,
< a class = "sister" href = "http://example.com/tillie" id = "link3"> Tillie </a>]
```

通过 string 参数可以搜索文档中的字符串内容。与 name 参数的可选值一样，string 参数接收字符串、正则表达式、列表、True。

```
>>> soup.find_all(string = "Elsie")
[u'Elsie']
>>> soup.find_all(string = ["Tillie","Elsie","Lacie"])
[u'Elsie',u'Lacie',u'Tillie']
>>> soup.find_all(string = re.compile("Dormouse"))
[u"The Dormouse's story",u"The Dormouse's story"]
>>> def is_the_only_string_within_a_tag(s):
        ""Return True if this string is the only child of its parent tag.""
        return (s == s.parent.string)
>>> soup.find_all(string = is_the_only_string_within_a_tag)
[u"The Dormouse's story",u"The Dormouse's story",u'Elsie',u'Lacie',u'Tillie',u'...']
```

string 参数用于搜索字符串，还可以与其他参数混合使用。下面的代码用来搜索内容里面包含 Elsie 的< a >标签。

```
>>> soup.find_all("a",string = "Elsie")
[< a href = "http://example.com/elsie" class = "sister" id = "link1"> Elsie </a>]
```

find_all()方法返回全部的搜索结果，如果文档树很大，那么搜索会很慢。如果用户不需要全部结果，那么可以使用 limit 参数限制返回结果的数量。其效果与 SQL 中的 limit 关键字类似，当搜索到的结果数量达到 limit 的限制时就停止搜索，返回结果。

在该文档树中有 3 个 Tag 符合搜索条件,但结果只返回了两个,因为限制了返回数量。

```
>>> soup.find_all("a",limit = 2)
[< a class = "sister" href = "http://example.com/elsie" id = "link1">Elsie</a >,
< a class = "sister" href = "http://example.com/lacie" id = "link2">Lacie</a >]
```

在调用 Tag 的 find_all()方法时,BeautifulSoup 会检索当前 Tag 的所有子孙节点,如果只想搜索 Tag 的直接子节点,那么可以使用参数 recursive。

下面是一段简单的文档:

```
< html >
 < head >
  < title >
    The Dormouse's story
  </title >
  </head >
...
```

使用 recursive 参数的搜索结果如下:

```
>>> soup.html.find_all("title")
[< title > The Dormouse's story </title >]
>>> soup.html.find_all("title",recursive = False)
[]
```

< title >标签在< html >标签下,但并不是直接子节点,< head >标签才是直接子节点。在允许查询所有后代节点时 BeautifulSoup 能够查找到< title >标签,但是当使用了 recursive=False 之后只能查找直接子节点,这样就查不到< title >标签了。

下面来了解搜索方法 find()的细节,其格式如下:

```
find( name,attrs,recursive,string, ** kwargs)
```

find_all()方法将返回文档中符合条件的所有 Tag,尽管有时候用户只想得到一个结果。例如,文档中只有一个< body >标签,那么使用 find_all()方法来查找< body >标签就不太合适,使用 find_all()方法并设置 limit=1 不如直接使用 find()方法。下面的代码是等价的。

【例 6.32】　find()的介绍。

```
>>> soup.find_all('title',limit = 1)
[< title > The Dormouse's story </title >]
>>> soup.find('title')
< title > The Dormouse's story </title >
```

唯一的区别是 find_all()方法的返回结果是只包含一个元素的列表,而 find()方法直接返回结果。

find_all()方法没有找到目标时返回空列表,find()方法没有找到目标时返回 None。

```
>>> print(soup.find("nosuchtag"))
None
```

soup.head.title 是 Tag 的名字方法的简写。这个简写的原理就是多次调用当前 Tag 的 find()方法。

```
>>> soup.head.title
<title>The Dormouse's story</title>
>>> soup.find("head").find("title")
<title>The Dormouse's story</title>
```

本章案例

利用 BeautifulSoup4 模块设计一个对"豆瓣新书"网页进行信息爬取的小型程序。

（1）请求数据：

```
import requests
import re
from bs4 import BeautifulSoup

url = 'http://book.douban.com'
headers = {'User - Agent': "Mozilla/5.0 (Windows NT 10.0; Win64; x64) AppleWebKit/537.36
(KHTML, like Gecko) Chrome/80.0.3987.132 Safari/537.36"}
r = requests.get(url, headers = headers,timeout = 30)
```

（2）解析数据：

```
r.encoding = "utf - 8"
text = r.text
soup = BeautifulSoup(text,'lxml')
```

（3）根据标签提取数据。对应在网页源代码中，可以看到新书版块位于标签为 div，类 class 为 section books-express 的内容下，而新书的基本信息都可以从标签为 div、类 class 为 more-meta 下找到。

```
# 定位新书版块位置,查找所有标签为 div,类 class 为 section books - express 的第一个内容
new_books = soup.find('div',{'class':'section books - express'})
# 定位新书基本信息位置,查找所有标签为 div,类 class 为 more - meta 的内容,返回列表
new_books = new_books.find_all('div',class_ = 'more - meta')
```

（4）进一步提取，获取所需信息。

```
for new_book in new_books:
# 获取标题、作者、出版年、出版单位信息
    title = new_book.find_all('h4',class_ = 'title')[0].get_text()
    author = new_book.find_all('span',class_ = 'author')[0].get_text()
```

```
    year = new_book.find_all('span',class_ = 'year')[0].get_text()
    publisher = new_book.find_all('span',class_ = 'publisher')[0].get_text()
#利用正则表达式去除无关多余符号
    title = re.sub("\s", "", title)
    author = re.sub("\s","",author)
    author = re.sub(" ","",author)
    year = re.sub("\s", "",year)
    publisher = re.sub("\s", "",publisher)
#格式化输出
print("{1:{0}^10}{2:{0}^15}{3:{0}^15}{4:{0}^15}".format(chr(12288),title,author,year,
publisher))
```

在打印多组中文时,不是每组中文的字符串宽度都一样,当中文字符宽度不够时,程序采用西文空格填充。如果中西文空格宽度不一样,就会导致输出文本不整齐,宽度不够时采用中文空格填充可以部分解决这个问题。中文空格的编码为 char(12288)。

本章小结

本章借助实例详细介绍了如何利用 urllib 和 BeautifulSoup4 模块来实现对网络数据的获取,主要包括以下几方面。

(1) 构成网页的两种典型的组织方式——HTML 和 XML,其中 HTML 用于布局网页的架构,XML 用于传递或存储数据。

(2) 如何使用 urllib 的 urlopen()方法获取 URL 的网页内容及其他几种典型且实用的网页获取和存储方法。

(3) 如何利用 BeautifulSoup4 模块解析 HTML 和 XML 文档,重点介绍了 BeautifulSoup4 如何组织 HTML 和 XML 文档及如何使用 find_all()和 find()方法寻找数据。

扫一扫

自测题

本章习题

1. 在 Python 中,( )模块可以用于发送 HTTP 请求和处理响应。

    A. os   B. sys   C. urllib   D. json

2. 当使用 python 的 urllib.request 模块读取网页 http://www.example.com 时,以下代码正确的是( )。

    A.

```
response = urllib.request.urlopen('http://www.example.com')
html = response.read().decode('utf-8')
print(html)
```

    B.

```
response = urllib.open('http://www.example.com')
```

```
html = response.read().decode('utf - 8')
print(html)
```

C.

```
response = request.urlopen('http://www.example.com')
html = response.read().decode('utf - 8')
print(html)
```

D.

```
response = url.open('http://www.example.com')
html = response.read().decode('utf - 8')
print(html)
```

3. 在使用 urllib. request 发送 POST 请求时,(　　)函数用于将数据编码为适合发送的格式。

　　A. urlopen()　　　　B. urlencode()　　　C. urlparse()　　　D. urldecode()

4. 在 BeautifulSoup 中,(　　)方法用于创建一个 BeautifulSoup 对象以解析 HTML 文档。

　　A. soup＝BeautifulSoup(html_doc, 'html. parser')

　　B. soup＝BeautifulSoup(html_doc，'xml. parser')

　　C. soup＝BeautifulSoup(html_doc，'text. parser')

　　D. soup＝BeautifulSoup(html_doc，'html5. parser')

5. 以下代码的作用是(　　)。

```
soup.find_all('a')
```

　　A. 查找所有的<a>标签并返回一个包含这些标签的列表

　　B. 查找第一个<a>标签并返回它

　　C. 查找所有的<a>标签并删除它们

　　D. 查找所有的<a>标签并打印它们的内容

6. BeautifulSoup 4 中 find_all()与 find()两个方法有何区别?

7. 下载文件 chap6_product. html,将里面的内容拷贝成字符串放在自己代码中,使用 BeautifulSoup4 解析该字符串,提取每个商品的名称、价格和描述,使用 print()方法打印出来。

8. 使用 urllib 从如下的 URL 获取网页内容并打印前 500 个字符:http://www. example. com。注:该 URL 为虚构,可将其替换为自己熟悉的网页。

9. 使用 urllib 从如下的 URL 下载一个文件并保存到本地:http://www. example. com/somefile. txt。注:该 URL 为虚构,可将其替换为自己熟悉的在线文档。

10. 请利用 urllib 和 BeautifulSoup4 模块设计一个小型程序,实现对某个感兴趣的网页进行信息爬取的功能。

第 **7** 章

文件操作

本章学习目标:

- Python 打开文件的方法。
- Python 打开文件的各种模式。
- Python 读写文件的模式。
- 用 Python 构建文本对话框。

从系统磁盘中读取文件并将想要添加的内容写入已有文件是用户经常要做的操作。本章介绍 Python 读写文件的操作,包括读取文件、写文件、保存文件和使用文本对话框等。

扫一扫

视频讲解

7.1 文件的打开和关闭

7.1.1 打开文件

Python 提供了内置的 open()方法用于打开文件,用户可以使用 help()方法查看 open()的一些属性。

```
In [1]:
help(open)
Out[1]:
Help on built - in function open in module io:
open(file, mode = 'r', buffering = − 1, encoding = None, errors = None, newline = None, closefd =
True, opener = None)
Open file and return a stream. Raise IOError upon failure.
```

open()参数说明如下。

- file：文件所在的路径。
- mode：文件的打开模式。文件的打开模式有很多，如表 7.1 所示。

表 7.1　打开文件的各种模式

模式	描　　述
r	打开一个文件为只读模式，文件指针位于该文件的开头。这是默认模式
rb	打开一个文件，只能以二进制格式读取，文件指针位于该文件的开头
r+	打开用于读取和写入的文件，文件指针位于文件的开头
rb+	打开用于读取和写入的二进制格式文件，文件指针在文件的开头
w	打开一个文件，只写。如果该文件存在，则覆盖该文件；如果该文件不存在，则在该路径下创建一个新文件，用于写入
wb	打开一个文件，只能以二进制格式写入。如果该文件存在，则覆盖该文件；如果该文件不存在，则在该路径下创建一个新文件，用于写入
w+	打开用于写入和读取的文件。如果该文件存在，则覆盖该文件；如果该文件不存在，则在该路径下创建一个新文件，用于写入
wb+	打开用于写入和读取的二进制格式文件。如果该文件存在，则覆盖该文件；如果该文件不存在，则在该路径下创建一个新文件，用于写入
a	打开文件，文件指针在该文件的末尾，也就是说该文件处于追加模式。如果该文件不存在，则在该路径下创建一个新文件，用于写入
ab	打开一个二进制格式文件，文件指针在该文件的末尾，也就是说该文件处于追加模式。如果该文件不存在，则在该路径下创建一个新文件，用于写入
a+	打开一个追加和读取的文件，文件指针在该文件的末尾，该文件为追加模式。如果该文件不存在，则在该路径下创建一个新文件，用于读取和写入
ab+	打开一个追加和读取的二进制文件，文件指针在该文件的末尾，该文件为追加模式。如果该文件不存在，则在该路径下创建一个新文件，用于读取和写入
b	以二进制的形式打开文件

- buffering：如果 buffering 的值被设置为 0，就不会有寄存；如果 buffering 的值取 1，那么在访问文件时会寄存；如果将 buffering 的值设置为大于 1 的整数，那么表明这就是寄存区的缓冲大小；如果取负值，那么寄存区的缓冲大小为系统默认。
- encoding：编码方式，默认为 None。

当文件被打开后会有一个 File 对象，用户可以通过该对象得到关于该文件的各种信息。

```
file = open(file path, 'w + ')
```

表 7.2 列出了和 File 对象相关的所有属性。

表 7.2　File 对象的属性

属　　性	描　　述
file. closed	返回 True 表示文件已关闭，返回 False 表示文件未关闭
file. mode	返回被打开的文件的访问模式
file. name	返回文件的名称
file. softspace	如果用 print()输出后必须跟一个空格符，则返回 False，否则返回 True

7.1.2 关闭文件

File 对象的 close()方法用于刷新缓冲区里任何还没有写入的信息,并关闭该文件,在这之后便不能再对文件进行写入操作了。当一个文件对象的引用被重新指定给另一个文件时,Python 会关闭之前的文件。用 close()方法关闭文件是一个很好的习惯。其语法格式如下:

```
file.close()
```

扫一扫

视频讲解

7.2 读写文件

7.2.1 从文件读取数据

File 对象提供了 3 个读文件的方法,即 read()、readline()和 readlines()。每种方法都可以接收一个变量,以限制每次读取的数据量,但它们通常不使用变量。read()每次读取整个文件,它通常用于将一个文件内容放入一个字符串变量中。然而,当 read()读取的文件内容大于可用内存时,不可能接受这种处理。一方面,readline()和 readlines()之间的差别在于后者是一次性读取整个文件,和 read()一样,readlines()自动将文件内容解析成一个行的列表,该列表可以由 Python 的 for-in 结构进行处理;另一方面,readline()每次只读取一行,通常比 readlines()慢很多。表 7.3 给出 File 对象的读取方法和描述。

表 7.3 读取文件的方法

方　　法	描　　述
file.read([size])	size 表示读取的长度,单位为字节。读取整个文件
file.readline([size])	读取一行,每操作一次读取一行,读取长度为 size,若 size 的大小小于这一行的长度,则返回这一行的部分
file.readlines([size])	把文件的每一行作为 list 的一个成员,读取后返回一个 list,读取的行数为 size,若 size 小于文件的总行数,则返回文件的部分行

当读取的文件很大时,经常使用 fileinput 模块:

```
import fileinput
for line in fileinput.input(file_path):
    print (line)
```

用户也可以直接使用 for 循环:

```
f = open(file_path)
for line in f.readlines():
    print (line)
```

用户还可以使用列表解析式:

```
[line for line in open(file_path).readlines()]
```

在使用 open()方法打开文件后一定要记得调用 close()方法关闭文件，可以用 try-finally 语句来确保最后能关闭文件。

```
f = open(file_path)
try:
  for line in f.readlines():
     print (line)
finally:
  f.close()
```

注意：不能将 open()方法放在 try 里面，因为当打开文件出现异常时文件对象将无法指向 close()操作。

7.2.2　向文件写入数据

write()方法可以将任何字符串写入一个打开的文件中。需要注意，Python 字符串可以是二进制数据，而不仅仅是文字，write()方法不会在字符串结尾添加换行符('\n')。

writelines()也可以将内容写入打开的文件中，但是和 write()方法一样，writelines()也只是机械地写入，不会在每行后面添加任何东西。

【例 7.1】　利用文件读命令 read()完成从 CSV 格式文件读入一维数据的操作。首先，利用 Excel 输入以下内容(见图 7.1)另存为 poet.csv 文件，然后用 split()函数分隔存放到列表进行数据处理。

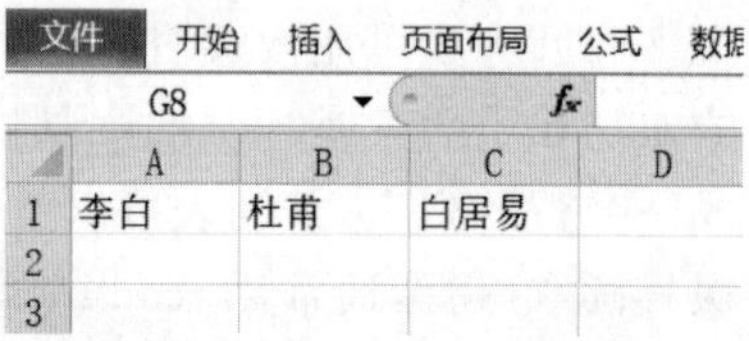

接下来从 poet.csv 文件中读入内容并保存到二维列表 ls 中，代码如下：

图 7.1　poet.csv 文件内容

```
fo = open("poet.csv","r")
str = fo.read()                   ＃读出文件所有内容,结果为字符串
str = str.replace("\n","")        ＃去掉末尾换行符
ls = str.split(",")               ＃以空格分隔 str 字符串,并将元素存入列表 ls
print(ls)
fo.close()
```

上面的程序输出为一个一维列表，运行结果如下：

```
['李白','杜甫','白居易']
```

下面我们利用文件写命令 write()，用 for 循环遍历每个一维列表，将每个一维列表处理成一个元素并且用逗号相连接，尾部带有换行符的一个字符串，然后写入 poet.csv 文件。

```
fo = open("poet.csv","r")
ls = [["陶渊明","孟浩然","王维"],[ "高适","岑参","王之涣"],["杜甫","辛弃疾","陆游"]]
for line in ls:                   ＃line 为 ls 中的每个一维列表
str = ",".join(line)             ＃将一维列表元素之间用逗号连接为字符串
str += "\n"                      ＃字符串末尾加上换行符,以便写入文本时换行
fo.write(str)                    ＃写入字符串
fo.close()
```

这段程序运行后,打开文件内容见图 7.2。

图 7.2 poet.csv 文件运行结果内容

7.3 文件对话框

7.3.1 基于 win32ui 构建文件对话框

从名字上看,win32ui 模块是对 Windows 系统进行文件对话框操作的,该模块里面的 CreateFileDialog()方法可以很方便、快捷地创建打开文件对话框。代码展示如下:

```
import win32ui

dlg = win32ui.CreateFileDialog(1)          # 创建打开文件对话框
dlg.SetOFNInitialDir("D:\\python")          # 设置打开文件对话框中的初始显示目录
dlg.DoModal()

filename = dlg.GetPathName()                # 获取选择的文件名称
print (filename)
```

其结果如图 7.3 所示。

图 7.3 使用 win32ui 创建打开文件对话框

CreateFileDialog()有几种内置方法，如表7.4所示。

表 7.4　CreateFileDialog()的几种内置方法

方　　法	功　　能
GetPathName()	获取路径名称
GetFileName()	获取文件名称
GetFileExt()	获取文件扩展名
GetFileTitle()	获取文件标题
GetPathNames()	从文件对话框获取路径名称列表
GetReadOnlyPref()	获取只读文件
SetOFNTitle()	设置对话框名
SetOFNInitialDir()	设置对话框的初始文件夹
DoModal()	为对话框创建一个模式窗口
EndDialog()	关闭一个模式对话框

这个"打开"对话框的界面还是很友好的，这也是 Windows 风格的对话框，但是它的缺点也很明显，那就是只对 Windows 系统有效。当对其他系统进行打开或创建文件对话框的操作时，需要用到 tkFileDialog 模块。

7.3.2　基于 tkFileDialog 构建文件对话框

tkFileDialog 的功能和 win32ui 差不多，都是用于对文件对话框的操作，它的代码也很简单，代码展示如下：

```
import tkFileDialog
filename = tkFileDialog.askopenfilename(initialdir = 'E:/Python')
print (filename)
```

其得到的效果和 win32ui 是一样的。

表 7.5 列出了 tkFileDialog 的几种常用方法。

表 7.5　tkFileDialog 的几种常用方法

方　　法	功　　能
askopenfile(mode='r', ** options)	打开一个文本对话框，返回一个文本对象。若需要返回多个文本对象，使用 askopenfiles(mode='r', ** options)，此时将以列表形式返回文件对象
askopenfilename(** options)	获取文件路径和名称。若要获取多个文件路径和名称，使用 askopenfilenames(** options)，此时将以元组形式返回文件路径和名称
asksaveasfile(mode='w', ** options)	打开文本对话框，返回一个写文本对象
asksaveasfilename()	获取需保存文件的路径和名称
askdirectory()	选择一个文件夹

7.4 应用实例：文本文件的操作

【例7.2】 使用 random 模块中的 randint()方法生成 1~122 的随机数,以产生字符对应的 ASCII 码,然后将满足大写字母、小写字母、数字和一些特殊符号(例如,\n、\r、*、&、^、$)条件的字符逐一写进 test.txt 中,当光标到达 10001 时停止写入。

程序代码如下：

```python
import random
with open('F:\\python book\\chapter7\\test.txt','w') as f:
  while 1:
    i = random.randint(1,122)
    x = chr(i)
    if x.isupper() or x.islower() \
      or x.isdigit() or x in ['\n','\r','*','&','^','$ ']:
        f.write(x)
    if f.tell() > 10000:
      break
```

运行该文件,会在 F 盘的 python book 文件夹下的 chapter7 目录中创建一个 test.txt 文件,在该文件中会写用户想要的内容,如图 7.4 和图 7.5 所示。

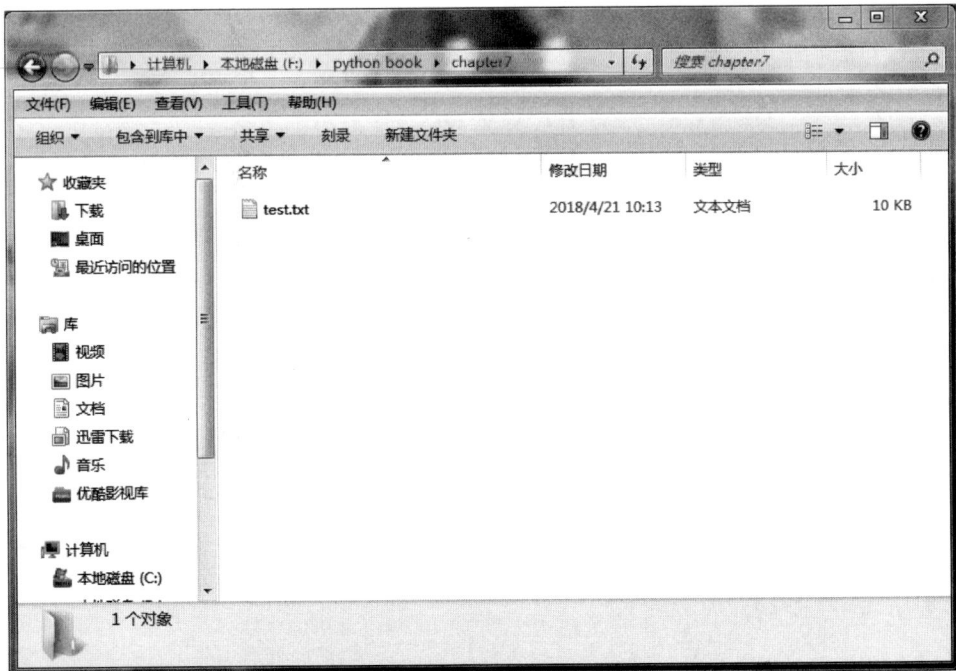

图 7.4 在 F 盘的 python book 文件夹下的 chapter7 目录中创建 test.txt 文件

当然,还有许多创建文本文件的方法,读者也可以尝试自己编写。

以下实例均在上述代码产生的文本文件的基础上运行。

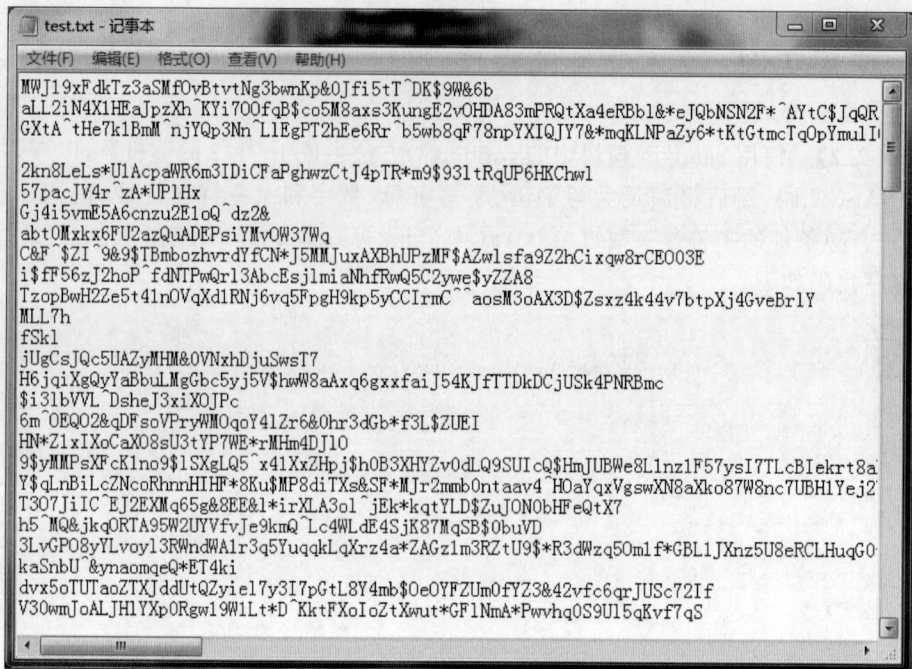

图 7.5　test.txt 文件中的部分内容

【例 7.3】　逐字节输出 test.txt 文件中的前 100 字节字符和后 100 字节字符。
程序代码如下：

```
with open('F:\\python book\\chapter7\\test.txt','r') as f:
  print(f.read(100))
  f.seek(9900) #将光标移动到倒数第 9900 的位置
  print (f.read())
```

【例 7.4】　逐行输出 test.txt 文件中的所有字符。
分析：这里能用很多方法实现，可以用 readlines()生成一个列表，或者直接迭代文本
对象。下面给出两种实现方法。
程序代码 7-4-1(方法一)：

```
with open('F:\\python book\\chapter7\\test.txt','r') as f:
  lines = f.readlines()
  for line in lines:
    print (line)
```

程序代码 7-4-2(方法二)：

```
with open('F:\\python book\\chapter7\\test.txt','r') as f:
  for line in f:
    print (line)
```

方法一先产生一个由各行字符构成的列表，然后逐个打印出列表中的元素；方法二
是利用了文本对象的迭代功能，直接对文本内容进行读取。相比较而言，由于方法一构建

了一个列表,所以程序的运行更占内存,建议用户使用方法二,直接对文本对象进行迭代。

【例 7.5】 复制 test.txt 文件中的文本数据,生成一个新的文本文件。

分析:以读写模式打开需要复制的文件,将文本中的所有字符赋给一个新的变量,然后以写模式新建一个文本对象,将所有字符写入该文本中;或者逐字节或逐行将需要赋值的文本字符写入新文本。下面给出这两种实现方法。

程序代码 7-5-1(方法一):

```
f = open('F:\\python book\\chapter7\\test.txt','r')
g = open('F:\\python book\\chapter7\\test1.txt','w')
a = f.read()
g.write(a)
f.close()
g.close()
```

程序代码 7-5-2(方法二):

```
f = open('F:\\python book\\chapter7\\test.txt','r')
g = open('F:\\python book\\chapter7\\test1.txt','w')
for contents in f:
    g.write(contents)
f.close()
g.close()
```

【例 7.6】 统计 test.txt 文件中大写字母、小写字母和数字出现的频率。

分析:利用字符串的内置方法 isupper()、islower() 和 isdigit() 判断字符的类型,或者直接判断是否处于大写字母、小写字母和数字的范围。

程序代码 7-6-1(方法一):

```
with open('F:\\python book\\chapter7\\test.txt','r') as f:
    u = 0
    l = 0
    d = 0
    for line in f.readlines():
        for content in line:
            if content.isupper():
                u += 1
            elif content.islower():
                l += 1
            elif content.isdigit():
                d += 1
    print ('大写字母有%d个, 小写字母有%d个, 数字有%d个' % (u,l,d))
```

程序代码 7-6-2(方法二):

```
with open('F:\\python book\\chapter7\\test.txt','r') as f:
    u = 0
    l = 0
    d = 0
    for line in f.readlines():
        for content in line:
```

```
            if 'A'< = content < = 'Z':
                u += 1
            elif 'a'< = content < = 'z':
                l += 1
            elif '0'< = content < = '9':
                d += 1

    print ('大写字母有%d个,小写字母有%d个, 数字有%d个' %(u,l,d))
```

【例 7.7】 将 test. txt 文件中的所有小写字母转换为大写字母,然后保存到 test_copy. txt 文件中。

分析：先以 w 模式创建一个空白的文本文件 test_copy. txt,然后将 test. txt 文件中的小写字母全部转换为大写字母,再写入 test_copy. txt 文件中。

程序代码如下：

```
f = open('F:\\python book\\chapter7\\test.txt','r')
g = open('F:\\python book\\chapter7\\test_copy.txt','w')
temp = ''                           #创建一个空字符串用于保存
for line in f.readlines():
    for content in line:
        if content.islower():
            content.upper()
            temp += content
        else:
            temp += content

g.write(temp)

f.close()
g.close()
```

本章小结

本章主要介绍了如何利用 Python 进行文本文件的操作,具体包括以下内容。

(1) 如何打开和关闭文本对象。

• 使用 open()函数可以创建新的文本文件或打开已有的文本文件。

• 使用文本对象的 close()方法可以将缓存的文本数据存储到磁盘中,并关闭文本文件。

(2) 文本对象的几种模式。基本模式包括 r、w、a,分别对应读模式、写模式和附加模式。这 3 种模式可以和"+"与 b 结合使用,从而实现附加的文本对象功能。

(3) 文本对象常用的方法和属性。

(4) 如何读取文本对象中的数据。

(5) 如何往文本中写数据。

(6) 构建文本对话框。

（7）几种典型的文本操作。

本章习题

扫一扫

自测题

1. 下列代码中会报错的是(　　　)。

A.

```python
with open('data.txt', 'w') as f:
    line = f.read()
```

B.

```python
with open('data.txt', 'r') as f:
    line = f.read()
```

C.

```python
with open('data.txt', 'rb') as f:
    line = f.read()
```

D.

```python
with open('data.txt', 'a + ') as f:
    line = f.read()
```

2. 数据文件 data.txt 中存储有如下文字：

```
apple
animal
python
```

下列代码中,(　　　)将输出“apple”。

A.

```python
with open('data.txt', 'r') as f:
    print(f.readline())
```

B.

```python
with open('data.txt', 'a') as f:
    print(f.readline())
```

C.

```python
with open('data.txt', 'w + ') as f:
    print(f.readline())
```

D.

```python
with open('data.txt', 'a + ') as f:
    print(f.readline())
```

3. 数据文件 data.txt 中存储有如下文字：

```
Happy
```

下列代码中,(　　　)不能将 data.txt 中的文字改为："Happy Birthday"。

A.

```python
with open('data.txt', 'a') as f:
    f.write('Birthday')
```

B.

```python
with open('data.txt', 'w') as f:
    f.write('Happy Birthday')
```

C.

```python
with open('data.txt', 'w') as f:
    f.writelines(['Happy', 'Birthday'])
```

D.

```python
with open('data.txt', 'a') as f:
    f.writelines([' ', 'B', 'i', 'r', 't', 'h', 'd', 'a', 'y'])
```

4. data.txt 文件中的内容为：

```
Happy
New
Year
```

有如下 Python 代码：

```python
with open('data.txt','r') as f:
    print(f.read(4))
    print(f.read(4))
```

该代码输出的结果是（　　）。

A.

```
Happ
New
```

B.

```
Happ
y
Ne
```

C.

```
Happy Ne
```

D.

```
Happ
Happ
```

5. 创建文件 data.txt，并使用 writelines()方法在文件中输出如下文本：

```
13728294729
15283937402
16938482739
```

6. 编写程序实现九九乘法表，并将其保存到名为 mul99.txt 的文件中。

7. 编写程序,提示用户输入字符串,将所输入的字符串写入 output.txt 中。

8. 现有文件 input.txt,内容如下:

```
The cat lounged lazily on the windowsill.
```

读取该文件,并创建新的文件 output.txt,输出:

```
The
cat
lounged
lazily
on
the
windowsill.
```

9. 编写一个 Python 程序,读取一个名为 data.txt 的文件,该文件包含多行文本,每行为一个英文单词。程序需要完成以下操作:

创建一个新的文件 summary.txt,并将以下内容写入该文件:

data.txt 文件的行数。

data.txt 文件中最长的单词(如有多个,只输出第一个)。

示例:

假设 data.txt 文件内容如下:

```
Happy
New
Year
Birthday
```

程序运行后 summary.txt 的内容应为:

```
文件行数:4
最长的单词:Birthday
```

10. 编写一个 Python 程序,读取一个名为 transactions.txt 的文件,该文件包含多行交易记录。每条记录包含以下字段:transaction_id、user_id、amount。其中 transaction_id 为交易编号,user_id 为交易用户 ID,amount 为交易金额。程序需要完成以下操作:

创建一个新的文件 user_totals.txt,其中包含每个用户的 user_id 和他们的总交易金额。

示例:

假设 transactions.txt 文件的内容如下:

```
1,1001,75.00
2,1001,50.00
3,1001,100.00
4,1002,200.00
5,1002,100.00
6,1003,40.00
```

程序运行后 user_totals.txt 的内容应为:

```
1001,225.00
```

```
1002,300.00
1003,40.00
```

11. 编写一个 Python 程序，从用户那里获取两个文件名，然后将第一个文件的内容复制到第二个文件中。如果第二个文件已经存在，则覆盖它。

12. 编写一个 Python 程序，它接收一个文件名作为输入，并检查该文件是否包含指定的字符串。如果包含，则打印出该字符串在文件中第一次出现的行号和内容；如果不包含，则打印出相应的消息。

第 **8** 章

Python数据可视化

本章学习目标：

- 理解数据可视化的基本概念。
- 熟练掌握使用 Matplotlib 绘制常用图表的方法。
- 掌握 Matplotlib 中图表的定制方法。

本章先向读者介绍数据可视化的基本概念和常用的数据图表，然后介绍 Python 的 Matplotlib 可视化库，重点介绍如何使用该库的 pyplot 对象制作点线图、柱状图等常用图表，接下来介绍图表定制的基本方法，最后讲述高级的图表定制。

8.1 数据可视化概念框架

8.1.1 数据可视化简介

受进化的影响和制约，人类的大脑在处理图像和处理数字的速度上有着天壤之别，这与计算机在处理二者的方式上截然不同。人类的眼睛是一对高带宽、巨量视觉信号输入的并行处理器，拥有超强的模式识别能力，配合超过 50％ 的功能用于视觉感知相关处理的大脑，使得人类通过视觉获取数据比任何其他形式的获取方式更好。例如，假如若干信息通过纯数字或文字向人类传达，可能需要数分钟或数小时才能传达完毕，但若是以形状、颜色、布局等图像形式进行传达，往往在数秒之内即可将信息传达完毕。数据可视化正是利用人类的这一天生技能来增强数据处理和组织的效率的。

数据可视化是将数据以视觉形式表达出来的科学技术，通常指的是较为高级的技术方法。这些技术方法允许利用图形/图像处理、计算机视觉及用户界面，通过表达、建模及对立体、表面、属性和动画的显示，对数据加以可视化解释。借助图形化手段，数据可视化技术能够清晰、有效地传达与沟通信息。

数据可视化与信息图形、信息可视化、科学可视化及统计图形密切相关。当前，在研究、教学和开发领域中，数据可视化是一个极为活跃而又关键的方面。"数据可视化"这条术语实现了成熟的科学可视化领域和较年轻的信息可视化领域的统一。

大多数人对统计数据了解甚少，基本统计方法（平均值、中位数、范围等）并不符合人类的认知天性。最著名的一个例子是 Anscombe 的四重奏。请试着观察图 8.1(a)中的 4 组数据，即使是受过专业统计学训练的人也很难从这些数据中看出各组的规律，可一旦将 4 组数据可视化出来（如图 8.1(b)所示），规律就非常清楚了。

I		II		III		IV	
x	y	x	y	x	y	x	y
10	8.04	10	9.14	10	7.46	8	6.58
8	6.95	8	8.14	8	6.77	8	5.76
13	7.58	13	8.74	13	12.74	8	7.71
9	8.81	9	8.77	9	7.11	8	8.84
11	8.33	11	9.26	11	7.81	8	8.47
14	9.96	14	8.10	14	8.84	8	7.04
6	7.24	6	6.13	6	6.08	8	5.25
4	4.26	4	3.10	4	5.39	19	12.5
12	10.84	12	9.13	12	8.15	8	5.56
7	4.82	7	7.26	7	6.42	8	7.91
5	5.68	5	4.74	5	5.73	8	6.89

(a)

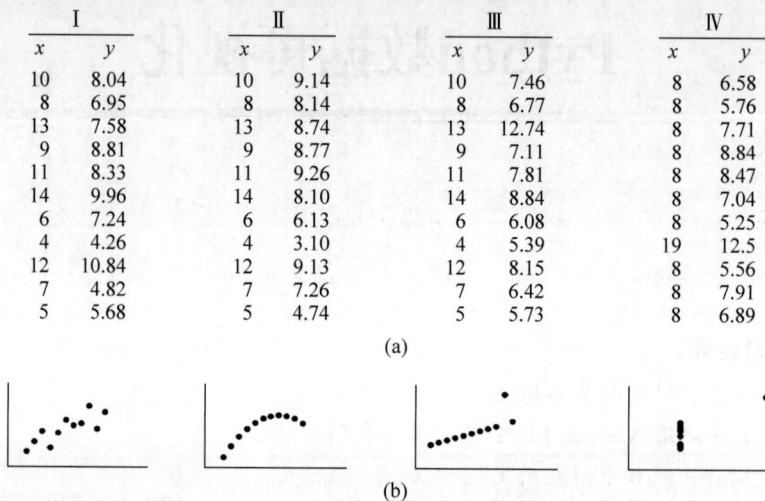

(b)

图 8.1　Anscombe 四重奏可视化图表示例

人们在日常生活中所说的数据可视化大多指狭义的数据可视化及部分信息可视化。根据数据类型和性质的差异，数据可视化通常分为以下几种类型。

（1）统计数据可视化：用于对统计数据（例如平均值、中位数等）进行展示和分析，或者对原始数据进行可视化统计，用于可视化的图表包括柱状图、饼图、直方图、散点图、折线图等。目前常见的可视化工具都具有统计数据可视化功能，例如 Excel、ECharts、D3.js 等，都可用于展示、分析统计数据。

（2）关系数据可视化：主要表现为节点和边的关系，例如流程图、网络图、UML 图、力导图等。常见的关系可视化工具有 Visio、JointJS、GoJS 等。

（3）地理空间数据可视化：地理空间通常特指真实的人类生活空间，地理空间数据描述了一个对象在空间中的位置。在移动互联网时代中，移动设备和传感器的广泛使用使得每时每刻都产生着海量的地理空间数据。地理空间可视化通常以将地理要素显示在地图上的方式进行表现，常见工具有 ArcGIS、Leaflet、百度/高德地图 API 等。

8.1.2　数据可视化常用图表

常用的数据可视化方法很多，包括传统的数据分析图表（例如柱状图、饼图）和现代化视觉图表(例如信息图、交互式地图等),其中有一些共同的视觉要素。

- 坐标:数值的位置被对应到直角坐标系或极坐标系上。
- 大小:数据的大小被对应到图形的大小。
- 色彩:数值的分类和界限等被对应到不同的颜色。
- 标签:数值的特征用标签来标记。
- 关联:数值之间的联系用关联线条等连接起来。

目前,基于统计的数据可视化常用的图表主要有柱状图(条形图)、折线图、饼图、散点图及它们的变形种类,此外还有很多用于特定用途的专用图表。

1. 柱状图

柱状图是数据可视化中最常使用的图表,可用于单个或多个维度的比较。文本维度/时间维度通常作为 X 轴,数值型维度通常作为 Y 轴。柱子的长短可直观反映出数值的大小,以便于比较。此外,若有第 3 个维度,可将柱子分组并通过柱子的颜色加以区分。

1) 基础柱状图

柱状图可以表现每条数据的具体值,容易比较大小,每一组数据建议只展示 1~3 列数据,太多会导致对比困难,图形混乱。柱状图可以是水平排列的,也可以是垂直排列的,水平的柱状图有时候也称为条形图,如图 8.2 所示。

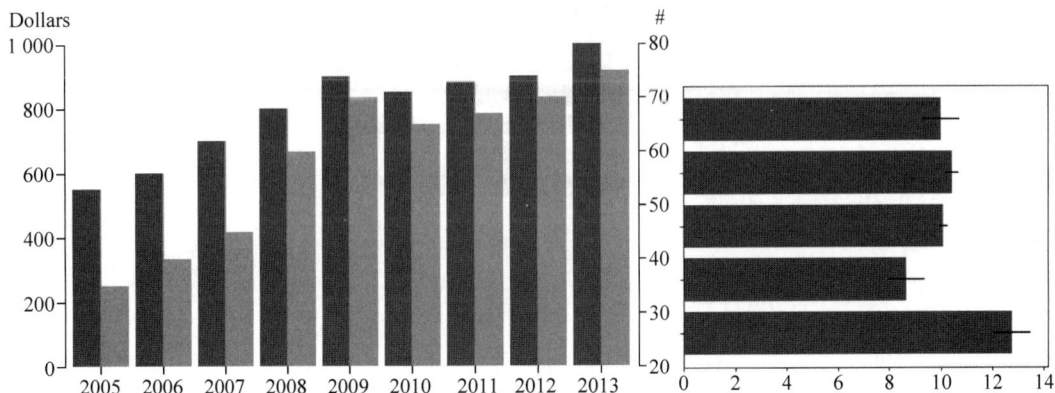

图 8.2　柱状图(条形图)示例

2) 堆积柱状图(堆积条形图)

堆积柱状图是柱状图的一个变形类型,用于比较组内的占比情况,同时可以比较各组每部分及整体大小,如图 8.3 所示。

3) 含正负值的条形图

以 X 轴 0 坐标为基准,向左右两边伸出的条状,可表达出具有正负值的数据,如图 8.4 所示。

2. 折线图

折线图最常用于观察数据的趋势,因此它和时间密不可分。当用户想要了解某一维度在时间上的规律或趋势时就可以使用折线图,例如,气温记录图、心电图都是常见的折线图，如图 8.5 所示。

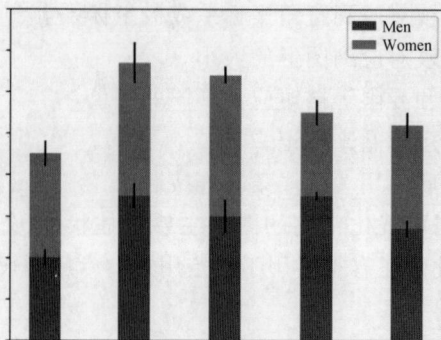

图 8.3　堆积柱状图示例

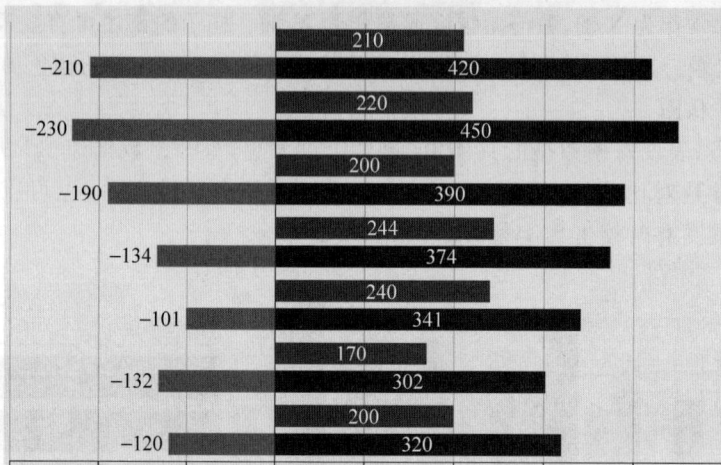

图 8.4　含正负值的条形图示例

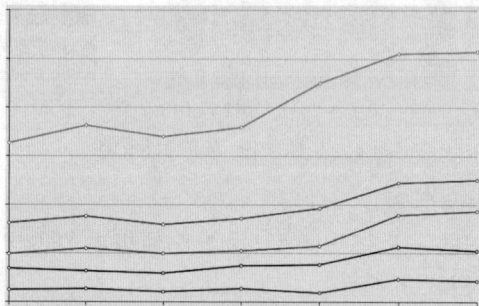

图 8.5　折线图示例

3. 饼图（环图）

饼图在一个圆形上展示多组数据，每组数据的数值表达为其所在圆弧的相对角度（如图 8.6 所示），从而表现各组数据的占比情况。需要注意的是，饼图的使用限制比较大，它擅长表达某一占比较大的类别，但是不擅长对比，例如，30％和 35％在饼图上难以凭人的肉眼区分。此外,当类别过多时,也不适合在饼图上表达。

4. 散点图

散点图在日常报表中用得较少,但是在数据分析中极为常见,如图 8.7 所示。散点图通过坐标轴表示两个变量之间的关系。绘制它依赖大量数据点的分布。尤其是对于大数据量来说,散点图会有更直观和精准的结果,例如,统计中的回归分析或数据挖掘中的聚类。散点图的优势在于易于揭示数据间的关系,发现变量与变量之间的关联。

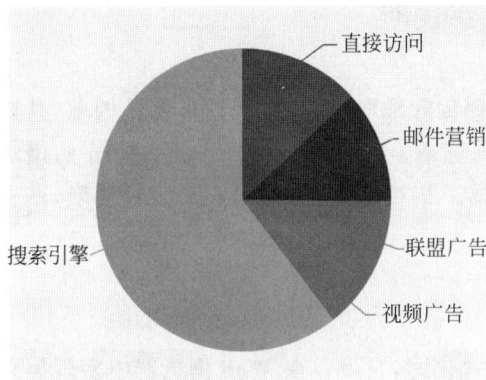

图 8.6 饼图示例

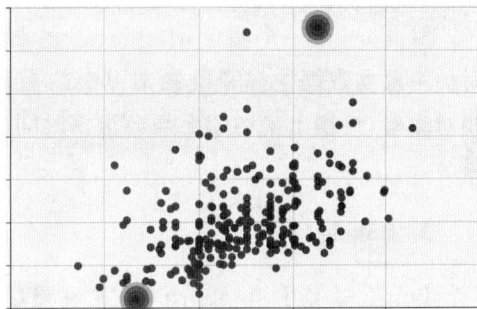

图 8.7 散点图示例

5. 气泡图

气泡图与散点图类似,并在散点图的基础上为各个点赋予面积,使用点的面积大小来表达第 3 个维度的信息,如图 8.8 所示。

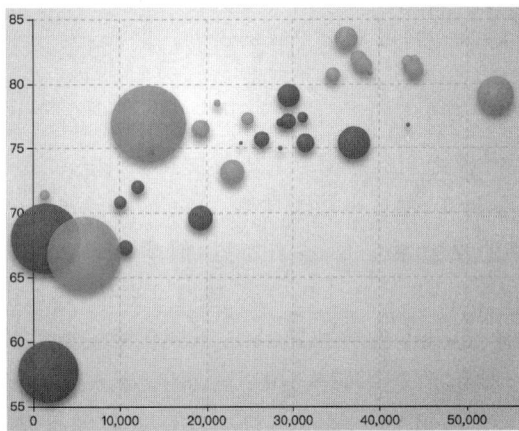

图 8.8 气泡图示例

8.1.3 Python 数据可视化环境准备

得益于 Python 强大的可扩展性,在 Python 中有很多强大的图形库供用户选择。

1. Matplotlib

Matplotlib 是 Python 中最流行的 2D 绘图库，它可以在各种平台上以各种硬拷贝格式交互式地生成具有出版品质的图形。Matplotlib 参考了 MATLAB 的界面和函数，提供与其相似的绘图方式。对于高级用户来说，可以通过面向对象的界面或 MATLAB 用户熟悉的一组函数完全控制线条样式、字体属性、轴属性等，只需几行代码即可使用 Matplotlib 将数据生成柱状图、饼图、散点图等常用图表。

2. Seaborn

Seaborn 是一个基于 Matplotlib 的高级可视化效果库，偏向于统计作图。因此，其针对的主要是数据挖掘和机器学习中的变量特征选取。相比 Matplotlib，Seaborn 的语法相对简单，绘制出来的图无须花很多时间去修饰。相对地，它的绘图方式比较局限，不够灵活。

3. Bokeh

Bokeh 是基于 JavaScript 来实现交互的可视化库，它可以在 Web 浏览器中实现美观的视觉效果。但是其缺点也较为明显：一是版本时常更新，有时语法不向下兼容；二是语法晦涩，相比 Matplotlib 而言更加复杂和难以理解。

4. ggplot

ggplot 是基于 R 语言中的 ggplot2 绘图库所制作的 Python 版本。ggplot2 是 R 语言中大名鼎鼎的绘图库，功能强大且应用广泛。如果用户对 R 语言和 ggplot2 比较熟悉，那么在 Python 中使用 ggplot 会更加得心应手。

5. Plotly

Plotly 也是一个做可视化交互的库。它不仅支持 Python，还支持 R 语言。Plotly 的优点是能提供 Web 在线交互，配色也更为美观。

总之，在 Python 中的绘图库众多，各有特点，但是 Matplotlib 是最基础、最常用、最强大的 Python 可视化库。如果要学习 Python 数据可视化，那么 Matplotlib 应该说是不二之选。本书将以 Matplotlib 作为学习 Python 可视化的主要工具。

在操作系统中进入命令行工具，输入 pip3 install matplotlib，或者访问 Matplotlib 的官方网站 https://pypi.python.org/pypi/matplotlib，查找并下载与 Python 版本相配的 wheel 文件，安装之后测试 Matplotlib 是否安装成功。

```
import matplotlib
```

导入 Matplotlib，如果没有出现任何错误消息，就说明该系统安装了 Matplotlib。

8.2　绘制图表

8.2.1　Matplotlib API 入门

在 Matplotlib 中使用最多的模块就是 pyplot。pyplot 非常接近于 MATLAB 的绘图实现，而且大多数的命令与 MATLAB 极其类似。当然，和 MATLAB 一样，它需要很多的数学运算，因此 NumPy 这个组件同样必不可少。可以说 Python ＋ Matplotlib ＋ NumPy 就是 MATLAB。

首先，由于 Matplotlib 名称较长，所以建议在引入包时使用别名，这样方便以后对模块的使用，一般以以下两句开始：

```
import numpy as np
import matplotlib.pyplot as plt
```

这里导入了 NumPy 和 Matplotlib 的 pyplot 两个模块，并分别使用 np 和 plt 作为二者的别名。

下列代码使用 Matplotlib 绘制一条正弦和一条余弦函数曲线，这里暂不对图表做任何定制，使用默认的绘图属性绘图。

```
#创建 X 轴的数据:从 - π 到 π 的 256 个等差数字
x = np.linspace( - np.pi, np.pi, 256, endpoint = True)

#使用 cos()和 sin()函数以 x 为自变量创建 C 和 S
C, S = np.cos(x), np.sin(x)
#使用 plot()分别绘制正弦和余弦函数
plt.plot(x,C)
plt.plot(x,S)
plt.show()
```

显示的结果如图 8.9 所示。

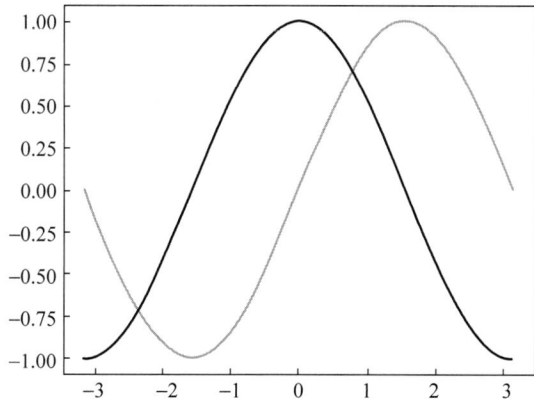

图 8.9　正弦与余弦曲线

在 Matplotlib 中,一个基本图表通常包括以下元素。

(1) Figure：Figure 指的是图像窗口,它是包裹 Axes、Title、Legend 等组件的最外层窗口。在 Figure 中最主要的元素是 Axes(子图)。在一个 Figure 中可以有多个子图,但至少要有一个能够显示内容的子图。

(2) Axes：Axes 指轴域/子图,是带有数据的图像区域,位于 Figure 里面。用户可以将 Axes 理解为覆盖在 Figure 上的小面板,用于显示实际的图表。

(3) Axis：轴,分为 X 轴和 Y 轴。轴上包含刻度和刻度标签。

此外,一个完整的图表通常还包含 Title(图表标题)和 Legend(图例)。

扫一扫

视频讲解

8.2.2　创建图表

1. 折线图

plot()是 pyplot 中最常用的函数,可用于创建一张点线图表,并通过参数对点标记和线条的样式进行设置。该函数的声明如下：

```
matplotlib.pyplot.plot( * args, ** kwargs)
```

args 参数的长度是不定的,可以设置多个属性,包含多个 x、y；也可以设置折线的对应属性,例如颜色、线宽等。

plot(x1,y1,x2,y2,x3,y3,…)表示在同一幅图中显示多条折线,x1、y1 等均为数值列表,代表坐标。

kwargs 参数主要用于设置图形要素的属性。

```
plot(x,y,label = "red",color = "r",linestyle = " - ",linewidth = 5,marker = "^",markersize = 20)
```

这里分别设置了标签颜色、折线颜色、折线线型和线宽、标记点符号、标记点大小。

对于标注和线条的样式来说,可以通过简单的字符来表示,如表 8.1 所示。

表 8.1　标注和线条样式的字符表示

字　　符	描　　述	字　　符	描　　述
'—'	实线	's'	方块符号
'——'	虚线	'p'	五角星符号
'—.'	点横虚线	'*'	星星符号
':'	点线	'h'	六边形符号
'.'	点符号	'H'	六边形符号
','	像素符号	'+'	加号
'o'	圆圈符号	'x'	×符号
'v'	下三角符号	'D'	菱形符号
'^'	上三角符号	'd'	细菱形符号
'<'	左三角符号	'|'	竖线符号
'>'	右三角符号	'_'	横线符号

支持的标注/线条颜色如表 8.2 所示。

表 8.2 支持的标注/线条颜色

符 号	颜 色	符 号	颜 色
'b'	blue	'm'	magenta
'g'	green	'y'	yellow
'r'	red	'k'	black
'c'	cyan	'w'	white

除了符号外,线条的颜色可以通过其他方式设置,例如,十六进制字符串('♯FFFFFF')。
下列代码绘制了一段最基本的折线图。

```
import numpy as np
import matplotlib.pyplot as plt
x = np.linspace( - 2, 6, 5)
y1 = x + 3                    ♯一条直线
y2 = 3 - x                    ♯另一条直线
plt.figure()                  ♯定义一个图像窗口
plt.plot(x, y1)               ♯绘制直线1
plt.plot(x, y2)               ♯绘制直线2
plt.show()
```

np.linspace()函数用于创建一个 numpy 数组,该数组包含 $-2 \sim 6$ 的等差的 5 个值,
即 -2、0、2、4、6。事实上,由于绘制的是直线,即使只有两个值(例如,-2 和 6),也不影
响最终的显示效果。但是如果绘制的是曲线,那么点越多,密度越大,则最终绘制出的曲
线就越平滑。y1 和 y2 分别是这 5 个值对应直线的函数值组成的 numpy 数组。plt.
figure()函数用于定义一个图像窗口,plot()函数用于绘图。最后通过调用 show()函数
将图形呈现出来,如图 8.10 所示。

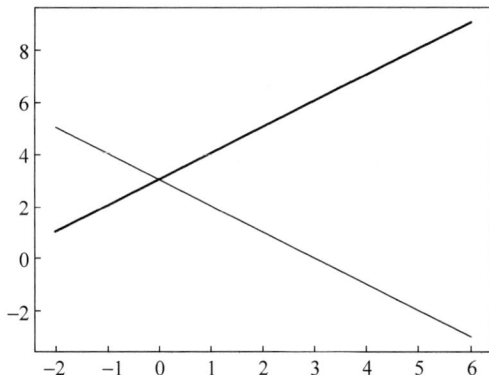

图 8.10 绘制的两条直线

上述代码中没有为 plot()函数提供任何样式参数,因此 Matplotlib 以默认样式将图
形显示出来。为了美观,可以给两条线设置期望的颜色和线条类型,同时还给纵轴和横
轴设置了上下限。

```
import numpy as np
import matplotlib.pyplot as plt

#创建一个点数为 8×6 的窗口，并设置分辨率为 80 像素/英寸
plt.figure(figsize = (8, 6), dpi = 80)

x = np.linspace( - 2, 6, 5)
y1 = x + 3                    #直线 1
y2 = 3 - x                    #直线 2

#绘制蓝色、宽度为 1 个像素的实线
plt.plot(x, y1, color = "blue", linewidth = 1.0, linestyle = " - ")
#绘制紫色、宽度为 2 个像素的虚线
plt.plot(x, y2, color = "#800080", linewidth = 2.0, linestyle = " -- ")

#设置横轴的上下限为 - 1～6
plt.xlim( - 1, 6)
#设置纵轴的上下限为 - 2～10
plt.ylim( - 2, 10)

plt.show()
```

绘制后的图像如图 8.11 所示。

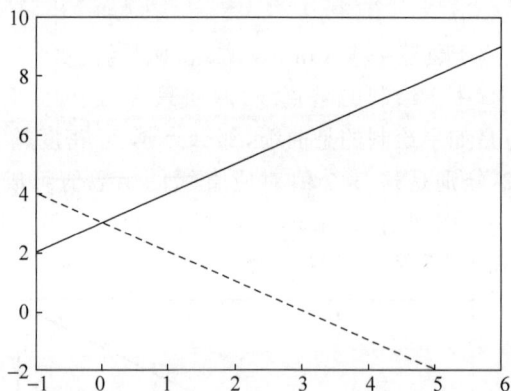

图 8.11　定制后的直线图

2. 柱状图

通过 pyplot 的 bar()函数可以生成柱状图。bar()的构造函数如下：

```
bar(x, height, width, * , align = 'center', ** kwargs)
```

其中，x 是包含所有柱子的下标的列表。height 是包含所有柱子的高度值的列表。width 表示每个柱子的宽度，如果指定一个固定值，那么所有的柱子都是相同宽度；如果设置一个列表，那么可以分别对每个柱子设定不同的宽度。align 表示柱子的对齐方式，有两个可选值——center 和 edge。center 表示每根柱子是根据下标来对齐；edge 则表示每根柱子全部以下标为起点，显示到下标的右边。如果不指定 align 参数，那么默认值是 center。

下列代码演示了如何使用 bar()函数绘制一个柱状图。

```python
import numpy as np
import matplotlib.pyplot as plt

plt.figure(figsize = (8, 6), dpi = 80)

# 柱子总数
N = 6
# 包含每个柱子对应值的序列
values = (5, 16, 20, 25, 23, 28)

# 包含每个柱子下标的序列
index = np.arange(N)

# 柱子的宽度
width = 0.35

# 绘制柱状图，每根柱子的颜色为蓝色
p2 = plt.bar(index, values, width, label = "月均气温", color = "#87CEFA")

# 设置横轴标签
plt.xlabel('月份')
# 设置纵轴标签
plt.ylabel('温度（℃）')

# 添加标题
plt.title('月均气温')

# 添加纵横轴的刻度
plt.xticks(index, ('一月', '二月', '三月', '四月', '五月', '六月'))
plt.yticks(np.arange(0, 50, 10))

# 添加图例
plt.legend(loc = "upper right")
```

绘制后的图像如图 8.12 所示。

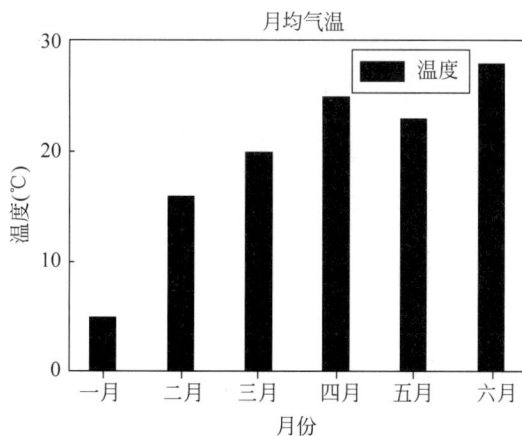

图 8.12　柱状图示例

3. 饼图

通过 pyplot 的 pie() 函数可以生成饼图。pie() 的构造函数如下：

```
matplotlib.pyplot.pie(x, explode = None, labels = None, colors = None, autopct = None,
pctdistance = 0.6, shadow = False, labeldistance = 1.1, startangle = None, radius = None,
counterclock = True, wedgeprops = None, textprops = None, center = (0, 0), frame = False,
rotatelabels = False, *, data = None)
```

该构造函数参数较多，其中，x 为数值列表，作为饼图的数据；explode 指定饼图中突出的分片；labels 设置各个分片的标签；colors 设置各个分片的颜色；autopct 设置标签中的数字格式；shadow 设置是否有阴影；startangle 设置从哪个角度开始绘制圆饼。

下列代码演示了一个最基本的饼图。

```
import matplotlib.pyplot as plt

labels = '大一', '大二', '大三', '大四'
sizes = [15, 30, 45, 10]
explode = (0, 0.1, 0, 0)              ＃将"大二"突出显示

fig1, ax1 = plt.subplots()
ax1.pie(sizes, explode = explode, labels = labels, autopct = '%1.1f%%',
        shadow = True, startangle = 90)
ax1.axis('equal')                     ＃确保饼图是个圆形

plt.show()
```

绘制后的图像如图 8.13 所示。

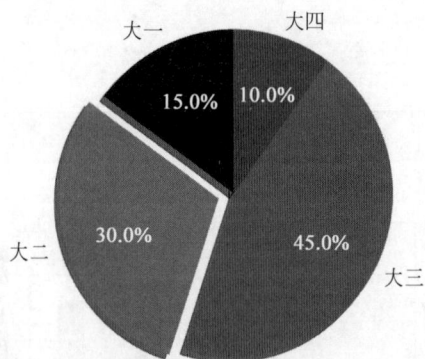

图 8.13　饼图示例

8.2.3　图表定制

1. 设置横轴、纵轴的界限及标注

在图像中，不能想当然地认为横轴就是 X 轴，纵轴就是 Y 轴。图形因数据不同，纵/横轴标签往往也会不同。这也体现了给纵/横轴设置标签说明的重要性。

```
#设置横轴标签
plt.xlabel("X")
#设置纵轴标签
plt.ylabel("Y")

plt.show()
```

很多时候,需要设置横轴和纵轴的界限,从而得到更加清晰明了的图形。

```
plt.xlim(X.min() * 1.1, X.max() * 1.1)
plt.ylim(C.min() * 1.1, C.max() * 1.1)
```

上述代码将横轴、纵轴的上下限分别设为了数据上下限的 1.1 倍。

此外,为了更好地表示横轴和纵轴数据的含义,可以通过 ticks() 函数对横轴和纵轴的含义进行设置和定制。在 Matplotlib 中,图形默认设置的刻度由曲线及窗口的像素点等因素决定。如果这些刻度的精确度无法满足需求,则需要用户手动添加刻度。

```
plt.xlim(x.min() * 1.1, x.max() * 1.1)
#设置横轴精准刻度
plt.xticks(np.arange( - 1, 6, 0.5))

plt.ylim(C.min() * 1.1,C.max() * 1.1)
#设置纵轴精准刻度
plt.yticks(np.arange( - 2, 10))

plt.show()
```

xticks() 和 yticks() 需要传入一个列表作为参数。该方法默认使用列表的值来设置刻度标签,如果用户想重新设置刻度标签,则需要传入两个列表参数给 xticks() 和 yticks(),第一个列表的值代表刻度;第二个列表的值代表刻度所显示的标签。

```
#设置横轴精准刻度
plt.xticks(np.arange( - 1, 7),
            [" - 1m", "0m", "1m", "2m", "3m", "4m", "5m", "6m"])
#设置纵轴精准刻度
plt.yticks(np.arange( - 2, 11,2),
            [" - 2m", "0m", "2m", "4m", "6m", "8m", "10m"])
plt.show()
```

2. 添加图例

如果需要在图的左上角添加一个图例,只需在 plot() 函数里以"键 - 值"的形式增加一个参数。首先需要在绘制曲线的时候增加一个 label 参数,然后再调用 plt. legend() 绘制出一个图例。plt. legend() 需要传入一个位置值 loc,其可选的值如表 8. 3 所示。

表 8.3　位置值 loc 的可选值

位 置 字 符 串	位 置 代 码	位 置 字 符 串	位 置 代 码
'best'	0	'center left'	6
'upper right'	1	'center right'	7
'upper left'	2	'lower center'	8
'lower left'	3	'upper center'	9
'lower right'	4	'center'	10
'right'	5		

```
plt.plot(x, y1, color = "blue", linewidth = 1.0, linestyle = " - ", label = "y1")
plt.plot(x, y2, color = " #800080", linewidth = 2.0, linestyle = " - - ", label = "y2")
plt.legend(loc = "upper left")        #将图例绘制在左上角
```

上述代码在图 8.11 的基础上增加了图例，如图 8.14 所示。

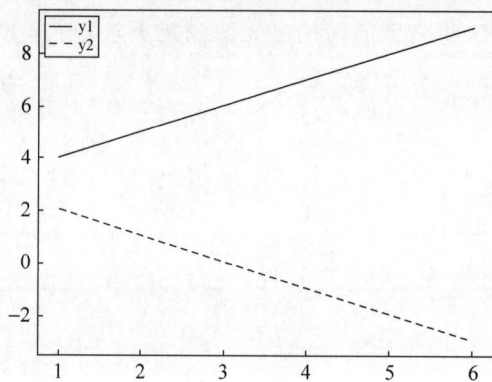

图 8.14　在绘图中增加图例

3. 注释特殊点位

有时某些数据点非常关键，需要突显出来，那么可以将该点绘制出来，即绘制散点图，再对其做注释。这里要用到 scatter() 和 annotate() 函数。

scatter() 函数用于绘制散点图，该函数需要传入两个列表作为参数 x 和 y。x 代表要标注点的横轴位置，y 代表要标注点的纵轴位置。在 x 和 y 列表中下标相同的数据是对应的。例如，x 为[3，4]，y 为[6，8]，这表示绘制点(3,6)、(4,8)。因此，x 和 y 的长度要一样。

annotate() 函数同样也有两个必传参数，一个是标注内容，另一个是 xy 坐标。标注内容是一个字符串，xy 表示要在哪个位置(点)显示标注内容。xy 的坐标位置一般是在 scatter() 绘制点附近，例如，点的右侧或下方。

```
plt.plot(x, y1, color = "blue", linewidth = 1.0, linestyle = " - ", label = "y1")
#绘制散点(3, 6)
plt.scatter([3], [6], s = 30, color = "blue")        #s 为点的大小
#对(3, 6)做标注
```

```
plt.annotate("(3, 6)",
             xy = (3.3, 5.5),        #在(3.3, 5.5)上做标注
             fontsize = 16)          #设置字体大小为 16

plt.plot(x, y2, color = "#800080", linewidth = 2.0, linestyle = "--", label = "y2")
#绘制散点(3, 0)
plt.scatter([3], [0], s = 50, color = "#800080")
#对(3, 0)做标注
plt.annotate("(3, 0)",
             xy = (3.3, 0),          #在(3.3, 0)上做标注
             fontsize = 16)          #设置字体大小为 16
```

上述代码分别在(3,6)和(3,0)两个位置绘制了两个点,如图 8.15 所示。

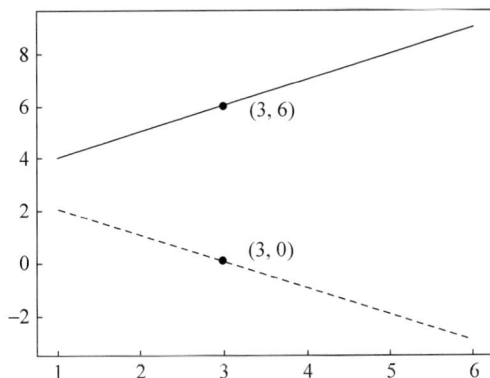

图 8.15 在图表中绘制点

现在点已经被标注出来了,如果还想给点添加注释,则需要使用 text( )函数。text(x,y,s)的作用是在坐标(x,y)处添加文本。

```
#绘制散点(3, 0)
plt.scatter([3], [0], s = 50, color = "#800080")
#对(3, 0)做标注
plt.annotate("(3, 0)", xy = (3.3, 0))
plt.text(4, - 0.5, "该处为重要点位", fontdict = {'size': 12, 'color': 'green'})
```

效果如图 8.16 所示。

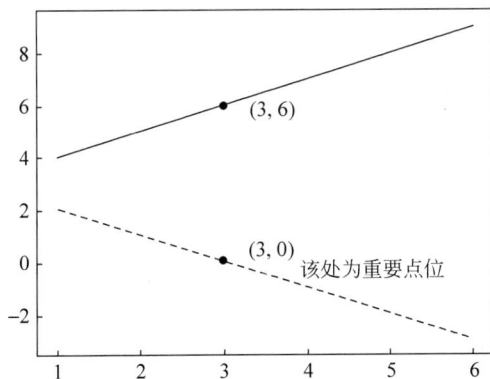

图 8.16 在图表中添加注释文字

8.2.4 保存图表

pyplot 的 savefig()函数可以将图表保存成图像文件。

```
plt.savefig('C:\\pic.png',
            dpi = 800,
            bbox_inches = 'tight',
            facecolor = 'w',
            edgecolor = 'blue')
# 可支持 png、pdf、svg、ps、eps 等,以后缀名来指定
# dpi 是分辨率
# bbox_inches:图表需要保存的部分.如果设置为'tight',则尝试剪除图表周围的空白部分
# facecolor,edgecolor: 图像的背景色,默认为'w'(白色)
```

8.3 更多高级图表及定制

8.3.1 样式

用于 Matplotlib 的样式与用于 HTML 页面的 CSS(层叠样式表)非常相似。在 Matplotlib 中可以使用 for 循环对各个元素的样式逐个修改,使代码量降低,也可以在 Matplotlib 中使用这些样式。

样式表是将自定义样式写入文件,之后如果想要使用这些样式,可以将这些样式导入。这样,就不必为每个图表编写大量自定义的样式代码,而是复用之前写好的样式即可。

导入样式的代码如下:

```
from matplotlib import style
```

需要指定要使用的样式。Matplotlib 内置了若干可用样式,可以用 style.use()函数来指定。

```
style.use('ggplot')
```

ggplot 的样式大概如图 8.17 所示,可以看到,标签的颜色是灰色的,Axes 的背景是浅灰色的。网格实际上是一个白色的实线。

fivethirtyeight 是另一种内置样式,效果如图 8.18 所示。

如果用户不清楚自己的环境中有哪些内置样式,则可以使用下列代码查看所有可用样式。

```
print(plt.style.available)
```

一般来说会输出['bmh', 'dark_background', 'ggplot','fivethirtyeight','grayscale']几种样式。请尝试使用其他几种样式查看结果。

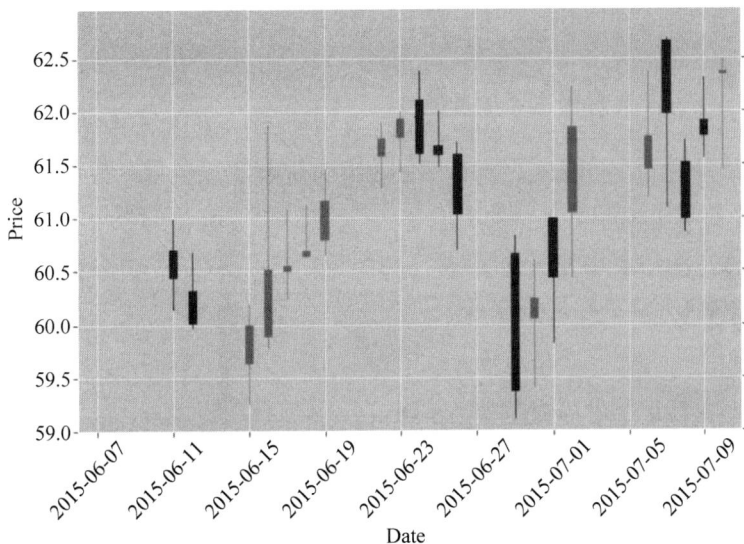

图 8.17　ggplot 样式示例

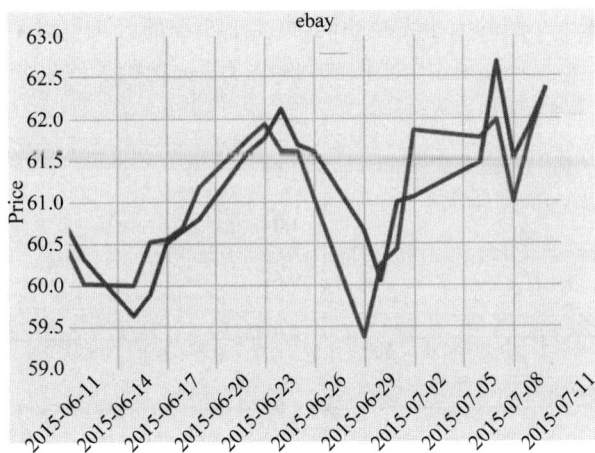

图 8.18　fivethirtyeight 样式示例

8.3.2　subplot 子区

在 Matplotlib 中可以组合许多小图，放在一张大图里面显示，每个小图被称为一个子图。用户可以使用 plt.subplot() 实现这样的功能。

例如，plt.subplot(2,2,1) 表示将整个图像窗口分为 2 行 2 列，当前位置为 1。使用 plt.plot([0,1],[0,1]) 在第 1 个位置创建一个小图。

```
plt.subplot(2,2,1)
plt.plot([0,1],[0,1])
```

plt.subplot(2,2,2) 表示将整个图像窗口分为 2 行 2 列，当前位置为 2。使用 plt.plot([0,1],[0,2]) 在第 2 个位置创建一个小图。

```
plt.subplot(2,2,2)
plt.plot([0,1],[0,2])
```

plt.subplot(2,2,3)表示将整个图像窗口分为 2 行 2 列，当前位置为 3。plt.subplot(2,2,3)可以简写成 plt.subplot(223)，Matplotlib 同样可以识别。使用 plt.plot([0,1],[0,3])在第 3 个位置创建一个小图。

```
plt.subplot(223)
plt.plot([0,1],[0,3])
```

plt.subplot(224)表示将整个图像窗口分为 2 行 2 列，当前位置为 4。使用 plt.plot([0,1],[0,4])在第 4 个位置创建一个小图。

```
plt.subplot(224)
plt.plot([0,1],[0,4])

plt.show()
```

在上述示例中每个小图的大小完全相同，事实上小图的大小可以不同。以上面的 4 个小图为例（如图 8.19 所示），把第 1 个小图放到第 1 行，而把剩下的 3 个小图都放到第 2 行。

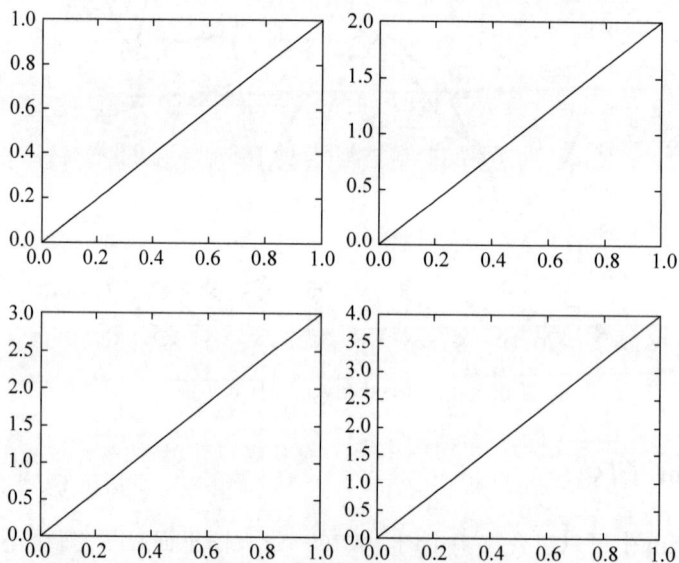

图 8.19　subplot 子图示例

使用 plt.subplot(2,1,1)将整个图像窗口分为 2 行 1 列，当前位置为 1。使用 plt.plot([0,1],[0,1])在第 1 个位置创建一个小图。

```
plt.subplot(2,1,1)
plt.plot([0,1],[0,1])
```

使用 plt.subplot(2,3,4)将整个图像窗口分为 2 行 3 列，当前位置为 4。使用

plt.plot([0,1],[0,2])在第 4 个位置创建一个小图。

```
plt.subplot(2,3,4)
plt.plot([0,1],[0,2])
```

这里需要解释一下为什么在第 4 个位置放第 2 个小图。在上一步中使用 plt.subplot(2,1,1)将整个图像窗口分为 2 行 1 列,第 1 个小图占用了第 1 个位置,也就是整个第 1 行。在这一步中使用 plt.subplot(2,3,4)将整个图像窗口分为 2 行 3 列,于是整个图像窗口的第 1 行就变成了 3 列,也就是成了 3 个位置,所以第 2 行的第 1 个位置是整个图像窗口的第 4 个位置。

使用 plt.subplot(235)将整个图像窗口分为 2 行 3 列,当前位置为 5。使用 plt.plot([0,1],[0,3])在第 5 个位置创建一个小图。同上,再创建 plt.subplot(236)。

```
plt.subplot(235)
plt.plot([0,1],[0,3])

plt.subplot(236)
plt.plot([0,1],[0,4])

plt.show()   #展示
```

显示效果如图 8.20 所示。

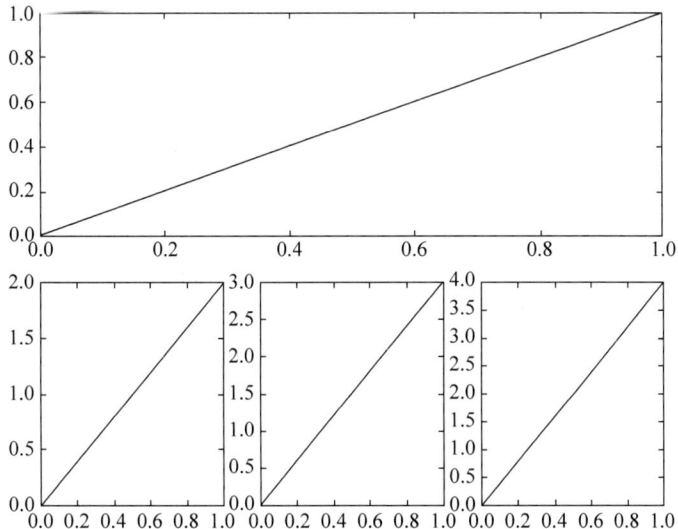

图 8.20 2 行 3 列子图示例

有时并排比较不同的数据视图会很有帮助。为此,Matplotlib 具有子图的概念(即可以在单个图形里一起存在若干较小的坐标轴)。可以使用 matplotlib.pyplot 中的 subplot()和 subplots()方法来绘制多个子图,这些子图可以是插图、图形网格或其他更复杂的布局。Matplotlib 绘制多图示例代码如下:

```
import matplotlib.pyplot as plt
import numpy as np
t = np.arange(0.0,2.0,0.1)
s = np.sin(t * np.pi)
ax1 = plt.subplot(2,2,1)          #生成2行2列,这是第1个图
ax1.plot(t,s,'b--')
ax2 = plt.subplot(2,2,2)          #2行2列,这是第2个图
ax2.plot(2 * t,s,'r--')
ax3 = plt.subplot(2,2,3)          #2行2列,这是第3个图
ax3.plot(3 * t,s,'m--')
ax4 = plt.subplot(2,2,4)          #2行2列,这是第4个图
ax4.plot(4 * t,s,'k--')
plt.show()
```

代码执行结果如图 8.21 所示。

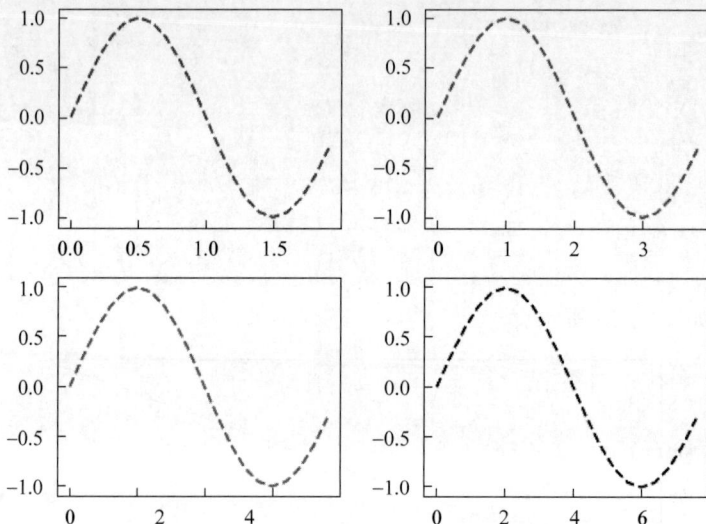

图 8.21   Matplotlib 绘制多个子图

　　需要说明,若设置 nRows＝2,nCols＝2 就是将图表绘制成 1×2 的图像区域,index＝1,表示的坐标为(1,1),即第 1 行第 1 列的子图;index＝2,表示的坐标为(1,2),即第 1 行第 2 列的子图;index＝3,表示的坐标为(2,1),即第 2 行第 1 列的子图,以此类推。

8.3.3　图表颜色和填充

　　颜色和线条填充是可视化图表绘制自定义中的常用方法。
　　首先是标签的颜色更改,可以通过修改轴中的标签对象来实现。

```
ax1.xaxis.label.set_color('c')
ax1.yaxis.label.set_color('r')
```

　　通过调用标签对象的 set_color()方法,将标签文本设置为目标颜色。接下来可以为要显示的轴指定具体数字,并做填充。所谓的填充,指在变量和所选择的一个数值之间填充颜色。

```
ax1.fill_between(date, 0, closep)
for label in ax1.xaxis.get_ticklabels():
        label.set_rotation(45)
ax1.grid(True) #, color = 'g', linestyle = '-', linewidth = 5)
ax1.xaxis.label.set_color('c')
ax1.yaxis.label.set_color('r')
ax1.set_yticks([0,25,50,75])
plt.xlabel('Date')
plt.ylabel('Price')
plt.title(stock)
plt.legend()
plt.subplots_adjust(left = 0.09, bottom = 0.20, right = 0.94, top = 0.90, wspace = 0.2,
hspace = 0)
plt.show()
```

显示结果如图 8.22 所示。

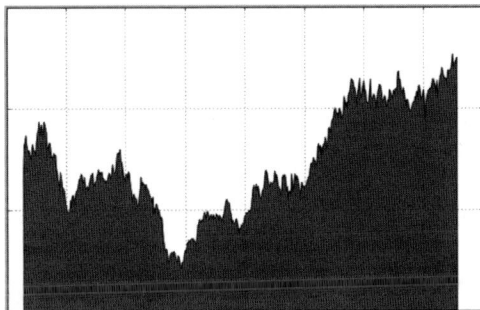

图 8.22 填充图表示例

8.3.4 动画

可以使用 Matplotlib 实现简单的动画功能，function animation 是其中一种较为简便的方法，具体可参考 Matplotlib animation API。首先需要引入 pyplot 和 animation 两个模块。

```
from matplotlib import pyplot as plt
from matplotlib import animation
import numpy as np
fig, ax = plt.subplots()
```

所用数据是一个 0～2π 的正弦曲线。

```
x = np.arange(0, 2 * np.pi, 0.01)
line, = ax.plot(x, np.sin(x))
```

接着构造自定义动画函数 animate()，用来更新每一帧上各个 x 对应的 y 坐标值，参数表示第 i 帧。

```
def animate(i):
    line.set_ydata(np.sin(x + i/10.0))
    return line,
```

然后构造开始帧函数 init()。

```
def init():
    line.set_ydata(np.sin(x))
    return line,
```

接下来调用 FuncAnimation() 函数生成动画。参数说明如下。

- fig：进行动画绘制的 figure。
- func：自定义动画函数，即传入刚定义的函数 animate。
- frames：动画长度，一次循环包含的帧数。
- init_func：自定义开始帧，即传入刚定义的函数 init。
- interval：更新频率，以 ms 计。
- blit：选择更新所有点，还是仅更新产生变化的点。通常选择 True，但 Mac 用户请选择 False，否则无法显示动画。

```
ani = animation.FuncAnimation(fig = fig,
                              func = animate,
                              frames = 100,
                              init_func = init,
                              interval = 20,
                              blit = False)
```

显示动画：

```
plt.show()
```

当然，也可以将动画以 MP4 格式保存下来，但首先要保证环境中已经安装了 FFmpeg 或 Mencoder。

```
ani.save('basic_animation.mp4', fps = 30, extra_args = ['-vcodec', 'libx264'])
```

本章小结

本章先向读者介绍说明数据可视化的基本概念和常用的数据图表；然后介绍 Python 的 Matplotlib 可视化库，重点介绍如何使用该库的 pyplot 对象制作图表，包括点线图、柱状图等常用图表，接下来介绍图表定制的基本方法，最后讲述高级的图表定制。

扫一扫

自测题

本章习题

1. 在 Matplotlib 中，(　　) 函数通常用于创建一个新的图形或激活一个已存在的图形窗口。

　　A. plt.figure()　　　　　　　　　　B. plt.plot()

　　C. plt.show()　　　　　　　　　　　D. plt.subplot()

2. 在 Matplotlib 中, plt. legend( )函数的作用是( )。

    A. 显示图形的坐标轴标签

    B. 显示图形的标题

    C. 显示图形的数据标签和颜色/形状等图例

    D. 显示图形的网格线

3. 使用 Matplotlib 的 plt. plot( )函数绘制线图时, 默认情况下, 数据点之间的连接方式是( )。

    A. 直线连接   B. 曲线连接

    C. 不连接   D. 依赖于数据的性质

4. 在使用 Matplotlib 库进行数据可视化时, ( )代码片段会生成一张包含红色折线图和蓝色散点图的图表。

    A.

```
import matplotlib.pyplot as plt

x = [1, 2, 3, 4, 5]
y1 = [2, 3, 4, 5, 6]
y2 = [1, 4, 9, 16, 25]

plt.plot(x, y1, color = 'red')
plt.scatter(x, y2, color = 'blue')
plt.show()
```

    B.

```
import matplotlib.pyplot as plt

x = [1, 2, 3, 4, 5]
y1 = [2, 3, 4, 5, 6]
y2 = [1, 4, 9, 16, 25]

plt.plot(x, y1, 'b-')
plt.scatter(x, y2, 'ro')
plt.show()
```

    C.

```
import matplotlib.pyplot as plt

x = [1, 2, 3, 4, 5]
y1 = [2, 3, 4, 5, 6]
y2 = [1, 4, 9, 16, 25]

plt.plot(x, y1, 'ro')
plt.scatter(x, y2, 'bo')
plt.show()
```

    D.

```
import matplotlib.pyplot as plt
```

```
x = [1, 2, 3, 4, 5]
y1 = [2, 3, 4, 5, 6]
y2 = [1, 4, 9, 16, 25]

plt.plot(x, y1, 'g-')
plt.scatter(x, y2, 'y^')
plt.show()
```

5. 创建一个函数,要求绘制出 $y = x^a$ 幂函数的图形,该函数输入数据作为幂函数的指数。例如输入参数 2,则绘制出 $y = x^2$ 的图形。

6. 有如下名为 sales_data.csv 的文件,记录有每个月的销售数据。编写程序读取该文件并使用 Matplotlib 生成柱状图。

```
month,sales
January,100
February,150
March,200
April,180
May,220
June,210
July,190
August,230
September,250
October,240
November,260
December,300
```

7. 在第 6 题的基础上,为柱状图添加样式。

- 添加标题: Sales Data Monthly。
- 添加 X 轴文字: Month。
- 添加 Y 轴文字: Sales。
- 柱子颜色改为红色。
- 输出图像的尺寸设为 width: 10,height: 5。
- X 轴上月份的文字倾斜 45°。

8. 将第 7 题的柱状图改为折线图,点符号使用圆圈,点之间以实线相连,其他要素不变。

9. 第 6 题的数据中增加一个字段信息: net_profit,表示当月净利润。编写程序在一幅图中同时显示柱状图和折线图,其中柱状图表达各月销售数据,折线图表达各月净利润。

```
month,sales,net_profit
January,100,2000
February,150,3200
March,200,4300
April,180,4000
May,220,4500
June,210,4400
July,190,4100
```

August,230,5000
September,250,5500
October,240,4800
November,260,3200
December,300,6200

10. 编写 Python 程序,使用 matplotlib 绘制一个饼图,显示某公司职工在不同年龄段的人数分布。程序需要读取一个名为 age_data.csv 的文件,内容如下:

age_group,emp_num
<30,270
30-40,220
40-50,125
50-60,80
>60,15

11. 随机生成 1000 个[0,1]的数字作为 X,再随机生成 1000 个[0,1]的数字作为 Y,将 1000 个 X,Y 坐标绘制成散点图。

12. 编写 Python 程序,使用 matplotlib 绘制一个散点图,显示某学校不同年级学生的身高和体重。程序需要读取一个名为 student_data.csv 的文件,字段包括年级、身高、体重,内容如下:

grade,height,weight
1,120,30
1,115,28
1,122,32
2,130,35
2,128,34
2,135,37
3,140,40
3,138,39
3,145,42
4,150,45
4,148,44
4,152,47

程序任务要求:
- 绘制散点图,X 轴表示身高,Y 轴表示体重。
- 不同颜色的点表示不同年级的学生。
- 设置图的标题、轴标签和图例。

第 **9** 章

数据库应用开发

本章学习目标：

- 理解数据库的基本概念。
- 熟练掌握常用的 Python 数据库管理的相关库。
- 熟练掌握使用 Python 进行数据库的操作。

本章先向读者介绍数据库的基本概念和 Python 的数据库开发环境；然后介绍嵌入式数据库、关系数据库、NoSQL 数据库的基本概念，并分别以 SQLite、MySQL 和 MongoDB 为例，介绍其使用方法和利用 Python 对其进行操作的基本方法。

9.1 Python 与数据库

9.1.1 数据库简介

当程序运行时，数据都存在于内存当中。当程序终止时，通常需要将数据保存到磁盘上。无论是保存到本地磁盘，还是通过网络保存到服务器上，最终都会将数据写入磁盘文件。

如何定义数据的存储格式是一个大问题。如果用户自己定义存储格式，例如，保存一个班级中所有学生成绩的成绩单，如表 9.1 所示。

表 9.1 成绩单

名字	成绩
张三	99
李四	85
王五	82
赵六	92

可以用一个文本文件保存,一行保存一个学生,姓名和成绩之间用逗号","隔开。

```
张三,99
李四,85
王五,82
赵六,92
```

这种格式被称为逗号分隔值(Comma-Separated Values,CSV)。当然,也可以用其他文本格式保存,例如 JSON 格式。

```
[
    {"name":"张三","score":99},
    {"name":"李四","score":85},
    {"name":"王五","score":82},
    {"name":"赵六","score":92}
]
```

上述两种都属于通用格式,用户还可以定义自己的各种保存格式,但是这样存储和读取也需要自己实现,并且每定义一种格式都需要一种存储和读取的方法。另外,对于文本文件的读取来说不能实现快速查询,只有把数据全部读到内存中才能遍历,但有时候数据的大小远远超过了内存(例如,蓝光电影有 40GB 的数据),根本无法一次性将其全部读入。

为了便于程序保存和读取数据,并能直接通过检索条件快速查询到指定的数据,出现了数据库(database)这种专门用于集中存储和查询的软件。

数据库软件的历史非常悠久,早在 1950 年数据库就诞生了。它经历了网状数据库、层次数据库等各种形态,直到 20 世纪 70 年代诞生了基于关系模型的关系数据库,并被广泛使用至今。

关系模型有一套复杂的数学理论,但从概念上是十分容易理解的。举个学校的例子。

假设某小学有 3 个年级,要表示出这 3 个年级,可以用一个表格画出来,如图 9.1 所示。

每个年级又有若干个班,要把所有班级表示出来,可以再画一个表格,如图 9.2 所示。

Grade_ID	Name
1	一年级
2	二年级
3	三年级

图 9.1　用表格表示年级

Grade_ID	Class_ID	Name
1	11	一年级一班
1	12	一年级二班
1	13	一年级三班
2	21	二年级一班
2	22	二年级二班
3	31	三年级一班
3	32	三年级二班
3	33	三年级三班
3	34	三年级四班

图 9.2　用表格表示班级

这两个表格有个映射关系，就是根据 Grade_ID 可以在班级表中查找到对应的所有班级，如图 9.3 所示。

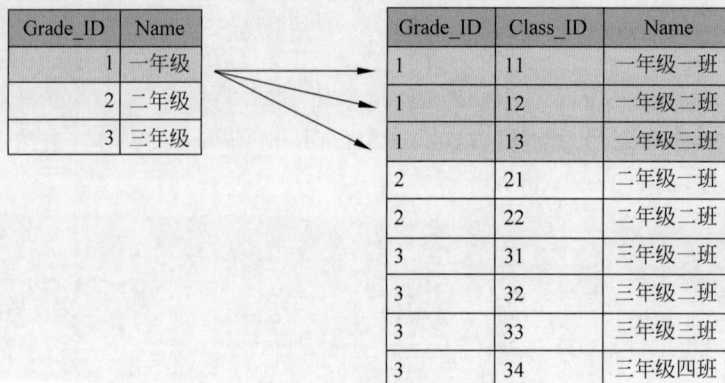

Grade_ID	Name
1	一年级
2	二年级
3	三年级

Grade_ID	Class_ID	Name
1	11	一年级一班
1	12	一年级二班
1	13	一年级三班
2	21	二年级一班
2	22	二年级二班
3	31	三年级一班
3	32	三年级二班
3	33	三年级三班
3	34	三年级四班

图 9.3　根据 Grade_ID 在班级表中查找到对应的所有班级

也就是 Grade 表的每一行对应 Class 表的多行。在关系数据库中，这种基于表（table）的一对多的关系就是关系数据库的基础。

根据某个年级的 ID 就可以查找该年级所有班级的记录，这种查询语句在关系数据库中称为 SQL 语句，可以写成：

```
SELECT * FROM Class WHERE Grade_ID = '1';
```

其结果也是一个表：

```
------------+-----------+----------
Grade_ID | Class_ID | Name
------------+-----------+----------
1        | 11        | 一年级一班
------------+-----------+----------
1        | 12        | 一年级二班
------------+-----------+----------
1        | 13        | 一年级三班
------------+-----------+----------
```

类似地，Class 表的一行记录又可以关联到 Student 表的多行记录，如图 9.4 所示。

总的来说，关系数据由二维表格和表格之间的联系作为基础，再搭配一系列的工具，例如，查询、索引、视图、存储过程等，其能够实现极其复杂的数据管理功能。

下面介绍几种目前广泛使用的关系数据库。

（1）付费的商用数据库。

• Oracle：世界上最流行、最专业的商业关系数据库系统。

• SQL Server：微软的产品，专为 Windows 定制。

• DB2：IBM 的产品，主要应用于大型应用系统。

这些数据库都是不开源而且付费的，最大的优势是售后支持服务出了问题可以找厂家解决。

Grade_ID	Class_ID	Name
1	11	一年级一班
1	12	一年级二班
1	13	一年级三班
2	21	二年级一班
2	22	二年级二班
3	31	三年级一班
3	32	三年级二班
3	33	三年级三班
3	34	三年级四班

Class_ID	Num	Name	Score
11	10001	Michael	99
11	10002	BOb	85
11	10003	Bart	59
11	10004	Lisa	87
12	10005	Tracy	91
...		...	...

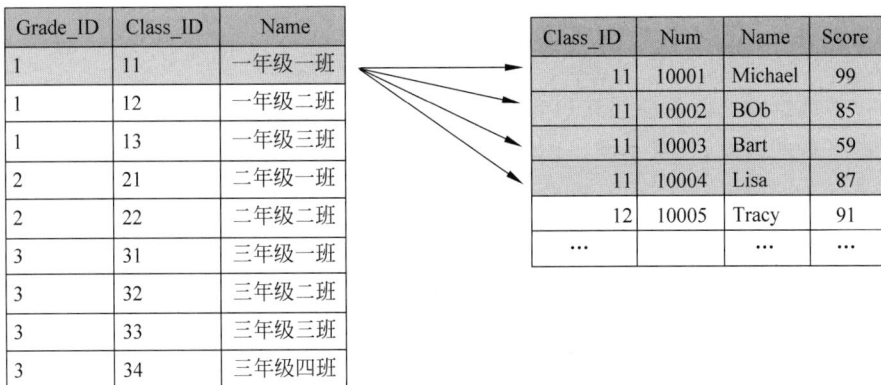

图 9.4　Class 表的一行记录关联 Student 表的多行记录

（2）免费的开源数据库。

- MySQL：最主流的开源数据库。
- PostgreSQL：功能、性能都很优秀的开源数据库，知名度略低于 MySQL，但发展势头迅猛。
- SQLite：嵌入式数据库，适合桌面和移动应用。

在如今以互联网为基础的大数据时代中，经常需要部署成千上万的数据库服务器，所以无论是谷歌、Facebook 还是国内的百度、阿里巴巴、腾讯等互联网巨头，无一例外都选择了免费的开源数据库作为主要的数据存储方案。

对于初学者来说，建议至少熟练掌握 MySQL 和 PostgreSQL 数据库中的一种，一方面，这两种数据库可以免费下载，无须付费；另一方面，这二者与商业数据库相比更为小巧，操作管理更为简便，学习难度更低。

当然，关系数据库虽然是主流，但不是唯一的数据库类型。最近几年兴起的非关系数据库正在日益发展并逐渐挑战关系数据库的主流地位，很多 NoSQL 产品宣传其速度和规模远远超过关系数据库。

NoSQL 一词最早出现于 1998 年，它是 Carlo Strozzi 开发的一个轻量、开源、不提供 SQL 功能的关系数据库。

2009 年，Last.fm 的 Johan Oskarsson 发起了一次关于分布式开源数据库的讨论，来自 Rackspace 的 Eric Evans 再次提出了 NoSQL 的概念，这时的 NoSQL 主要指非关系、分布式、不提供 ACID 的数据库设计模式。

2009 年在亚特兰大举行的"no:sql(east)"讨论会是一个里程碑，其口号是"SELECT fun, profit FROM real_world WHERE relational=False;"。因此，对 NoSQL 最普遍的解释是"非关联型的"，强调 Key-Value Stores 和文档数据库的优点，而不是单纯地反对关系数据库。

现在一般认为 NoSQL 的优点主要包括高可扩展性、分布式计算、低成本、架构的灵活性、半结构化数据、没有复杂的关系。当然，NoSQL 也有一些缺点，例如，没有标准化、有限的查询功能（到目前为止）、缺少优秀的客户端程序等。

9.1.2 Python 数据库工作环境

由于各数据库之间的应用接口非常混乱,实现各不相同,如果项目需要更换数据库,则需要做大量的修改,非常不便。Python DB-API 的出现就是为了解决这样的问题。

Python 所有的数据库接口程序都在一定程度上遵守 Python DB-API 规范。DB-API 定义了一系列必需的对象和数据库存取方式,以便为各种底层数据库系统和多种多样的数据库接口程序提供一致的访问接口。由于 DB-API 为不同的数据库提供了一致的访问接口,使得在不同的数据库之间移植代码成为一件轻松的事情。

Python DB-API 的使用流程如下。

(1) 引入 API 模块。

(2) 获取与数据库的连接。

(3) 执行 SQL 语句和存储过程。

(4) 关闭数据库连接。

1. 使用 connect()创建 Connection 连接

在 DB-API 中的 connect()方法能生成一个 Connect 对象,用户可以通过这个对象来访问数据库。符合标准的模块都会实现 connect()方法。

connect()方法的参数如下。

- user:数据库连接用户名。
- password:连接密码。
- host:主机名。
- database:数据库名。
- dsn:数据源名。

数据库连接参数可以以一个 DSN 字符串的形式提供,例如,connect（dsn='host:MYDB',user='root',password=''）。当然,不同的数据库接口程序可能有些差异,并非都是严格按照规范实现,例如,MySQLdb 使用 db 参数而不是使用规范推荐的 database 参数来表示要访问的数据库。

此外,Connect 对象还有如下方法。

- close():关闭当前 Connect 对象,关闭后无法进行操作,除非再次创建连接。
- commit():提交当前事务,如果是支持事务的数据库执行增/删/改后没有 commit,则数据库默认回滚。
- rollback():取消当前事务。
- cursor():创建游标对象。

2. 使用 cursor()创建游标对象

Cursor(游标)对象有如下属性和方法。

1）常用方法

- close()：关闭此游标对象。
- fetchone()：得到结果集的下一行。
- fetchmany([size＝cursor.arraysize])：得到结果集的下几行。
- fetchall()：得到结果集中剩下的所有行。
- excute(sql[，args])：执行一个数据库查询或命令。
- excutemany(sql，args)：执行多个数据库查询或命令。

2）常用属性

- connection：创建此游标对象的数据库连接。
- arraysize：使用 fetchmany()方法一次取出多少条记录,默认为1。
- lastrowid：上一行的行号。

3）其他方法

- __iter__()：创建一个可迭代对象(可选)。
- next()：获取结果集的下一行(如果支持迭代)。
- nextset()：移到下一个结果集(如果支持)。
- callproc(func[，args])：调用一个存储过程。
- setinputsizes(sizes)：设置输入最大值(必须有,但具体实现是可选的)。
- setoutputsizes(sizes[，col])：设置大列获取的最大缓冲区大小。

4）其他属性

- description：返回游标活动状态(包含 7 个元素,即 name、type_code、display_size、internal_size、precision、scale、null_ok)的元组,只有 name 和 type_code 是必需的。
- rowcount：最近一次 execute()创建或影响的行数。
- messages：游标执行后数据库返回的消息元组(可选)。
- rownumber：当前结果集中游标所在行的索引(起始行号为 0)。

9.2 本地数据库 SQLite

9.2.1 SQLite 简介

SQLite 是一种嵌入式数据库,它的数据库就是一个文件。由于 SQLite 本身是用 C 语言写的,而且体积很小,所以经常被集成到各种应用程序中,甚至在 iOS 和 Android 的 App 中都可以集成。

市面上主流的数据库很多,为什么要使用 SQLite 呢? 简单来说,SQLite 有下面几个优势。

(1) SQLite 不需要一个单独的服务器进程或系统操作(服务器)。

(2) SQLite 不需要配置,这意味着它不需要安装或管理。

(3) 一个完整的 SQLite 数据库可存储在跨平台的磁盘文件中。

(4) SQLite 非常小、重量轻,完全配置的版本小于 400KB,省略可选功能的版本甚至小于 250KB。

（5）SQLite 是自配置的、独立的，这意味着它不需要依赖任何外部应用程序或环境。

（6）SQLite 的事务完全符合 ACID，允许多个进程或线程安全访问。

（7）SQLite 支持大多数（SQL2）符合 SQL92 标准的查询语言功能。

（8）SQLite 提供了简单和易于使用的 API。

（9）SQLite 可在 UNIX 和 Windows 中运行。

当然，SQLite 也不是没有缺点，它一般只能用于处理小到中型数据量的存储，对于高并发、高流量的应用来说并不适用。

9.2.2　Python 内置的 sqlite3 模块

Python 本身内置了 sqlite3，所以在 Python 中使用 SQLite 甚至不需要安装任何软件即可直接使用，这也体现了 SQLite 的优势。

在使用 SQLite 之前，用户先要搞清楚几个概念。

表是数据库中存放关系数据的集合，在一个数据库中通常包含多个表，例如，学生表、班级表、学校表等。表和表之间通过外键关联。

如果要操作关系数据库，首先需要连接到数据库，一个数据库连接称为 Connection。

在连接到数据库之后，需要打开游标（或称之为 Cursor）通过 Cursor 执行 SQL 语句，然后获得执行结果。

SQLite 的驱动内置在 Python 标准库中，可以直接操作 SQLite 数据库。

下列代码实现了创建连接、创建表、插入记录、关闭连接等数据库基本操作。

```python
# 导入 SQLite 驱动
>>> import sqlite3
# 连接到 SQLite 数据库
# 数据库文件是 test.db
# 如果文件不存在,就会自动在当前目录创建
>>> conn = sqlite3.connect('test.db')
# 创建一个 Cursor
>>> cursor = conn.cursor()
# 执行一条 SQL 语句,创建 user 表
>>> cursor.execute('CREATE TABLE user (id VARCHAR(20) PRIMARY KEY, name VARCHAR(20))')
< sqlite3.Cursor object at 0x10f8aa260 >
# 继续执行一条 SQL 语句,插入一条记录
>>> cursor.execute('INSERT INTO user (id, name) VALUES (\'1\', \'Michael\')')
< sqlite3.Cursor object at 0x10f8aa260 >
# 通过 rowcount 获得插入的行数
>>> cursor.rowcount
1
# 关闭 Cursor
>>> cursor.close()
# 提交事务
>>> conn.commit()
# 关闭 Connection
>>> conn.close()
```

下列代码实现了使用 Python 对 SQLite 进行记录查询。

```
>>> conn = sqlite3.connect('test.db')
>>> cursor = conn.cursor()
#执行查询语句
>>> cursor.execute('SELECT * FROM user WHERE id = ?', ('1',))
< sqlite3.Cursor object at 0x10f8aa340 >
#获得查询结果集
>>> values = cursor.fetchall()
>>> values
[('1', 'Michael')]
>>> cursor.close()
>>> conn.close()
```

在使用 Python 的 DB-API 时要注意分辨 Connection 和 Cursor 对象的区别,打开后一定要记得关闭。

在使用 Cursor 对象执行 INSERT、UPDATE、DELETE 语句时,执行结果由 rowcount 返回影响的行数。

在使用 Cursor 对象执行 SELECT 语句时,通过 fetchall()可以获取结果集。结果集是一个 list,每个元素都是一个 tuple,对应一行记录。

如果 SQL 语句带有参数,那么需要把参数按照位置传递给 execute()方法,有几个"?"占位符就必须对应几个参数。

```
cursor.execute('SELECT * FROM user WHERE name = ? AND pwd = ?', ('abc', 'password'))
```

9.3　关系数据库

9.3.1　关系数据库基本操作与 SQL

关系数据库是一个数据集合,保存了很多表。"关系"指各个表之间的关联。

对表和表中的数据进行可视化是很有必要的,一般把表显示为由行、列组成的表格。每一行表示一条记录,每一列表示一个字段。行头是字段名,其余行是数据。

SQL 是维护及使用关系数据库中数据的一种标准的计算机语言,简单地说就是用户用来和关系数据库交互的语言。SQL 与其他计算机语言(例如,C 语言、Java、C♯等)不同,SQL 是一种声明式的语言,它经常使用一条单独的语句来声明预期的目标。需要注意,SQL 只关注关系数据库系统,而不是整个计算机系统。

需要在数据库上执行的大部分工作都由 SQL 语句完成,例如,下面的语句从 persons 表中选取 LastName 列的数据。

```
SELECT LastName FROM Persons
```

可以把 SQL 分为两部分,即数据操作语言(DML)和数据定义语言(DDL)。

SQL 是用于执行查询的语言,但是 SQL 语言也包含用于更新、插入和删除记录的语法。

查询和更新指令构成了 SQL 的 DML 部分。

- SELECT：从数据库表中获取数据。
- UPDATE：更新数据库表中的数据。
- DELETE：从数据库表中删除数据。
- INSERT INTO：向数据库表中插入数据。

SQL 的数据定义语言(DDL)部分使用户能够创建或删除表格。用户也可以定义索引(键)，规定表之间的连接及施加表间的约束。

SQL 中最重要的 DDL 语句如下。

- CREATE DATABASE：创建新数据库。
- ALTER DATABASE：修改数据库。
- CREATE TABLE：创建新表。
- ALTER TABLE：变更(改变)数据库表。
- DROP TABLE：删除表。
- CREATE INDEX：创建索引(搜索键)。
- DROP INDEX：删除索引。

9.3.2 操作 MySQL

MySQL 是 Web 世界中使用最广泛的数据库产品。SQLite 的特点是轻量级、可嵌入，但它不能承受高并发访问，适合桌面和移动应用。MySQL 是为服务器端设计的数据库，能承受高并发访问，并且占用的内存远远超过 SQLite。

此外，MySQL 内部有多种数据库引擎，最常用的引擎是支持数据库事务的 InnoDB。

用户可以直接从 MySQL 官方网站下载最新的版本，选择对应的平台下载安装文件进行安装即可。

在 Windows 上安装时请选择 UTF-8 编码，以便正确地处理中文。

由于 MySQL 服务器以独立的进程运行，并通过网络对外服务，所以需要支持 Python 的 MySQL 驱动来连接到 MySQL 服务器。MySQL 官方提供了 mysql-connector-python 驱动，可使用 pip 命令工具安装。

```
$ pip install mysql - connector - python
```

下面的代码演示了如何连接到 MySQL 服务器的 test 数据库。

```python
import mysql.connector

# 打开数据库连接
db = mysql.connector.connect(user = 'testuser', password = 'test123', host = '127.0.0.1',
database = 'TESTDB')

# 使用 cursor()方法获取操作游标
cursor = db.cursor()

# 使用 execute()方法执行 SQL 语句
```

```
cursor.execute("SELECT VERSION()")

#使用 fetchone() 方法获取一条数据
data = cursor.fetchone()

print ("Database version : %s " % data)

#关闭数据库连接
db.close()
```

执行以上代码的输出如下,具体输出内容会因个人所安装数据库版本的差异而有所不同。

```
Database version : 5.7.21
```

如果数据库连接存在,那么用户可以使用 execute()方法为数据库创建表,如下代码创建了 EMPLOYEE 表。

```
import mysql.connector

#打开数据库连接
db = mysql.connector.connect(user = 'testuser', password = 'test123', host = '127.0.0.1',
database = 'TESTDB')

#使用 cursor()方法获取操作游标
cursor = db.cursor()

#如果数据表已经存在,那么使用 execute()方法删除表
cursor.execute("DROP TABLE IF EXISTS EMPLOYEE")
#创建数据表的 SQL 语句
sql = """CREATE TABLE EMPLOYEE (
        FIRST_NAME CHAR(20),
        LAST_NAME CHAR(20),
        AGE INT,
        SEX CHAR(1),
        INCOME FLOAT )"""

cursor.execute(sql)
cursor.close()

#关闭数据库连接
db.close()
```

以下实例通过执行 SQL INSERT 语句向 EMPLOYEE 表中插入记录。

```
import mysql.connector

#打开数据库连接
db = mysql.connector.connect(user = 'testuser', password = 'test123', host = '127.0.0.1',
database = 'TESTDB')
```

```
# 使用 cursor()方法获取操作游标
cursor = db.cursor()

# SQL 插入语句
sql = """INSERT INTO EMPLOYEE(FIRST_NAME,
         LAST_NAME, AGE, SEX, INCOME)
         LVALUES ('Mac', 'Mohan', 20, 'M', 2000)"""
try:
    # 执行 SQL 语句
    cursor.execute(sql)
    # 提交到数据库执行
    db.commit()
except:
    # 发生错误时回滚
    db.rollback()

# 关闭数据库连接
db.close()
```

上述代码的 SQL 也可以写成如下形式：

```
# SQL 插入语句
sql = "INSERT INTO EMPLOYEE(FIRST_NAME,
        LAST_NAME, AGE, SEX, INCOME)
        VALUES ('%s', '%s', '%d', '%c', '%d')" %
        ('Mac', 'Mohan', 20, 'M', 2000)
```

以下代码使用变量向 SQL 语句中传递参数：

```
…
user_id = "test123"
password = "password"

con.execute('INSERT INTO Login VALUES("%s", "%s")' %
                (user_id, password))
…
```

Python 查询 MySQL 使用 fetchone() 方法获取单条数据，使用 fetchall() 方法获取多条数据。

- fetchone()：该方法获取下一个查询结果集，结果集是一个对象。
- fetchall()：接收全部返回结果行。
- rowcount：是一个只读属性，返回执行 execute()方法后影响的行数。

例如，查询 EMPLOYEE 表中 salary(工资)字段大于 1000 的所有数据：

```
import mysql.connector

# 打开数据库连接
db = mysql.connector.connect(user = 'testuser', password = 'test123', host = '127.0.0.1',
database = 'TESTDB')

# 使用 cursor()方法获取操作游标
```

```
cursor = db.cursor()

# SQL 查询语句
sql = "SELECT * FROM EMPLOYEE
        WHERE INCOME > '%d'" % (1000)
try:
    # 执行 SQL 语句
    cursor.execute(sql)
    # 获取所有记录列表
    results = cursor.fetchall()
    for row in results:
        fname = row[0]
        lname = row[1]
        age = row[2]
        sex = row[3]
        income = row[4]
        # 打印结果
        print "fname = %s, lname = %s, age = %d, sex = %s, income = %d" %
                (fname, lname, age, sex, income)
except:
    print "Error: unable to fetch data"
# 关闭数据库连接
db.close()
```

以上代码的执行结果如下：

```
fname = Mac, lname = Mohan, age = 20, sex = M, income = 2000
```

更新操作用于更新数据表中的数据，以下实例将 EMPLOYEE 表中 SEX 字段为 'M' 的 AGE 字段递增 1。

```
import mysql.connector

# 打开数据库连接
db = mysql.connector.connect(user = 'testuser', password = 'test123', host = '127.0.0.1',
database = 'TESTDB')

# 使用 cursor()方法获取操作游标
cursor = db.cursor()

# SQL 更新语句
sql = "UPDATE EMPLOYEE SET AGE = AGE + 1 WHERE SEX = '%c'" % ('M')
try:
    # 执行 SQL 语句
    cursor.execute(sql)
    # 提交到数据库执行
    db.commit()
except:
    # 发生错误时回滚
    db.rollback()

# 关闭数据库连接
db.close()
```

删除操作用于删除数据表中的数据，以下实例演示了删除数据表 EMPLOYEE 中 AGE＞20 的所有数据。

```
import mysql.connector

#打开数据库连接
db = mysql.connector.connect(user = 'testuser', password = 'test123', host = '127.0.0.1',
database = 'TESTDB')

#使用 cursor()方法获取操作游标
cursor = db.cursor()

#SQL 删除语句
sql = "DELETE FROM EMPLOYEE WHERE AGE > '%d'" % (20)
try:
    #执行 SQL 语句
    cursor.execute(sql)
    #提交修改
    db.commit()
except:
    #发生错误时回滚
    db.rollback()

#关闭连接
db.close()
```

事务机制可以确保数据的一致性。

事务应该具有原子性、一致性、隔离性、持久性，这 4 个属性通常称为 ACID 特性。

- 原子性（atomicity）：一个事务是一个不可分割的工作单位，事务中包括的诸操作要么都做，要么都不做。
- 一致性（consistency）：事务必须使数据库从一个一致性状态变到另一个一致性状态。一致性与原子性是密切相关的。
- 隔离性（isolation）：一个事务的执行不能被其他事务干扰，即一个事务内部的操作及使用的数据对并发的其他事务是隔离的，并发执行的各个事务之间不能互相干扰。
- 持久性（durability）：持久性也称永久性（permanence），指一个事务一旦提交，它对数据库中数据的改变就应该是永久性的，接下来的其他操作或故障不应该对其有任何影响。

Python DB API 2.0 的事务提供了 commit()和 rollback()两个方法。

```
#SQL 删除记录语句
sql = "DELETE FROM EMPLOYEE WHERE AGE > '%d'" % (20)
try:
    #执行 SQL 语句
    cursor.execute(sql)
    #向数据库提交
    db.commit()
except:
    #发生错误时回滚
    db.rollback()
```

对于支持事务的数据库来说,在 Python 数据库编程中,当游标建立之时就自动开始了一个隐形的数据库事务。

commit()方法执行所有更新操作,rollback()方法回滚当前游标的所有操作。每个方法都开始了一个新的事务。

9.4　非关系数据库

9.4.1　NoSQL 介绍

NoSQL 指的是非关系数据库。NoSQL 有时也是 Not Only SQL 的缩写,是对不同于传统关系数据库的数据库管理系统的统称。

NoSQL 通常用于超大规模数据的存储。这类数据存储不需要固定的模式,无须多余操作就可以横向扩展。现在用户通过第三方平台(例如谷歌、Facebook 等)可以很容易地访问和抓取数据。用户的个人信息、社交网络、地理位置,用户生成的数据和用户操作日志已经急剧增加,对这些数据进行存储和挖掘,SQL 数据库已经不适合,NoSQL 数据库却能很好地处理这些大数据。

NoSQL 出现的时间不长,目前对 NoSQL 并没有较为清晰和统一的严谨定义,但是其中的一些主要特征得到了业内人士的公认:其一,NoSQL 数据库不使用结构化查询语言(SQL),至少没有使用广义上标准的 SQL;其二,所有的 NoSQL 数据库目前都是开源项目,这也是其获得快速发展的最大原因;其三,大多数 NoSQL 数据库都是面向集群或以集群为目的进行开发的,因此更适用于大规模数据存储系统。

与主流关系数据库采用基于行的存储方式不同,当前的 NoSQL 呈现出多元化的存储方式发展状况,大体上分为 4 类,即面向文档存储(document-oriented)、列存储(column-family)、图形关系存储(graph-oriented)和键值存储(key-value)。

(1)面向文档存储:面向文档存储将数据以文档的形式存储。每个文档具有自述性,在语义上是自包含的数据单元,拥有分层的树状结构,其格式可以使用可扩展标记语言(XML)、JavaScript 对象标记(JSON)、二进制序列化文档格式(BSON)等。文档由数据项组成,每个数据项都有一个名称及与其对应的值,该值既可以是简单的数据类型,例如纯量值或字符串等,也可以是复杂的数据类型,例如数组集合、对象,甚至可以是另一文档。面向文档存储的最小单位是文档,各文档的结构可以不同,因此是以模式自由(schema-free)方式组织的。

(2)列存储:列存储将数据存储在列族中,在列族中的行把许多列数据与本行的行键关联,一个列族单独存放,保存经常被一起查询的相关数据。由于查询中的选择规则通过列来定义,因此整个数据库是自动索引化的。每个字段的数据聚集存储,在查询少量字段时能大大减少读取的数据量。另外,由于列存储是一个字段的数据聚集存储,因此更容易为其设计更好的压缩/解压缩算法。

(3)图形关系存储:图形关系存储将数据以图的方式存储。实体会被作为节点(node),具有属性,而实体之间的关系作为边(edge),具有方向性和属性。用节点和边建立好图之后就可以用多种方式进行查询了。由于在遍历连接和关系时速度很快，所以图形关系存储适合于表达需要强调实体与实体之间关系的数据。

（4）键值存储：键值存储类似一张哈希表，可以通过主键进行数据的增/删/查/改。该存储方式最大的特点是简单，每个键对应的值仅代表一块数据，无须考虑其结构化信息。

表 9.2 展示了 NoSQL 的主要存储方式及其特点。

表 9.2　NoSQL 的不同存储方式及特点

存 储 方 式	描　述	适　用	数据量级	代 表 实 现
面向文档存储	以文档方式存储非结构化数据	非结构化、半结构化数据	TB～PB	MongoDB
列存储	将数据存储在列族中	日志	TB～PB	Cassandra
图形关系存储	以节点和边的网络结构存储实体和关系	关系性强的数据	GB～TB	Neo4j
键值存储	以哈希表结构存储键值对	会话、配置文件、参数	GB～TB	Redis

扫一扫

视频讲解

9.4.2　MongoDB

MongoDB 是一个高性能、高可用性、易于扩展的文档型数据库。在 MongoDB 中，数据的概念组织形式如下：每个实例包含若干"数据库"，每个数据库包含若干"集合"（collection），在集合中又可插入若干条文档。其概念与关系数据库概念的对应关系如表 9.3 所示。

表 9.3　在 MongoDB 中各概念与关系数据库中概念的对应关系

MongoDB	关系数据库
MongoDB 实例	数据库实例
数据库	模式
集合	表
文档	行
数据项	字段

在 MongoDB 中，数据是以弹性模式（flexible schema）进行组织的，这也是其与结构化数据库（以表格的行/列结构化形式存储和查询数据）的最大不同之处。在结构化数据库中必须在存储数据之前明确确定表格的模式结构，而 MongoDB 的集合并不要求事先定义文档的结构。这种弹性模式使得在文档和实体或对象之间进行映射更为方便。

MongoDB 以 JSON 风格的语法格式在文档中表达数据，使用 JSON 的变种——BSON 作为内部存储的格式，针对 MongoDB 的操作都使用 JSON 风格的语法，客户端提交或接收的数据也都采用 JSON 格式的形式来展现。

```
{ "ID": "0001", "name": "ZhangSan", "age": 25 }
```

其中，"ID""name""age"为文档的键，"0001""ZhangSan"、25 分别为这 3 个键对应的值。可以看到，"age"键对应的值为数值型对象，其他值为字符串型。此外，文档的值可以是更加复杂的形式，例如，数组或内嵌的文档。

与标准 SQL 不同,在 MongoDB 中采用 find 关键字进行数据的查询检索,查询的结果是一个集合中文档的子集,其范围从 0 个文档到整个集合。MongoDB 支持的 find(查询)语句非常强大,其语法类似于面向对象的查询语言,几乎可以实现类似关系数据库单表查询的绝大部分功能,而且支持对数据建立索引。find 语句可以以参数表明查询的条件,其形式也是一个 JSON 文档,若不指定查询条件,则默认返回整个集合的文档。

```
/* 返回整个集合的文档 */
db.collection.find();
```

要查询姓名为"ZhangSan"的用户文档,可以指定 find 语句的首个参数(以 JSON 对象表示)。

```
/* 返回姓名为"ZhangSan"的文档 */
db.users.find({"name": "ZhangSan"});
```

在条件参数中,通过多个键值对的组合可以完成多条件检索,效果如同 SQL 中的 AND 关键字,例如,要查询姓名为"ZhangSan"且性别为"Male"的文档:

```
/* 返回姓名为"ZhangSan"且性别为"Male"的文档 */
db.users.find({"name": "ZhangSan", "gender": "Male"});
```

若要求返回指定的键值对而不是整个文档,可通过 find 语句的第二个参数进行指定,该参数同样是 JSON 文档。例如,仅需要返回姓名为"ZhangSan"的用户的地址。

```
/* 返回姓名为"ZhangSan"的用户的地址信息 */
db.users.find({"name": "ZhangSan" }, {"address": 1});
```

在第二个参数中,1 表示需要返回该键值对,0 表示去除结果中的该键值对。

若要求查询的条件在一系列枚举值的范围内,可使用条件操作符 $in。例如,需要查询年龄为 25、30 或 35 岁的用户。

```
/* 返回年龄为 25、30 或 35 岁的用户信息 */
db.users.find({"age": { $ in: [25,30,35]}});
```

若要对查询结果进行排序,则可以使用 sort 语句,并可以在其参数中指定要排序的键,其值表明排序的方向,1 表示升序,−1 表示降序,若指定了多个键,则按照指定的顺序逐个排序。例如,对用户以年龄进行升序排序。

```
/* 返回所有用户,并对结果按年龄进行升序排序 */
db.users.find().sort({"age": 1});
```

9.4.3 PyMongo：MongoDB 和 Python

1. 安装 PyMongo

Python 要连接 MongoDB 需要 MongoDB 驱动,这里使用 PyMongo 驱动来连接。用

扫一扫

视频讲解

户可以使用 pip 进行 PyMongo 的安装：

```
$ python -m pip install pymongo
```

用户也可以指定安装的版本：

```
$ python -m pip install pymongo=3.5.1
```

更新 PyMongo 的命令如下：

```
$ python -m pip install --upgrade pymongo
```

接下来可以导入 pymongo 模块，代码如下：

```
import pymongo
```

执行以上代码，如果没有出现错误，就表示安装成功。

2. 创建数据库

创建数据库需要使用 MongoClient 对象，并且指定连接的 URL 地址和要创建的数据库名。

例如，下例中创建数据库 runoobdb：

```
import pymongo

myclient = pymongo.MongoClient("mongodb://localhost:27017/")
mydb = myclient["runoobdb"]
```

注意：在 MongoDB 中，数据库只有在内容插入之后才会创建。也就是说，在数据库创建后要创建集合（数据表）并插入一个文档（记录），这样数据库才会真正创建。

可以读取 MongoDB 中的所有数据库，并判断指定的数据库是否存在。

```
import pymongo

myclient = pymongo.MongoClient('mongodb://localhost:27017/')

dblist = myclient.database_names()
if "runoobdb" in dblist:
    print("数据库已存在!")
```

在 MongoDB 中的集合类似 SQL 中的表。MongoDB 使用数据库对象来创建集合，实例如下：

```
import pymongo

myclient = pymongo.MongoClient("mongodb://localhost:27017/")
mydb = myclient["runoobdb"]

mycol = mydb["sites"]
```

注意：在 MongoDB 中，集合只有在内容插入之后才会创建。也就是说，在创建集合（数据表）后要再插入一个文档（记录），集合才会真正创建。

可以读取 MongoDB 数据库中的所有集合，并判断指定的集合是否存在。

```python
import pymongo

myclient = pymongo.MongoClient('mongodb://localhost:27017/')

mydb = myclient['runoobdb']

collist = mydb.collection_names()
if "sites" in collist:          # 判断 sites 集合是否存在
    print("集合已存在!")
```

MongoDB 中的一个文档类似 SQL 表中的一条记录。

在集合中插入文档使用 insert_one()方法，该方法的第一个参数是字典 name-value 对。

以下实例向 sites 集合中插入文档：

```python
import pymongo

myclient = pymongo.MongoClient("mongodb://localhost:27017/")
mydb = myclient["runoobdb"]
mycol = mydb["sites"]

mydict = { "name": "RUNOOB", "alexa": "10000", "url": "https.//www.runoob.com" }

x = mycol.insert_one(mydict)
print(x)
print(x)
```

insert_one()方法返回 InsertOneResult 对象，该对象包含 inserted_id 属性，它是插入文档的 id 值：

```python
import pymongo

myclient = pymongo.MongoClient('mongodb://localhost:27017/')
mydb = myclient['runoobdb']
ycol = mydb["sites"]

mydict = { "name": "Google", "alexa": "1", "url": "https://www.google.com" }

x = mycol.insert_one(mydict)

print(x.inserted_id)
```

用户可以使用 find_one()方法来查询集合中的一条数据。例如，查询 sites 文档中的第一条数据：

```python
import pymongo

myclient = pymongo.MongoClient("mongodb://localhost:27017/")
```

```
mydb = myclient["runoobdb"]
mycol = mydb["sites"]

x = mycol.find_one()

print(x)
```

find()方法可以查询集合中的所有数据，类似 SQL 中的 SELECT ＊ 操作。
以下实例查找 sites 集合中的所有数据：

```
import pymongo

myclient = pymongo.MongoClient("mongodb://localhost:27017/")
mydb = myclient["runoobdb"]
mycol = mydb["sites"]

for x in mycol.find():
    print(x)
```

用户可以在 find()中设置参数来过滤数据。以下实例查找 address 字段为"Park
Lane 38"的数据：

```
import pymongo

myclient = pymongo.MongoClient("mongodb://localhost:27017/")
mydb = myclient["runoobdb"]
mycol = mydb["sites"]

myquery = { "address": "Park Lane 38" }

mydoc = mycol.find(myquery)
for x in mydoc:
    print(x)
x = mycol.find_one()

print(x)
```

在查询的条件语句中还可以使用修饰符。以下实例用于读取 name 字段中第一个字
母的 ASCII 码值大于"H"的数据，大于的修饰符条件为{"＄gt"："H"}。

```
import pymongo

myclient = pymongo.MongoClient("mongodb://localhost:27017/")
mydb = myclient["runoobdb"]
mycol = mydb["sites"]

myquery = { "name": { "＄gt": "H" } }

mydoc = mycol.find(myquery)

for x in mydoc:
    print(x)
```

用户可以在 MongoDB 中使用 update_one()方法修改文档中的记录。该方法的第一个参数为查询的条件，第二个参数为要修改的字段。如果查找到的匹配数据超过一条，则只修改第一条。

以下实例将 alexa 字段的值 10000 改为 12345。

```
import pymongo

myclient = pymongo.MongoClient("mongodb://localhost:27017/")
mydb = myclient["runoobdb"]
mycol = mydb["sites"]

myquery = { "alexa": "10000" }
newvalues = { "$set": { "alexa": "12345" } }

mycol.update_one(myquery, newvalues)

#输出修改后的 "sites" 集合
for x in mycol.find():
  print(x)
```

update_one()方法只能修改匹配到的第一条记录，如果要修改匹配到的所有记录，则可以使用 update_many()。

以下实例将查找所有以 F 开头的 name 字段，并将匹配到的所有记录的 alexa 字段修改为 123。

```
import pymongo

myclient = pymongo.MongoClient("mongodb://localhost:27017/")
mydb = myclient["runoobdb"]
mycol = mydb["sites"]

myquery = { "name": { "$regex": "^F" } }
newvalues = { "$set": { "alexa": "123" } }

x = mycol.update_many(myquery, newvalues)

print(x.modified_count, "文档已修改")
```

用户可以使用 delete_one()方法来删除一个文档，该方法的第一个参数为查询对象，指定要删除哪些数据。以下实例删除 name 字段值为"Taobao"的文档。

```
import pymongo

myclient = pymongo.MongoClient("mongodb://localhost:27017/")
mydb = myclient["runoobdb"]
mycol = mydb["sites"]

myquery = { "name": "Taobao" }
```

```
mycol.delete_one(myquery)

#删除后输出
for x in mycol.find():
  print(x)
```

用户可以使用 delete_many()方法来删除多个文档,该方法的第一个参数为查询对象,指定要删除哪些数据。以下实例删除所有 name 字段中以 F 开头的文档。

```
import pymongo

myclient = pymongo.MongoClient("mongodb://localhost:27017/")
mydb = myclient["runoobdb"]
mycol = mydb["sites"]

myquery = { "name": {"$ regex": "^F"} }

x = mycol.delete_many(myquery)

print(x.deleted_count, "个文档已删除")
```

本章案例

通过 SQLite3 模块完成对学生成绩的管理。新建数据库 xsgl.db 分别存储学生表 Student 信息、课程表 Class 信息、成绩表 Grade 信息。三张表结构如表 9.4～表 9.6 所示。

表 9.4   学生表 Student 的结构和记录

字段名	类型	长度	是否主键
学号	Varchar	10	Primary Key
姓名	Varchar	30	
年龄	Integer		

表 9.5   课程表 Class 的结构和记录

字段名	类型	长度	是否主键
课程号	Varchar	5	Primary Key
课程名	Varchar	30	

表 9.6   成绩表 Grade 的结构和记录

字段名	类型	长度	是否主键
课程号	Varchar	5	Primary Key
成绩	Varchar	30	

Python 3.9 内置数据库 SQLite3 的基本操作步骤一般包括:

(1) 连接数据库;

(2) 获取数据库游标;

（3）确定 SQL 语句；

（4）执行 SQL 语句；

（5）提交；

（6）关闭连接。

如果输入的记录不多，则直接将内容赋给列表，执行如下代码：

```
import sqlite3                                ＃引入内置库 sqlite3
xs = sqlite3.connect("xsgl.db")              ＃创建数据库 xsgl, 建立 Connection 对象 xs
cu = xs.cursor()                             ＃建立游标 cu
＃建立学生表 Student 并输入记录
cu.execute("CREATE TABLE Student (学号 varchar(10) PRIMARY KEY, 姓名 varchar(30), 年龄
integer) ")
ls1 = [("2021060101","陆佳涣",20),(" 2021060102","卢蝶",19),(" 2021060103","赵轩",
20),("2021060104","张长铭",20),(" 2021060105","王健",19)]
cu.executemany("insert into Student (学号,姓名,年龄) values (?,?,?)", ls1)
＃查询并显示 Student 的记录
values = cu.execute("select * from Student")
for i in values:
    print(i)
＃建立课程表 Class 并输入记录
cu.execute("CREATE TABLE Class (课程号 varchar(5) PRIMARY KEY, 课程名 varchar(30)) ")
ls2 = [("10101","数据结构"),("10102","操作系统"),("10103","数据库原理")]
cu.executemany("insert into Class (课程号,课程名) values (?,?)", ls2)

＃查询并显示 Class 的记录
values = cu.execute("select * from Class")
for i in values:
    print(i)
＃建立成绩表 Grade 并输入记录
cu.execute("CREATE TABLE Grade (学号 varchar(10),课程号 varchar(5),成绩 integer)" )
ls3 = [(2021060101,10101,80),( 2021060101,10102,90),( 2021060101,10103,85 )]
cu.executemany("insert into Grade(学号,课程号,成绩) values (?,?,?)", ls3)
＃查询并显示 Grade 的记录
values = cu.execute("select * from Grade")
for i in values:
    print(i)
xs.commit()                                  ＃事务递交
cu.close()                                   ＃关闭数据库
```

执行以上 Python 代码的输出结果如图 9.5 所示。

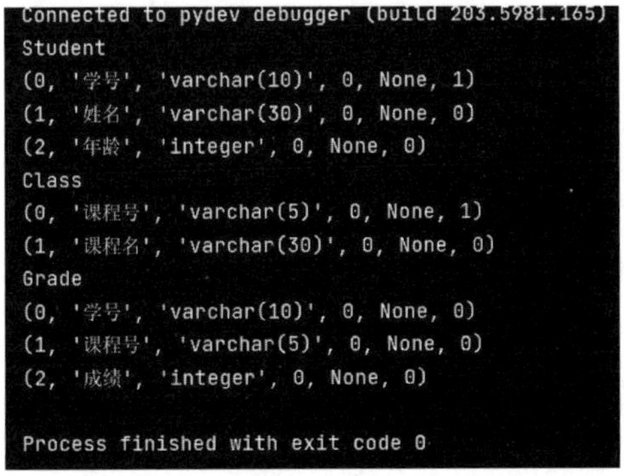

图 9.5　输出结果

如果输入记录比较多，我们可以预先把学生记录导入学生表.txt，课程记录导入课程表.txt，成绩记录导入成绩表.txt，通过 txt 文件产生列表，代码内容如下：

```python
import sqlite3                              #引入内置库 sqlite3
xs = sqlite3.connect("xsgl.db")            #创建数据库 xsgl,建立 Connection 对象 xs
cu = xs.cursor()                           #建立游标 cu
#建立学生表 Student 并导入文件"学生表.txt"内容
cu.execute("CREATE TABLE Student (学号 varchar(10) PRIMARY KEY, 姓名 varchar(30), 年龄
integer) ")
f1 = open("学生表.txt","rt")               #打开文件学生表.txt
ls1 = []
for i in f1:                               #扫描文件每一行
    i = i.split(",")                       #将每行文字按逗号分隔,变为列表
    i = tuple(i)                           #列表变为元组
    ls1.append(i)                          #元组添加到列表 ls1
cu.executemany("insert into Student (学号,姓名,年龄) values (?,?,?)", ls1)
#查询并显示 Student 的记录
values = cu.execute("select * from Student")
for i in values:
    print(i)
#建立课程表 Class 并导入文件"课程表.txt"内容
cu.execute("CREATE TABLE kc(课程号 varchar(5) PRIMARY KEY, 课程名 varchar(30)) " )
f2 = open("课程表.txt","rt")
ls2 = []
for i in f2:
    i = i.split(",")
    i = tuple(i)
    ls2.append(i)
cu.executemany("insert into Class (课程号,课程名) values (?,?)", ls2)
#查询并显示 Class 的记录
values = cu.execute("select * from Class")
for i in values:
    print(i)
#建立成绩表 Grade 并导入文件"成绩表.txt"内容
cu.execute("CREATE TABLE Grade (学号 varchar(10),课程号 varchar(5),成绩 integer)" )
f3 = open("成绩表.txt","rt")
ls3 = []
for i in f3:
    i = i.split(",")
    i = tuple(i)
    ls3.append(i)
cu.executemany("insert into Grade (学号,课程号,成绩) values (?,?,?)", ls3)
#查询并显示 Grade 的记录
values = cu.execute("select * from Grade")
for i in values:
    print(i)
f1.close()                                 #关闭文件 f1
f2.close()                                 #关闭文件 f2
f3.close()                                 #关闭文件 f3
xs.commit()                                #事务递交
cu.close()                                 #关闭数据库
```

本章小结

本章向读者讲解了数据库、数据库系统的基本概念和 Python 的数据库开发环境,然后分别以 Python 内置数据库 SQLite、关系数据库 MySQL 和嵌入式数据 MongoDB 为例,介绍其使用方法以及利用 Python 对其进行操作的具体开发过程步骤,最后通过综合的数据库操作案例进行本章内容知识点的巩固。

扫一扫

自测题

本章习题

1. 当使用 sqlite3 库连接到 SQLite 数据库,并且已经创建了一个名为 cursor 的游标对象时,若想执行一个 SQL 查询来获取所有的数据,应该使用方法(　　)。

    A. cursor.execute()　　　　　　　　B. cursor.fetchall()

    C. cursor.query()　　　　　　　　　　D. cursor.get_all()

2. 在使用 pymysql 库连接 MySQL 数据库时,参数(　　)用于指定要连接的数据库名称。

    A. host　　　　　　B. user　　　　　　C. password　　　　　　D. db

3. 在使用 Python 的数据库连接时,通常建议使用异常处理机制(　　)来捕获和处理可能出现的数据库错误。

    A. try-except　　　　　B. if-else　　　　　C. for-loop　　　　　D. while-loop

4. 关系数据库与非关系数据库有何异同?

5. 当使用数据库连接时,如何处理可能发生的异常(如连接失败、查询错误等)?

6. 在 Python 中,如何使用 SQLite3 库来执行 SQL 查询并获取结果?

7. 安装 MySQL,创建数据库 MyDB,使用 Python 编程在该数据库中创建表 Users,包含五个字段:userid、username、password、gender、age。

8. 使用 Python 编程在 Users 表中插入如表 9.7 所示的数据。

表 9.7　第 9 章习题 8 数据

userid	username	password	gender	age
5013	mikeage	4303kma	male	32
5014	lineefe	fmeiw12	female	48
5015	onaverrk	inv8ese	male	20

9. 使用 Python 编程从 Users 表中查询出年龄大于 30 岁的男性用户。

10. 更新 Users 表中的用户年龄,将每个人的年龄增加 1 岁。

11. 删除用户名以"lin"开头的用户。

12. 编写一个 Python 程序,使用 sqlite3 库连接到 SQLite 数据库,创建一个名为 library.db 的数据库,在该数据库中创建表 books,结构如下:

id:整数,主键
title:字符串,表示书名
author:字符串,表示作者
year:整数,表示出版年份
price:浮点数,表示价格

第 **10** 章

机器学习——有监督学习

本章学习目标：

- 了解机器学习的概念。
- 了解有监督和无监督机器学习原理。
- 了解有监督机器学习相关算法并进行运用。

10.1 机器学习简介

机器学习(Machine Learning,ML)是一门多领域交叉学科,涉及概率论、统计学、逼近论、凸分析、算法复杂度理论等多门学科,专门研究计算机怎样模拟或实现人类的学习行为,以获取新的知识或技能,重新组织已有的知识结构使之不断改善自身的性能。它是人工智能的核心,是使计算机具有智能的根本途径。它的应用已遍及人工智能的各个分支,如专家系统等领域。机器学习有很多学习方法,如有监督学习(supervised learning)、无监督学习(unsupervised learning)、半监督学习(semi-supervised learning)、强化学习(reinforcement learning)等,本章主要介绍有监督学习,本书第 11 章重点介绍无监督学习。

1. 有监督学习

有监督学习流程如图 10.1 所示,输入样本(数据)是训练样本,每组训练样本有一个明确的标识或结果。在建立预测模型时,监督式学习建立一个学习过程,将预测结果与"训练数据"的实际结果进行比较,不断地调整预测模型,直到模型的预测结果达到一个预期的准确率。它常用于回归问题与分类问题。

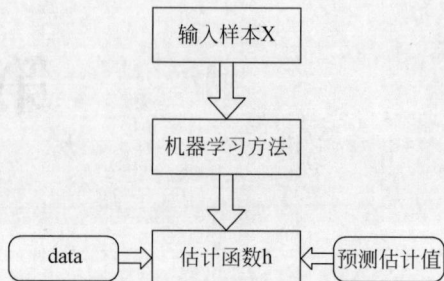

图10.1　有监督学习流程

2. 无监督学习

在无监督学习中，数据并不被特别标识，学习模型是为了推断出数据的一些内在结构。其常见的应用场景包括关联规则的学习及聚类等。它可以用来解决鸡尾酒会问题，即提取混杂在一起的音频，也可以结合聚类算法来建立图片的3D模型等。

10.2　Python 机器学习库 Scikit-learn

Scikit-learn是一套基于 Python 语言的机器学习库，该库建立在 NumPy、SciPy 和 Matplotlib 的基础上，提供了一整套简单、高效的数据挖掘和数据分析工具。Scikit-learn 发布于 2007 年，已经发展更新了超过十年，目前已经成为 Python 中最重要、最常用的机器学习工具，集成了大量成熟的机器学习算法。图 10.2 是官方提供的 Scikit-learn 库结构及算法选择流程图。由于 Scikit-learn 模型和算法众多，因此如何选择合适的模型和算法通常是令用户头疼的事情。图 10.2 是大致的指导，圆圈内是判断条件，方框内是可以选择的算法。用户可以根据自己的数据特征和任务目标找到一条合适的操作路线，逐步尝试。

由图 10.2 可见，在 Scikit-learn 库中主要包含分类、回归、聚类和降维 4 类算法。

分类指识别给定对象的所属类别，其属于监督学习的范畴，最常见的应用场景包括垃圾邮件检测和图像识别等。目前，Scikit-learn 已经实现的算法包括支持向量机（SVM）、最近邻、逻辑回归、随机森林、决策树及多层感知器（MLP）神经网络等。

需要指出，由于 Scikit-learn 本身不支持深度学习，也不支持 GPU 加速，所以这里对于 MLP 的实现来说并不适合处理大规模问题，有相关需求的读者可以查看同样对 Python 有良好支持的 Keras 和 Theano 等框架。

回归指预测与给定对象相关联的连续值属性，其最常见的应用场景包括预测药物反应和预测股票价格等。目前，Scikit-learn 已经实现的算法包括支持向量回归（SVR）、脊回归、Lasso 回归、弹性网络（elastic net）、最小角回归（LARS）、贝叶斯回归及各种不同的鲁棒回归算法等。可以看到，这里实现的回归算法几乎涵盖了所有开发者的需求范围，而且更重要的是，Scikit-learn 还针对每种算法提供了简单、明了的用例参考。

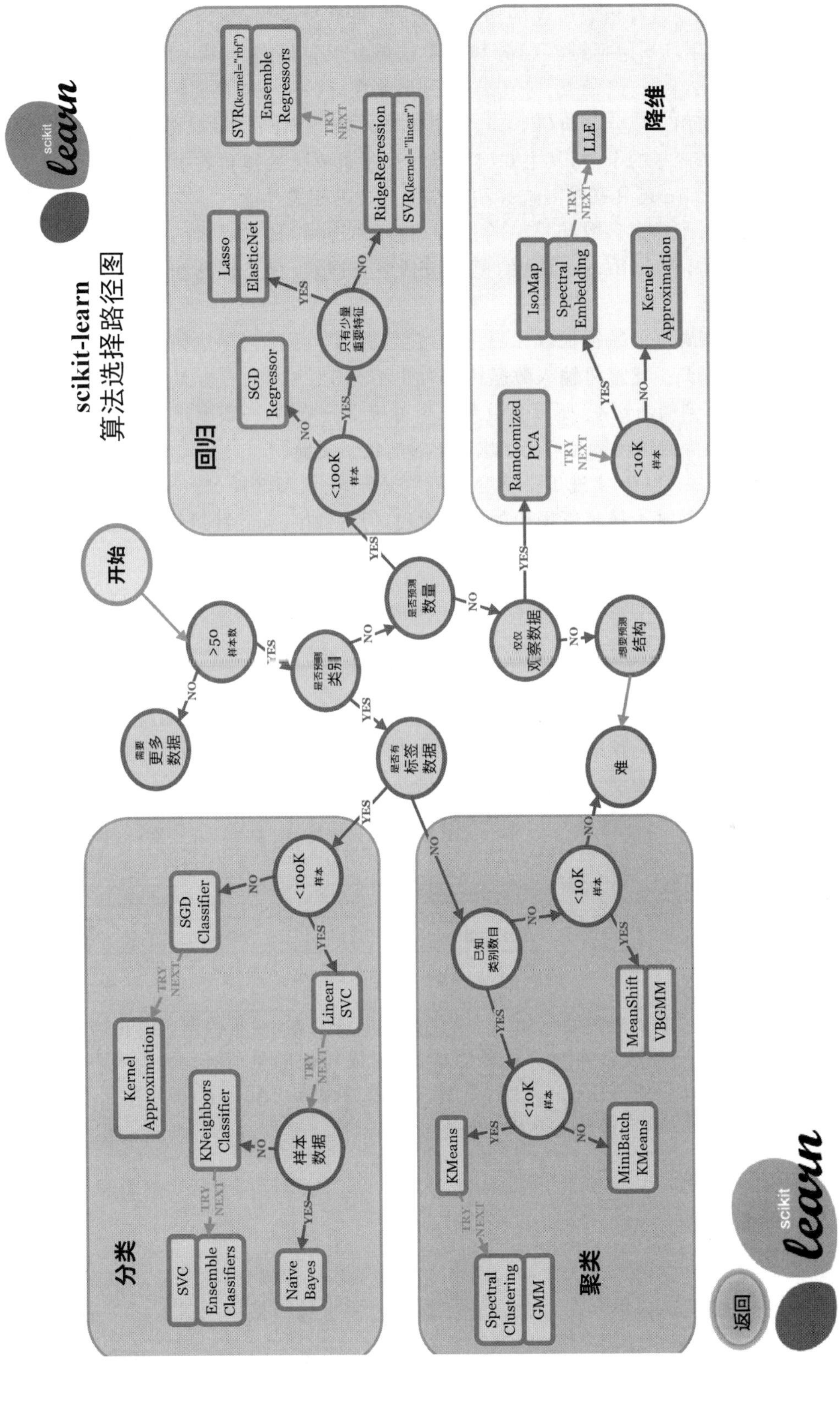

图 10.2 Scikit-learn 库结构及算法选择流程图

聚类指自动识别具有相似属性的给定对象，并将其分组为集合，属于无监督学习的范畴，最常见的应用场景包括顾客细分和试验结果分组。目前，Scikit-learn 已经实现的算法包括 K-Means 聚类、谱聚类、均值偏移、分层聚类、DBSCAN 聚类等。

数据降维指使用主成分分析（PCA）、非负矩阵分解（NMF）或特征选择等降维技术来减少要考虑的随机变量的个数，其主要应用场景包括可视化处理和效率提升。

此外，Scikit-learn 还具有模型选择和数据预处理的相关功能。

模型选择指对于给定参数和模型的比较、验证和选择，其主要目的是通过参数调整来提升精度。目前，Scikit-learn 实现的模块包括格点搜索、交叉验证和各种针对预测误差评估的度量函数。

数据预处理指数据的特征提取和归一化，它是机器学习过程中的第一个也是最重要的一个环节。这里归一化指将输入数据转换为具有零均值和单位权方差的新变量，但因为大多数时候都做不到精确到零，所以会设置一个可接受的范围，一般要求落在 0～1。特征提取指将文本或图像数据转换为可用于机器学习的数字变量。

总的来说，Scikit-learn 实现了一整套用于数据降维、模型选择、特征提取和归一化的完整算法/模块，虽然缺少按步骤操作的参考教程，但 Scikit-learn 针对每个算法和模块提供了丰富的参考样例和详细的说明文档。

10.3　有监督学习

在机器学习中，有监督学习的任务重点在于根据已有经验知识对未知样本的目标/标记进行预测。根据目标预测变量类型的不同，监督学习任务大体上分为回归预测和分类学习。本章涉及的机器学习算法如图 10.3 所示。

图 10.3　本章涉及的机器学习算法

有监督学习的基本架构和流程如下：首先准备训练数据，这些数据可以是文本数据、图像数据、音频数据等；然后抽取所需要的特征，形成特征向量（feature vectors）；接着把这些特征向量及对应的目标（labels）一起导入机器学习算法模型中，训练出一个预测模型；然后采用同样的特征抽取方法作用于新数据，得到用于测试的特征向量；最后使用预测模型对这些待测试的特征向量进行预测并得到结果。

10.3.1　线性回归

线性回归的目标是提取输入变量与输出变量的关联线性模型，这就要求实际输出与线性方程预测的输出的残差平方和最小化。这种方法也称为最小二乘法。下面用代码进行演示。

（1）导入数据：

```
import numpy as np
X = [ ]
y = [ ]
with open(filename, 'r') as f:
    for line in f.readlines():
        xt, yt = [float(i) for i in line.split(',')]
        X.append(xt)
        y.append(yt)
```

（2）在建立机器学习模型时需要用一种方法来验证模型，检查模型是否达到一定的满意度。为了实现这个方法，把数据分成两组——训练集（training dataset）和测试集（testing dataset）。训练集用来建立模型，测试集用来验证模型对未知数据的学习效果。因此，先把数据分为训练集和测试集。

```
# 切分训练和测试数据
num_training = int(0.8 * len(X))
num_test = len(X) - num_training

# 训练数据
X_train = np.array(X[:num_training]).reshape((num_training,1))
y_train = np.array(y[:num_training])
# 测试数据
X_test = np.array(X[num_training:]).reshape((num_test,1))
y_test = np.array(y[num_training:])
```

在这里，把80%的数据作为训练数据集，其余的20%作为测试数据集。

（3）创建一个线性回归对象：

```
# 创建一个线性回归对象
from sklearn import linear_model
linear_regressor = linear_model.LinearRegression()
# 用训练数据训练模型
linear_regressor.fit(X_train, y_train)
```

（4）用训练好的模型对测试集上的数据进行预测：

```
# 预测输出结果
y_test_pred = linear_regressor.predict(X_test)
```

（5）对预测数据进行可视化展示：

```
# 可视化展示
import matplotlib.pyplot as plt
plt.scatter(X_test, y_test, color = 'green')
plt.plot(X_test, y_test_pred, color = 'black', linewidth = 4)
plt.xticks(())
plt.yticks(())
plt.show()
```

展示结果如图 10.4 所示。

（6）对构建的模型进行评价。

评价一个回归模型的拟合效果主要有以下几个指标。

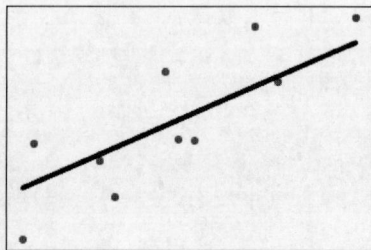

图 10.4　代码输出图

- **平均绝对误差**（mean absolute error）：这是给定数据集的所有数据点的绝对误差平均值。
- **均方误差**（mean squared error）：这是给定数据集的所有数据点的误差的中位数。
- **中位数绝对误差**（median absolute error）：这是给定数据集的所有数据点的误差的中位数。这个指标的主要优点是可以消除异常值的干扰。测试数据集中的单个坏点不会影响整个误差指标，均值误差指标会受到异常值的干扰。
- **解释方差得分**（explained variance score）：这个分数用于衡量模型对数据集波动的解释能力。如果得分为 1.0，表明模型是完美的。
- **R 方得分**（R^2 score）：这个指标读作"R 方"，指确定性相关系数，用于衡量模型对位置样本预测的效果。其最好的得分是 1.0，得分值也可以是负数。

下面用代码计算这几个指标：

```
import sklearn.metrics as sm

print ("Mean absolute error = ", round(sm.mean_absolute_error(y_test, y_test_pred), 2))
print ("Mean squared error = ", round(sm.mean_squared_error(y_test, y_test_pred), 2))
print ("Median absolute error = ", round(sm.median_absolute_error(y_test, y_test_pred), 2))
print ("Explain variance score = ", round(sm.explained_variance_score(y_test, y_test_
pred), 2))
print ("R2 score = ", round(sm.r2_score(y_test, y_test_pred), 2))
```

得到的结果如下：

```
Mean absolute error = 0.54
Mean squared error = 0.38
Median absolute error = 0.54
Explain variance score = 0.68
R2 score = 0.68
```

以上是一个完整的线性回归模型的建立步骤。最后，对线性回归做一个简单的总结：线性回归器是最简单、易用的回归模型。对特征和回归目标之间的线性假设，从某种程度上说局限了其应用范围，特别是在现实生活中，绝大多数实例数据的特征和目标之间不是严格的线性关系。尽管如此，在不清楚特征之间关系的前提下，仍然可以使用线性回归模型作为大多数科学实验的基线系统（baseline system）。

10.3.2　Logistic 回归分类器

假设现在有一些数据点，使用一条直线对这些点进行拟合（该线被称为最佳拟合直线），这个拟合过程就称为回归。利用 Logistic 回归进行分类的主要思想是根据现有数据对分类边界线建立回归公式,以此进行分类。"回归"一词源于最佳拟合,表示要找到最佳拟合参数集,其背后的数学分析将在下一部分介绍。在训练分类器时的做法就是寻找最佳拟合参数,使用的是最优化算法。我们想要的函数应该是能接收所有的输入,然后预测出类别。例如,在两个类的情况下,函数输出 0 或 1,这个函数就是二值型输出分类器的 sigmoid 函数。

$$g(z) = \frac{1}{1 + e^{-z}} \tag{10.1}$$

图 10.5 给出了 sigmoid 函数在不同坐标尺度下的两条曲线图。当 x 为 0 时,sigmoid 函数值为 0.5。随着 x 的增大,对应的 sigmoid 函数值将逼近 1;随着 x 的减小,sigmoid 函数值将逼近 0。

因此,为了实现 Logistic 回归分类器,可以在每个特征上都乘以一个回归系数,然后把所有的结果值相加,将这个总和代入 sigmoid 函数中,进而得到一个范围在 0~1 的数值。任何大于 0.5 的数据被归入 1 类,小于 0.5 的被归入 0 类。所以,Logistic 回归可以被看成是一种概率估计。

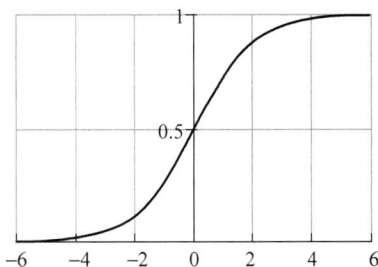

图 10.5　sigmoid 函数图像

在线性回归 f(x)=wx+b 中,为了将整个目标值压缩在(0,1)上,引入 Logistic 函数,于是有

$$g(f(x)) = \frac{1}{1 + e^{-(wx+b)}} \tag{10.2}$$

Logistic 回归的一般过程如下。

(1) 收集数据:采用任意方法收集数据。

(2) 准备数据:由于需要进行距离计算,所以要求数据类型为数值型。另外,结构化数据格式最佳。

(3) 分析数据:采用任意方法对数据进行分析。

(4) 训练算法:大部分时间将用于训练,训练的目的是找到最佳的分类回归系数。

(5) 测试算法:一旦训练步骤完成,分类将会很快。

(6) 使用算法:首先需要输入一些数据,并将其转换成对应的结构化数值;接着基于训练好的回归系数对这些数值进行简单的回归计算,判定它们属于哪个类别;最后可以在输出的类别上做一些具体的分析工作。

下面用 Python 代码来进行良/恶性乳腺肿瘤预测的实践,用到的原始数据下载地址为 https://archive.ics.uci.edu/ml/machine-learning-databases/breast-cancer-wisconsin/。

(1) 导入需要的数据:

```python
# 导入需要用到的库
import pandas as pd
import numpy as np
# 创建特征列表
column_names = ['Sample code number', 'Clump Thickness', 'Unigormity og Cell Size','Uniformity
                of Cell Shape', 'Marginal Adhesion', 'Single Epithelital CellSize', 'Bare
                Nuclei', 'Bland Chromatin', 'Normal Nucleoli', 'Mitoses', 'Class']
```

```
♯读取数据
data = pd. read_csv('https://archive. ics. uci. edu/ml/machine - learning - databases/breast -
            cancer - wisconsin/breast - cancer - wisconsin. data ', names = column_
            names)
data. describe()
```

读取后，数据显示如图10.6所示。

	Sample code number	Clump Thickness	Unigormity og Cell Size	Uniformity of Cell Shape	Marginal Adhesion	Single Epithelital CellSize	Bland Chromatin	Normal Nucleoli	Mitoses	Class
count	6.990000e+02	699.000000	699.000000	699.000000	699.000000	699.000000	699.000000	699.000000	699.000000	699.000000
mean	1.071704e+06	4.417740	3.134478	3.207439	2.806867	3.216023	3.437768	2.866953	1.589413	2.689557
std	6.170957e+05	2.815741	3.051459	2.971913	2.855379	2.214300	2.438364	3.053634	1.715078	0.951273
min	6.163400e+04	1.000000	1.000000	1.000000	1.000000	1.000000	1.000000	1.000000	1.000000	2.000000
25%	8.706885e+05	2.000000	1.000000	1.000000	1.000000	2.000000	2.000000	1.000000	1.000000	2.000000
50%	1.171710e+06	4.000000	1.000000	1.000000	1.000000	2.000000	3.000000	1.000000	1.000000	2.000000
75%	1.238298e+06	6.000000	5.000000	5.000000	4.000000	4.000000	5.000000	4.000000	1.000000	4.000000
max	1.345435e+07	10.000000	10.000000	10.000000	10.000000	10.000000	10.000000	10.000000	10.000000	4.000000

图 10.6　读取后的数据显示

从该表可以知道，共有699条数据，各特征的数据描述如表中所示。

（2）对数据进行预处理：

```
♯ 对数据进行简单预处理
♯将?替换为标准缺失值
data = data. replace(to_replace = '?', value = np. nan)
♯ 去掉带有缺失值的数据
data = data. dropna( how = 'any')
♯ 再次对数据进行描述
data. describe()
```

描述结果如图10.7所示，可以看到去掉缺失值后有683条完整的数据。

	Sample code number	Clump Thickness	Unigormity og Cell Size	Uniformity of Cell Shape	Marginal Adhesion	Single Epithelital CellSize	Bland Chromatin	Normal Nucleoli	Mitoses	Class
count	6.830000e+02	683.000000	683.000000	683.000000	683.000000	683.000000	683.000000	683.000000	683.000000	683.000000
mean	1.076720e+06	4.442167	3.150805	3.215227	2.830161	3.234261	3.445095	2.869693	1.603221	2.699854
std	6.206440e+05	2.820761	3.065145	2.988581	2.864562	2.223085	2.449697	3.052666	1.732674	0.954592
min	6.337500e+04	1.000000	1.000000	1.000000	1.000000	1.000000	1.000000	1.000000	1.000000	2.000000
25%	8.776170e+05	2.000000	1.000000	1.000000	1.000000	2.000000	2.000000	1.000000	1.000000	2.000000
50%	1.171795e+06	4.000000	1.000000	1.000000	1.000000	2.000000	3.000000	1.000000	1.000000	2.000000
75%	1.238705e+06	6.000000	5.000000	5.000000	4.000000	4.000000	5.000000	4.000000	1.000000	4.000000
max	1.345435e+07	10.000000	10.000000	10.000000	10.000000	10.000000	10.000000	10.000000	10.000000	4.000000

图 10.7　去掉缺失值后的数据

（3）由于原始的数据没有提供对应的测试样本用于评估模型，所以需要对标记的数据进行分割，这里用25%的数据作为测试集，75%的数据作为训练集，代码如下：

```
♯ 对数据进行分割
from sklearn. cross_validation import train_test_split
♯75 % 的数据作为训练集,25 % 的数据作为测试集
```

```
X_train, X_test, y_train, y_test = train_test_split(data[column_names[1:10]], data[column
                    _names[10]], test_size = 0.25, random_state = 33)

# 查验训练样本的数量和类别分布
y_train.value_counts()

# 查验测试样本的数量和类别分布
y_test.value_counts()
```

以上完成了对数据的预处理过程,用于训练的样本有 512 条(344 条良性肿瘤数据,168 条恶性肿瘤数据),测试样本有 171 条(100 条良性肿瘤数据,71 条恶性肿瘤数据)。

(4)用 Logistic 回归对上面的数据进行训练:

```
# 导入需要用到的算法
from sklearn.preprocessing import StandardScaler
from sklearn.linear_model import LogisticRegression

# 对数据进行标准化处理
ss = StandardScaler()
X_train = ss.fit_transform(X_train)
X_test = ss.transform(X_test)

# 初始化 Logistic 回归器和 SGDClassifier
lr = LogisticRegression()

# 训练模型
lr.fit(X_train, y_train)

# 预测
lr_y_pred = lr.predict(X_test)
```

(5)模型性能评测:

```
from sklearn.metrics import classification_report
# 使用 Logistic 自带的评分函数
print('Accuracy of LR Classifier:', lr.score(X_test, y_test))

# 其他指标
print(classification_report(y_test, lr_y_pred, target_names = ['Benign', 'Malignant']))
```

其测评结果如下:

```
Accuracy of LR Classifier: 0.988304093567
              precision    recall   f1 - score   support
    Benign      0.99        0.99       0.99        100
 Malignant      0.99        0.99       0.99         71
avg / total     0.99        0.99       0.99        171
```

下面对 Logistic 做一个简单的小结。

(1)优点:计算代价不高,易于理解和实现。

(2)缺点:容易欠拟合,分类精度可能不高。

(3)适用的数据类型:数值型和标称型数据。

10.3.3 朴素贝叶斯分类器

朴素贝叶斯是一个非常简单但实用性很强的分类模型，朴素贝叶斯分类器的构造基础是贝叶斯理论。

抽象一些说，朴素贝叶斯分类器会单独考量每一维度特征被分类的条件概率，进而综合这些概率，并对其所在的特征向量做出分类预测。因此，这个模型的数学假设是各维度上特征被分类的条件概率之间是相互独立的。

1. 贝叶斯决策理论

朴素贝叶斯是贝叶斯决策理论的一部分，所以在讲述朴素贝叶斯之前有必要快速了解一下贝叶斯决策理论。

假设现在有一个数据集，它由两类数据组成，数据分布如图10.8所示。

假设有位读者找到了描述图中两类数据的统计参数。现在用 $p1(x,y)$ 表示数据点 (x,y) 属于类别1（图10.8中用圆点表示的类别）的概率，用 $p2(x,y)$ 表示数据点 (x,y) 属于类别2（图10.8中用三角形表示的类别）的概率，那么对于一个新数据点 (x,y) 来说，可以用下面的规则判断它的类别。

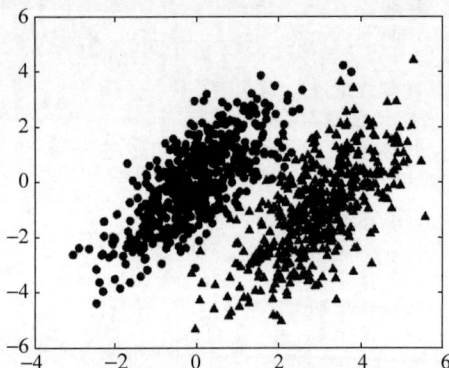

图 10.8　两类别分布图

（1）如果 $p1(x,y) > p2(x,y)$，那么该数据点属于类别1。

（2）如果 $p1(x,y) < p2(x,y)$，那么该数据点属于类别2。

也就是说，我们会选择高概率对应的类别。这就是贝叶斯决策理论的核心思想，即选择具有最高概率的决策。

2. 朴素贝叶斯（naïve Bayes）

根据上面可以知道贝叶斯决策理论是以概率为基础的，那么朴素贝叶斯的思想也很简单，是基于条件概率的：对于给出的待分类项来说，求解在此项出现的条件下各个类别出现的概率，哪个概率值大就认为该分类项属于哪一类。其定理定义如下。

（1）设 $x = \{a_1, a_2, \cdots, a_n\}$ 为待分类项，而每个 a_i 为输入 x 的一个特征属性。

（2）设 $y = \{y_1, y_2, \cdots, y_m\}$ 为一个类别集合。

（3）计算 $P(y_1|x), P(y_2|x), \cdots, P(y_m|x)$。

（4）如果 $P(y_k|x) = \max\{P(y_1|x), P(y_2|x), \cdots, P(y_m|x)\}$，则 $x \subset y_k$。

上面定义的关键步骤还是步骤（3），该步的求解就用到了朴素贝叶斯的两大基础——贝叶斯公式和特征条件独立假设。具体求解过程如下。

（1）给定一组训练数据集，用于训练参数。

（2）统计得到在每种类别下各个特征属性的条件概率估计（这一步使用极大似然估

计或贝叶斯估计）。

$$
\begin{aligned}
&P(a_1 \mid y_1), P(a_2 \mid y_1), \cdots, P(a_n \mid y_1)\\
&P(a_1 \mid y_2), P(a_2 \mid y_2), \cdots, P(a_n \mid y_2)\\
&\qquad\qquad\vdots\\
&P(a_1 \mid y_m), P(a_2 \mid y_m), \cdots, P(a_n \mid y_m)
\end{aligned}
\tag{10.3}
$$

（3）根据贝叶斯公式有以下推导。

$$
P(y_i \mid x) = \frac{P(x \mid y_i)P(y_i)}{P(x)}
\tag{10.4}
$$

由全概率公式可知，对于所有类别来说，$P(x)$ 为一个常数。因此，只需要比较每一类的 $P(x|y_i)P(y_i)$，哪个值最大，待分类项就是哪一类。因为有特征条件独立的假设，所以可以使用条件独立公式求解。

$$
P(x \mid y_i)P(y_i) = P(a_1 \mid y_i) * P(a_2 \mid y_i) * \cdots * P(a_n \mid y_i) * P(y_i)
\tag{10.5}
$$

3. 用朴素贝叶斯对文档进行分类

朴素贝叶斯分类器的一个重要应用就是文档的自动分类。在文档分类中，整个文档（例如一封电子邮件）是实例，而在电子邮件中的某些元素则构成特征。虽然电子邮件是一种会不断增加的文本，但我们同样可以对新闻报道、用户留言、政府公文等其他任意类型的文本进行分类。可以观察文档中出现的词，并把每个词的出现或不出现作为一个特征，这样得到的特征数目就会跟词汇表中的词目一样多。朴素贝叶斯是朴素贝叶斯分类器的一个扩展，是用于文档分类的常用算法。

朴素贝叶斯的一般使用过程如下。

（1）收集数据：可以使用任何方法。

（2）准备数据：需要数值型或布尔型数据。

（3）分析数据：当有大量特征时，绘制特征作用不大，此时使用直方图效果更好。

（4）训练算法：计算不同的独立特征的条件概率。

（5）测试算法：计算错误率。

（6）使用算法：一个常见的朴素贝叶斯应用是文档分类。用户可以在任意的分类场景中使用朴素贝叶斯分类器，不一定非要是文本。

下面以 20 类新闻文本数据为例，对其用朴素贝叶斯分类器进行分类。

（1）导入数据：

```
# 导入数据
from sklearn.datasets import fetch_20newsgroups
news = fetch_20newsgroups(subset = 'all')
```

（2）对数据做随机分割，形成训练集和测试集：

```
# 数据分割
from sklearn.cross_validation import train_test_split
# 随机采样,25 % 的数据样本作为测试集
X_train, X_test, y_train, y_test = train_test_split(news.data, news.target, test_size = 0.25,
                                                    random_state = 33)
```

（3）构建模型：

```
# 使用朴素贝叶斯分类器对新闻文本数据进行类别预测
# 将文本数据转化为特征向量
from sklearn.feature_extraction.text import CountVectorizer
vec = CountVectorizer()
X_train = vec.fit_transform(X_train)
X_test = vec.transform(X_test)
# 导入贝叶斯模型
from sklearn.naive_bayes import MultinomialNB
mnb = MultinomialNB()
# 训练模型
mnb.fit(X_train, y_train)
# 预测
y_pred = mnb.predict(X_test)
```

（4）模型评估：

```
# 性能评估
from sklearn.metrics import classification_report
print('The accuracy of Naive Bayes Classifier is:', mnb.score(X_test, y_test))
print(classification_report(y_test, y_pred, target_names = news.target_names))
```

输出结果如下：

```
The accuracy of Naive Bayes Classifier is: 0.839770797963
```

	precision	recall	f1 - score	support
alt.atheism	0.86	0.86	0.86	201
comp.graphics	0.59	0.86	0.70	250
comp.os.ms - windows.misc	0.89	0.10	0.17	248
comp.sys.ibm.pc.hardware	0.60	0.88	0.72	240
comp.sys.mac.hardware	0.93	0.78	0.85	242
comp.windows.x	0.82	0.84	0.83	263
misc.forsale	0.91	0.70	0.79	257
rec.autos	0.89	0.89	0.89	238
rec.motorcycles	0.98	0.92	0.95	276
rec.sport.baseball	0.98	0.91	0.95	251
rec.sport.hockey	0.93	0.99	0.96	233
sci.crypt	0.86	0.98	0.91	238
sci.electronics	0.85	0.88	0.86	249
sci.med	0.92	0.94	0.93	245
sci.space	0.89	0.96	0.92	221
soc.religion.christian	0.78	0.96	0.86	232
talk.politics.guns	0.88	0.96	0.92	251
talk.politics.mideast	0.90	0.98	0.94	231
talk.politics.misc	0.79	0.89	0.84	188
talk.religion.misc	0.93	0.44	0.60	158
avg / total	0.86	0.84	0.82	4712

通过代码的输出可以知道，朴素贝叶斯对该文本数据分类的正确率为83.977%，平均精确率、召回率和F1得分分别为0.86、0.84和0.82。

朴素贝叶斯模型被广泛应用于海量互联网文本的分类任务。其较强的特征条件独立假设,使得模型预测所需要估计的参数规模从幂指数量级向线性量级减少,极大地节约了内存消耗和计算时间。但是,也正是因为受到这种强假设的限制,模型训练时无法将各个特征之间的联系考虑进去,使得该模型在其他数据特征关联性较强的分类任务上的性能表现不佳。

小结:对于分类而言,使用概率有时要比使用硬规则更为有效。贝叶斯概率及贝叶斯准则提供了一种利用已知值来估计未知概率的有效方法,可以通过特征之间的条件独立性假设降低对数据量的需求。独立性假设指一个词的出现概率并不依赖于文档中的其他词。当然,这个假设过于简单。这就是称之为朴素贝叶斯的原因。尽管条件独立性假设并不正确,但是朴素贝叶斯仍然是一种有效的分类器。

10.3.4 支持向量机

在介绍支持向量机(Support Vector Machine,SVM)之前先解释几个概念。如图 10.9 所示,将数据集分隔开的直线称为分隔超平面(separating hyper plane)。在下面给出的例子中,由于数据点都在二维平面上,所以此时分隔超平面只是一条直线。

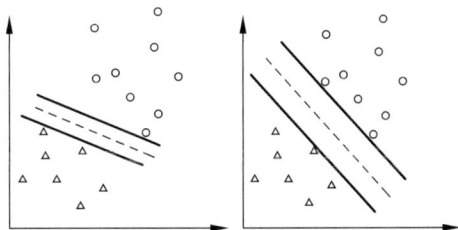

图 10.9 分隔超平面

如图 10.9 所示,从直观上来看,左边肯定不是最优分界面;而右边能让人感觉到其距离更大,使用的支撑点更多,应该是最优分界面。那么,究竟什么样的分界面是最优的呢?

采用这种方式来构建分类器,数据点离决策边界越远,其最后的预测结果就越可信。所以我们希望找到离分隔超平面最近的点,确保它们离分隔面的距离尽可能远。这里点到分隔面的距离称为间隔(margin)。希望间隔尽可能大,这是因为如果我们犯错或在有限数据上训练分类器,我们希望分类器尽可能健壮。

支持向量(support vector)就是离分隔超平面最近的那些点。接下来要试着最大化支持向量到分隔面的距离,需要找到此问题的优化求解方法。

支持向量机分类器是根据训练样本的分布搜索所有可能的线性分类器中最佳的那个,即寻找到一个最佳超平面。

接下来用 Scikit-learn 内部集成的手写体数字图片的数据集对 SVM 进行应用。

```
# 读取数据
from sklearn.datasets import load_digits
digits = load_digits()
# 读取数据维度
digits.data.shape
(1797, 64)
```

从上面这段代码的运行结果可以知道该手写体数字的数码图像数据共有 1797 条，并且每幅图片都是由 8×8＝64 的像素矩阵组成。在模型使用这些像素矩阵时，我们习惯将 2D 的图片像素矩阵逐行首尾拼接成 1D 的像素特征向量。这样做也许会损失一些数据本身的结构信息，但遗憾的是，我们当下所介绍的经典模型都没有对结构性信息进行学习的能力。

按照惯例，对于没有直接提供测试样本的数据来说，我们都要通过数据分割获取 75％ 的训练样本和 25％ 的测试样本数据，代码如下：

```
# 对数据进行分割
from sklearn.cross_validation import train_test_split
X_train, X_test, y_train, y_test = train_test_split(digits.data, digits.target, test_size
 = 0.25, random_state = 33)
```

接下来用上面产生的训练数据来训练一个基于线性核函数的支持向量机模型。

```
# 使用 SVM 对数字进行识别
from sklearn.preprocessing import StandardScaler
from sklearn.svm import LinearSVC
# 初始化
ss = StandardScaler()
# 数据标准化
X_train = ss.fit_transform(X_train)
X_test = ss.transform(X_test)

# 训练模型
svc = LinearSVC()
svc.fit(X_train, y_train)
# 预测
y_pred = svc.predict(X_test)
# 模型评估
print ('The accuracy of SVM is:', svc.score(X_test, y_test))
from sklearn.metrics import classification_report
```

代码输出结果如下：

```
The accuracy of SVM is: 0.953333333333
            precision    recall   f1 - score   support
       0       0.92       1.00       0.96         35
       1       0.96       0.98       0.97         54
       2       0.98       1.00       0.99         44
       3       0.93       0.93       0.93         46
       4       0.97       1.00       0.99         35
       5       0.94       0.94       0.94         48
       6       0.96       0.98       0.97         51
       7       0.92       1.00       0.96         35
       8       0.98       0.84       0.91         58
       9       0.95       0.91       0.93         44
avg / total    0.95       0.95       0.95        450
```

通过代码的运行结果可以知道，支持向量机模型的确能够提供比较高的手写数字识别性能。平均而言，各项指标都在 95％ 左右。

在这里需要指出的是,召回率、准确率和F1得分指标最先适用于二分类任务,但是在本例中分类目标有10个,即数字0~9,因此无法直接计算上述3个指标。通常的做法是逐一评估某个类别的这3项指标,把其他的类别看作负样本,这样一来就创造了10个二分类问题。

SVM的特点分析:支持向量机模型曾经在机器学习研究领域繁荣发展了很长一段时间,主要是在于其精妙的模型设计,它可以帮助用户在海量甚至高维度的数据中筛选对预测任务最为有效的少数训练样本。这样做不仅节省了学习所需要的数据内存,同时也提高了模型的预测性能。然而,要获得如此的优势就必须付出更多的计算代价(CPU资源和计算时间)。

最后对SVM做一个简单的总结,包括它的一些显著特点及一些缺点。

(1)支持向量的重要性:SVM的计算复杂度主要取决于支持向量的个数,而不是样本空间的维数,所以在一定程度上避免了维数灾难,这是很难的。另外,支持向量具有鲁棒性,因为SVM的分类主要由支持向量确定,所以对于那些不是支持向量的样本数据来说,并不会对最后的分类影响多少。

(2)核函数的威力:虽然SVM是线性的学习器,但是它借助核函数可以实现低位非线性向量到高位空间线性向量的映射,这使得SVM不仅可以解决线性问题,也可以解决非线性问题。

(3)SVM是使用二次规划进行求解的,所以在求解过程中需要的存储空间比较大,这导致SVM适合小样本的数据,而对于规模比较大的数据来说效果不会很好,这也是SVM的重要缺点。

10.3.5　KNN算法

K最近邻(K-Nearest Neighbor,KNN)分类算法也称K邻近算法,是数据挖掘分类技术中最简单的方法之一。所谓K最近邻,是K个最近的邻居的意思,即每个样本都可以用它最接近的K个邻居来代表。

1. KNN算法的思想

如果一个样本在特征空间中的K个最相邻的样本中的大多数属于某一个类别,则该样本也属于这个类别,并具有这个类别上样本的特性。该方法在确定分类决策上只依据最邻近的一个或几个样本的类别来决定待分样本所属的类别。KNN方法在用于类别决策时只与极少量的相邻样本有关。

由于KNN方法主要靠周围有限的邻近样本,而不是靠判别类域的方法来确定所属的类别,所以对于类域的交叉或重叠较多的待分样本集来说,KNN方法比其他方法更为适合。

2. KNN算法的决策过程

图10.10中有两种类型的样本数据,一类是正方形,另一类是三角形,中间圆形是待分类数据。

如果K=3,那么离圆点最近的有两个三角形和一个正方形,这3个点进行投票,于是待分类点就属于三角形。如果 K＝5，那么离圆点最近的有两个三角形和 3 个正方形，这 5 个点进行投票，于是待分类点就属于正方形。

KNN 算法不仅可以用于分类，还可以用于回归。通过找出一个样本的 K 个最近邻居，将这些邻居的属性的平均值赋给该样本，就可以得到该样本的属性。更有用的方法是将不同距离的邻居对该样本产生的影响给予不同的权值（weight），例如，权值与距离成反比。

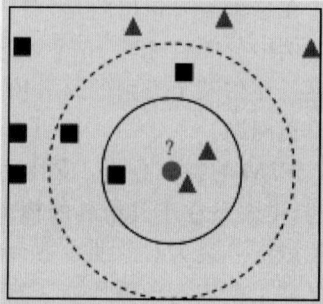

图 10.10   K 近邻分类图

3. KNN 算法的 Python 实现

下面用代码来实现 KNN 算法的应用。本次用到的数据是经典的 Iris 数据集。该数据集有 150 条鸢尾花数据样本，并且均匀地分布在 3 个不同的亚种中，每个数据样本被 4 个不同的花瓣、花萼的形状特征所描述。

```
♯读取数据
from sklearn.datasets import load_iris
data = load_iris()
♯查看数据大小
data.data.shape
(150, 4)
♯查看数据说明
print (data.DESCR)
Notes
-----
Data Set Characteristics:
    :Number of Instances: 150 (50 in each of three classes)
    :Number of Attributes: 4 numeric, predictive attributes and the class
    :Attribute Information:
        - sepal length in cm
        - sepal width in cm
        - petal length in cm
        - petal width in cm
        - class:
                - Iris-Setosa
                - Iris-Versicolour
                - Iris-Virginica
    :Summary Statistics:
    ============== ==== ==== ======= ===== ====================
                    Min  Max  Mean    SD    Class Correlation
    ============== ==== ==== ======= ===== ====================
    sepal length:   4.3  7.9  5.84    0.83  0.7826
    sepal width:    2.0  4.4  3.05    0.43  -0.4194
    petal length:   1.0  6.9  3.76    1.76  0.9490  (high!)
    petal width:    0.1  2.5  1.20    0.76  0.9565  (high!)
    ============== ==== ==== ======= ===== ====================

    :Missing Attribute Values: None
```

```
            :Class Distribution: 33.3% for each of 3 classes.
            :Creator: R. A. Fisher
            :Donor: Michael Marshall (MARSHALL% PLU@ io. arc. nasa. gov)
            :Date: July, 1988
This is a copy of UCI ML iris datasets.
http://archive. ics. uci. edu/ml/datasets/Iris
The famous Iris database, first used by Sir R. A Fisher
This is perhaps the best known database to be found in the pattern recognition literature.
Fisher's paper is a classic in the field and is referenced frequently to this day.    (See Duda
& Hart, for example.)    The data set contains 3 classes of 50 instances each, where each class
refers to a type of iris plant.    One class is linearly separable from the other 2; the latter
are NOT linearly separable from each other.
References
----------
     - Fisher,R.A. "The use of multiple measurements in taxonomic problems"
       Annual Eugenics, 7, Part II, 179 - 188 (1936); also in "Contributions to
       Mathematical Statistics" (John Wiley, NY, 1950).
     - Duda,R.O., & Hart,P.E. (1973) Pattern Classification and Scene Analysis.
       (Q327. D83) John Wiley & Sons.    ISBN 0 - 471 - 22361 - 1.    See page 218.
     - Dasarathy, B.V. (1980) "Nosing Around the Neighborhood: A New System
       Structure and Classification Rule for Recognition in Partially Exposed
       Environments".    IEEE Transactions on Pattern Analysis and Machine
       Intelligence, Vol. PAMI - 2, No. 1, 67 - 71.
     - Gates, G.W. (1972) "The Reduced Nearest Neighbor Rule".    IEEE Transactions
       on Information Theory, May 1972, 431 - 433.
     - See also: 1988 MLC Proceedings, 54 - 64.    Cheeseman et al"s AUTOCLASS II
       conceptual clustering system finds 3 classes in the data.
     - Many, many more ...
```

通过上述代码对数据的查验及数据本身的描述,我们可以了解到 Iris 数据集共有
150 条鸢尾花数据样本,并且均匀地分布在 3 个不同的亚种中,每个数据样本被
4 个不同的花瓣、花萼的形状特征所描述。由于没有指定的测试集,依据惯例,需要对数
据进行随机分割,将 25% 的数据用作测试,75% 的数据用作训练。

需要强调,如果读者自行编写程序用作数据分割,请务必保证是随机采样。尽管很
多数据集中的样本的排序相对随机,但是也有例外。在本例中,Iris 数据就是根据类别依
次排列的。如果只采样前 25% 的数据用作测试,那么所有的测试样本都属于一个类别。
同时训练样本也是不均衡的,这样得到的结果存在偏置,并且可信度非常低,Scikit-learn
所提供的数据分割模块是默认采用随机采样功能的,因此读者不必担心。

```
# 对数据进行分割
from sklearn. cross_validation import train_test_split
X_train, X_test, y_train, y_test = train_test_split(data. data, data. target, test_size = 0.25,
                                                     random_state = 33)


# 使用 KNN 算法进行分类
from sklearn. preprocessing import StandardScaler
from sklearn. neighbors import KNeighborsClassifier
# 初始化
```

```
ss = StandardScaler()

#数据标准化
X_train = ss.fit_transform(X_train)
X_test = ss.transform(X_test)

#训练模型
knc = KNeighborsClassifier()
knc.fit(X_train, y_train)
#预测
y_pred = knc.predict(X_test)

#模型评估
print ('The accuracy of KNN is:', knc.score(X_test, y_test))
from sklearn.metrics import classification_report
print(classification_report(y_test, y_pred, target_names = data.target_names))
```

代码输出结果如下，KNN 算法对鸢尾花测试数据的分类准确率为 89.474%，其他数据如下：

```
The accuracy of KNN is: 0.894736842105
                precision     recall    f1 - score    support

      setosa      1.00         1.00       1.00          8
versicolor        0.73         1.00       0.85         11
   virginica      1.00         0.79       0.88         19

avg / total       0.92         0.89       0.90         38
```

KNN 算法的特点分析：KNN 算法是非常直观的机器学习模型，因此深受广大初学者的喜爱。许多教科书往往以此模型抛砖引玉，足以看出其不仅特别，而且尚有瑕疵之处。细心的读者会发现，KNN 算法与其他算法模型最大的不同在于该模型没有参数训练过程。也就是说，我们并没有通过任何学习算法来分析训练数据，而只是根据测试样本在训练数据中的分布直接做出分类决策。因此，KNN 算法属于无参数模型中非常简单的一种。然而，正是这样的决策算法导致了其非常高的计算复杂度和内存消耗。因为该模型每处理一个测试样本，都需要对所有事先加载在内存中的训练样本进行遍历、逐一计算相似度、排序并且选取 K 个最近邻训练样本的标记，进而做出分类决策。这是平方级的算法复杂度，一旦数据规模稍大，便需要权衡更多计算时间的代价。

最后，对 KNN 算法做一个简单的小结。

优点：

（1）简单，易于理解，易于实现，无须估计参数，无须训练。

（2）适合对稀有事件进行分类。

（3）特别适合于多分类问题（multi-modal，对象具有多个类别标签），KNN 比 SVM 的表现要好。

缺点：

（1）当样本不平衡时，例如，一个类的样本容量很大，而其他类的样本容量很小，有可能导致输入一个新样本时该样本的 K 个邻居中大容量类的样本占多数，少数类容易分错。

（2）需要存储全部训练样本。

（3）计算量较大，因为对每一个待分类的文本都要计算它到全体已知样本的距离，才能求得它的 K 个最近邻点。

（4）可理解性差，无法给出像决策树那样的规则。

10.3.6 决策树

1. 决策树简介

决策树的原理非常简单，即便用户之前没有接触过决策树，也可以通过图 10.11 了解其工作原理。如图 10.11 所示的流程图就是一个决策树，正方形代表判断模块 (decision block)，椭圆形代表终止模块 (terminating block)，表示已经得出结论，可以终止运行。从判断模块引出的左右箭头称为分支 (branch)，它可以到达另一个判断模块或终止模块。图 10.11 构造了一个假想的邮件分类系统，它首先检测发送邮件域名地址，如果地址为 MyEmPloyer.com，则将其放在分类"无聊时需要阅读的邮件"中。如果邮件不是来自这个域名，则检查邮件内容里是否包含单词"曲棍球"，若包含，则将邮件归类到"需要及时处理的朋友邮件"，若不包含，则将邮件归类到"无须阅读的垃圾邮件"。

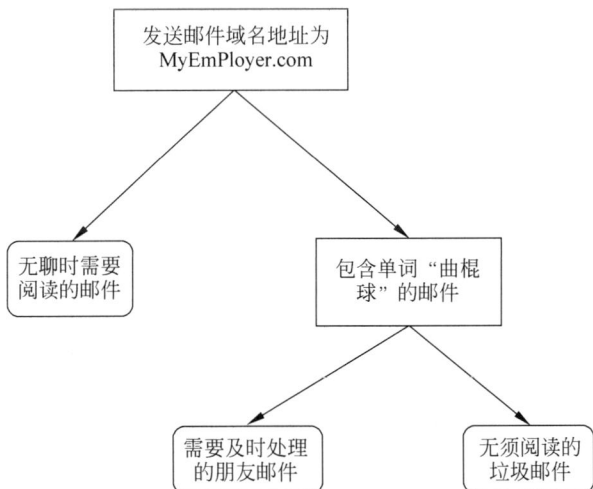

图 10.11　流程图形式的决策树

在构造决策树时，需要解决的第一个问题就是当前数据集上哪个特征在划分数据分类时起决定性作用。为了找到决定性的特征，划分出最好的结果，必须评估每个特征。在完成测试之后，原始数据集就被划分为几个数据子集。这些数据子集会分布在第一个决策点的所有分支上 。如果某个分支下的数据属于同一类型，则当前无须阅读的垃圾邮件已经正确地划分数据分类，无须进一步对数据集进行分割。如果数据子集内的数据不属于同一类型，则需要重复划分数据子集的过程。划分数据子集的方法和划分原始数据集的方法相同,直到所有具有相同类型的数据均在一个数据子集内才能停止划分数据子集的过程。

目前常用的决策树算法有 ID3 算法、C4.5 算法和 CART 算法,这些算法将在后面介绍。

2. 信息增益

划分数据集的大原则是将无序的数据变得更加有序。用户可以使用多种方法划分数据集,但是每种方法都有各自的优缺点。组织杂乱无章的数据的一种方法就是使用信息论度量信息,信息论是量化处理信息的分支科学。用户可以在划分数据之前使用信息论量化度量信息的内容。

在划分数据集之前、之后信息发生的变化称为信息增益,知道如何计算信息增益,就可以计算每个特征值划分数据集获得的信息增益,获得信息增益最高的特征就是最好的选择。

在可以评测哪种数据划分方式是最好的数据划分之前,必须学习如何计算信息增益。集合信息的度量方式称为香农熵或简称为熵,这个名字来源于信息论之父克劳德·香农。

熵定义为信息的期望值,在明晰这个概念之前,大家必须知道信息的定义。如果待分类的事务可能划分在多个分类之中,则信息定义如下。

$$l(x_i) = -\log_2 p(x_i) \tag{10.6}$$

其中,$p(x_i)$为选择该分类的概率。

为了计算熵,需要计算所有类别中所有可能值包含的信息期望值,通过下面的公式得到。

$$H = -\sum_{i=1}^{n} p(x_i)\log_2 p(x_i) \tag{10.7}$$

其中,n 是分类的数目。

已经有了熵作为衡量训练样本集合的标准,现在可以定义属性分类训练数据的效力的度量标准。这个标准被称为"信息增益(information gain)"。简单地说,一个属性的信息增益就是由于使用这个属性分割样例而导致的期望熵降低(或者说样本按照某属性划分时造成熵减少的期望)。现在假设将训练元组 D 按属性 A 进行划分,则 A 对 D 划分的期望信息如下。

$$I_A(D) = -\sum_{j=1}^{v} \frac{D_i}{D} I(D_j) \tag{10.8}$$

信息增益即为两者的差值。

$$gain(A) = I(A) - I_A(D) \tag{10.9}$$

3. 决策树分类算法

1) ID3 算法

ID3 算法是决策树算法的一种。在了解什么是 ID3 算法之前,读者要先明白一个概念——奥卡姆剃刀。

奥卡姆剃刀(occam's razor, ockham's razor)又称"奥坎的剃刀",它是由 14 世纪逻辑学家、圣方济各会修士奥卡姆的威廉(William of Occam,约 1285—1349 年)提出的,他在《箴言书注》2 卷 15 题说"切勿浪费较多东西去做'用较少的东西同样可以做好的事情'。"简单点说就是 be simple。

ID3 算法是一个由 Ross Quinlan 发明的用于决策树的算法。这个算法便是建立在上述所介绍的奥卡姆剃刀的基础上:越是小型的决策树越优于大的决策树(be simple 理论)。尽管如此,该算法也不总是生成最小的树状结构,而是一个启发式算法。

从信息论知识中可以知道,期望信息越小,信息增益越大,从而纯度越高。ID3 算法的核心思想就是以信息增益度量属性选择,选择分裂后信息增益最大的属性进行分裂。该算法采用自顶向下的贪婪搜索遍历可能的决策树空间。

所以,ID3 的思想如下。

(1) 自顶向下的贪婪搜索遍历可能的决策树空间构造决策树(此方法是 ID3 算法和C4.5 算法的基础)。

(2) 从"哪一个属性将在树的根节点被测试"开始。

(3) 使用统计测试来确定每一个实例属性单独分类训练样例的能力,分类能力最好的属性作为树的根节点测试(如何定义或评判一个属性是分类能力最好的呢? 这便是前面介绍的信息增益,或者信息增益率。这里要说的是信息增益和信息增益率是不同的,ID3 基于信息增益选择最好的属性,而接下来介绍的 C4.5 则基于增益率进行选择,这也是它进步的地方)。

(4) 为根节点属性的每个可能值产生一个分支,并把训练样例排列到适当的分支(也就是说,样例的该属性值对应的分支)之下。

(5) 重复这个过程,用每个分支节点关联的训练样例来选取在该点被测试的最佳属性。这形成了对合格决策树的贪婪搜索,也就是算法从不回溯重新考虑以前的选择。

2) C4.5 算法

C4.5 是机器学习算法中的另一个分类决策树算法,它是决策树(决策树也就是做决策的节点间的组织方式像一棵树,其实是一个倒树)核心算法,也是前面所介绍的 ID3 的改进算法,所以用户基本上了解了一般决策树构造方法就能构造它。决策树构造方法其实就是每次选择一个好的特征及分裂点作为当前节点的分类条件。既然说 C4.5 算法是 ID3 的改进算法,那么 C4.5 与 ID3 相比改进的地方有哪些呢?

(1) 用信息增益率来选择属性:ID3 选择属性用的是子树的信息增益,这里可以用很多方法来定义信息,ID3 使用的是熵(entropy,熵是一种不纯度度量准则),也就是熵变化值,而C4.5 用的是信息增益率。它们的区别就在于一个是信息增益,另一个是信息增益率。

(2) 在树的构造过程中进行剪枝,在构造决策树时那些挂着几个元素的节点最好不考虑,否则容易导致 over fitting。

(3) 对非离散数据也能处理。

(4) 能够对不完整数据进行处理。

针对上述第(1)点解释一下:一般来说,率是取平衡用的,和方差起的作用差不多,例如,有两个跑步的人,一个人起速是 10m/s、10s 后为 20m/s;另一个人起速是 1m/s、1s 后为 2m/s。如果仅仅算差值,那么两个人速度的差距很大,如果使用速度增加率(加速度,即都为 $1m/s^2$)来衡量,则两个人就是一样的加速度。因此,C4.5 克服了 ID3 用信息增益选择属性时偏向选择取值多的属性的不足。

3) CART(Classification And Regression Tree)算法

分类与回归树模型由 Breiman 等在 1984 年提出,它是应用广泛的决策树学习方法。CART 同样由特征选择、树的生成及剪枝组成,既可用于分类也可用于回归。CART 是在给定输入随机变量 X 的条件下输出随机变量 Y 的条件概率分布的学习方法。CART 假设决策树是二叉树,内部节点特征的取值为"是"和"否",左分支是取值为"是"的分支,右分支是取值为"否"的分支。这样的决策树等价于递归地二分每个特征,将输入空间(即特征空间)划分为有限个单元,并在这些单元上确定预测的概率分布,也就是在输入给定的条件下输出的条件概率分布。

CART 算法由以下两步组成。

(1) 决策树生成:基于训练数据集生成决策树,生成的决策树要尽量大。

(2) 决策树剪枝:用验证数据集对已生成的树进行剪枝并选择最优子树,这时用损失函数最小作为剪枝的标准。

CART 算法主要分为两大部分。

(1) 回归树的生成,针对 Y 是连续变量。

(2) 分类树的生成,针对 Y 是离散变量。

下面用代码来实现一个决策树分类的案例。这次使用的数据是"泰坦尼克"号的乘客的生还/遇难数据,具体代码如下:

```
# 导入 pandas 库
import pandas as pd
# 读取数据
data = pd.read_csv('train.csv')
# 查看数据的前几行
data.head()
```

这段代码的输出结果如图 10.12 所示。

	PassengerId	Survived	Pclass	Name	Sex	Age	SibSp	Parch	Ticket	Fare	Cabin	Embarked
0	1	0	3	Braund, Mr. Owen Harris	male	22.0	1	0	A/5 21171	7.2500	NaN	S
1	2	1	1	Cumings, Mrs. John Bradley (Florence Briggs Th...	female	38.0	1	0	PC 17599	71.2833	C85	C
2	3	1	3	Heikkinen, Miss. Laina	female	26.0	0	0	STON/O2. 3101282	7.9250	NaN	S
3	4	1	1	Futrelle, Mrs. Jacques Heath (Lily May Peel)	female	35.0	1	0	113803	53.1000	C123	S
4	5	0	3	Allen, Mr. William Henry	male	35.0	0	0	373450	8.0500	NaN	S

图 10.12 输出结果

从这段代码的输出结果可以看到该数据共有 12 个特征,关于每个特征的取值类型也能知道,这便为进行下一步分析打下了基础。

```
# 查看数据说明
data.info()
```

了解数据，结果如下：

```
< class 'pandas.core.frame.DataFrame'>
RangeIndex: 891 entries, 0 to 890
Data columns (total 12 columns):
PassengerId    891 non-null int64
Survived       891 non-null int64
Pclass         891 non-null int64
Name           891 non-null object
Sex            891 non-null object
Age            714 non-null float64
SibSp          891 non-null int64
Parch          891 non-null int64
Ticket         891 non-null object
Fare           891 non-null float64
Cabin          204 non-null object
Embarked       889 non-null object
dtypes: float64(2), int64(5), object(5)
    # 对'Age'这一列进行缺失值的填充，采用均值填充
    data['Age'].fillna(data['Age'].mean(),inplace = True)
    # 根据分析，'Cabin'这一列数据不是想要的特征，所以不对其进行填充
    # 处理后再对数据进行描述
    data.describe()
```

对存在缺失值的列进行数值填充，采用均值填充，结果如图 10.13 所示。

	PassengerId	Survived	Pclass	Age	SibSp	Parch	Fare
count	891.000000	891.000000	891.000000	891.000000	891.000000	891.000000	891.000000
mean	446.000000	0.383838	2.308642	29.699118	0.523008	0.381594	32.204208
std	257.353842	0.486592	0.836071	13.002015	1.102743	0.806057	49.693429
min	1.000000	0.000000	1.000000	0.420000	0.000000	0.000000	0.000000
25%	223.500000	0.000000	2.000000	22.000000	0.000000	0.000000	7.910400
50%	446.000000	0.000000	3.000000	29.699118	0.000000	0.000000	14.454200
75%	668.500000	1.000000	3.000000	35.000000	1.000000	0.000000	31.000000
max	891.000000	1.000000	3.000000	80.000000	8.000000	6.000000	512.329200

图 10.13 均值填充的数据

```
X = data[['Pclass', 'Sex', 'Age']]
y = data['Survived']
```

构建 label 和特征，进行模型训练。

```
# 数据分割
from sklearn.cross_validation import train_test_split
X_train, X_test, y_train, y_test = train_test_split(X, y, test_size = 0.25, random_state = 33)

# 使用 sklearn.feature_extraction 中的特征转换器
from sklearn.feature_extraction import DictVectorizer
```

```
vec = DictVectorizer(sparse = False)

# 特征转换后,发现凡是类别型的特征都单独剥离出来,独成一项特征,数值型的则保持不变
X_train = vec.fit_transform(X_train.to_dict(orient = 'record'))
# 同样对测试数据进行特征转换
X_test = vec.fit_transform(X_test.to_dict(orient = 'record'))

# 导入决策树分类器
from sklearn.tree import DecisionTreeClassifier
# 初始化分类器
dtc = DecisionTreeClassifier()
# 用训练数据进行学习
dtc.fit(X_train, y_train)

# 对测试集数据进行预测
y_pred = dtc.predict(X_test)

# 对算法进行评价
from sklearn.metrics import classification_report
# 输出预测准确率
print(dtc.score(X_test, y_test))
# 输出更加详细的分类性能
print (classification_report(y_pred, y_test, target_names = ['die', 'survived']))
```

输出结果如下：

```
0.834080717489
              precision    recall   f1 - score    support

        die      0.90       0.84       0.87         143
   survived      0.74       0.82       0.78          80

avg / total      0.84       0.83       0.84         223
```

该模型在该数据上的总体预测准确率为 83.4%，但是对遇难者的预测准确率达到了 90%，对幸存者的预测准确率只有 74%，这说明该模型还存在提高的空间。

特点分析：与其他的模型相比，决策树算法在模型描述上有着巨大的优势。决策树的推断逻辑非常直观，具有清晰的可解释性，也方便了模型的可视化。这些特性也保证了使用决策树模型时是无须考虑对数据的量化或标准化的，并且决策树仍属于有参数的学习模型，需要花费很多时间在训练数据上。

但是决策树很容易产生过拟合的问题，过拟合指的是在训练集上表现良好，而在测试集上表现很差的现象。产生过拟合主要有以下几个原因。

（1）噪声数据：在训练数据中存在噪声数据，决策树的某些节点由噪声数据作为分割标准，导致决策树无法代表真实数据。

（2）缺少代表性数据：训练数据没有包含所有具有代表性的数据，导致某一类数据无法很好地匹配，这一点可以通过观察混淆矩阵（confusion matrix）分析得出。

（3）多重比较（multiple comparisons）：这一情况和决策树选取分割点类似，需要在每个变量的每个值中选取一个作为分割的代表，所以选出一个噪声分割标准的概率是很大的。

决策树防止过拟合的一个有效操作是修枝剪叶。

决策树过拟合往往是因为太过"茂盛",也就是节点过多,所以需要裁剪(prune tree)枝叶。裁剪枝叶的策略对决策树正确率的影响很大,主要有以下两种裁剪策略。

(1) 前置裁剪:在构建决策树的过程中提前停止,那么会将切分节点的条件设置得很苛刻,导致决策树很短小,结果就是决策树无法达到最优。实践证明这种策略无法得到较好的结果。

(2) 后置裁剪:决策树的剪枝往往通过极小化决策树整体的损失函数或代价函数来实现。这样考虑了减小模型复杂度,决策树生成学习局部模型,而决策树剪枝学习整体的模型,利用损失函数最小原则进行剪枝就是用正则化的极大似然估计进行模型选择。

设一组叶节点回缩到其父节点之前的整体树的损失函数值比之后的函数值要大,则进行剪枝。这个过程一直进行,直到不能继续为止,最后得到损失函数最小的子树。

10.4　"生物多样性"分析案例

10.4.1　案例描述与分析

动物园最近引进了一批新的动物,园方希望能够利用计算机对这些动物进行分类,以便将其放在不同园区饲养。虽然新引进动物的类别未知,但是动物园目前已有的动物都已经做了类别标记。可行的方案是通过与动物园已有动物(已分类)进行特征上的比对,使用动物的各项特征训练模型对新动物进行类别设置,这是典型的数据挖掘监督分类问题。

动物园将园内的动物分为哺乳动物、鸟类、爬行动物、鱼类、两栖动物、昆虫类和无脊椎动物(非昆虫类)7 大类,编号为 1～7。

使用的动物特征包括是否有毛、是否有羽毛、是否卵生、是否哺乳、能否飞行、是否水生、是否捕食、有无牙齿、有无脊柱、呼吸方式、有无毒、有无鳍、腿数、有无尾巴、是否驯养。

在模型选择上,本案例尝试使用 KNN、决策树两种算法,并在得到分类结果之后比较两种算法的优劣。

10.4.2　程序实现

1. 数据预处理

在本书的配套资源里提供了本例所使用的数据集,读者可自行下载原始数据,数据名称为 animal. csv 和 animal_new. csv,文件格式为 CSV,编码格式为 UTF-8,其中 animal. csv 为已分类数据集,animal_new. csv 为未分类数据集。

首先为本项目创建一个新的工作区目录,本书将工作区命名为 classification,读者也可按照自己的喜好任意命名。同时需要准备一些 Python 模块,例如 NumPy、Pandas、Matplotlib 以及 Scikit-learn 等。

将下载的原始数据 animal. csv 和 animal_new. csv 复制到项目工作区目录 classification 下,使用 Pandas 加载数据:

```
import pandas as pd

ANIMAL_DATA_PATH = "animal.csv"
ANIMAL_NEW_DATA_PATH = "animal_new.csv"
animal_data = pd.read_csv(ANIMAL_DATA_PATH)
animal_new_data = pd.read_csv(ANIMAL_NEW_DATA_PATH)
```

使用 head()方法可以查看前 5 条数据：

```
# 查看前 5 条数据
animal_data.head()
```

输出结果如图 10.14 所示。

	名称	有毛	有羽毛	卵生	哺乳	飞行	水生	捕食	有齿	有脊柱	呼吸	有毒	有鳍	腿数	有尾	驯养	类别
0	土豚	1	0	0	1	0	0	1	1	1	1	0	0	4	0	0	1
1	羚羊	1	0	0	1	0	0	0	1	1	1	0	0	4	1	0	1
2	鲈鱼	0	0	1	0	0	1	1	1	1	0	0	1	0	1	0	4
3	熊	1	0	0	1	0	0	1	1	1	1	0	0	4	0	0	1
4	野猪	1	0	0	1	0	0	1	1	1	1	0	0	4	1	0	1

图 10.14　查看前 5 条数据

可以看到，除了特征"腿数"和目标变量"类别"以外，其他特征均使用 0 和 1 表达布尔类型，其中 0 表示无或否的含义，1 表示有或是的含义，"腿数"特征为数值型，"类别"为类别编码（1~7 分别表示不同的动物类别）。

使用 animal_data.info()方法可以看到训练数据集中共有 79 条记录，且无空值。

对于训练集和测试集，将特征向量 X 和目标变量 y 区分出来：

```
train_set_X = animal_data.loc[:, ["有毛","有羽毛","卵生","哺乳","飞行","水生","捕食","有齿","有脊柱","呼吸","有毒","有鳍","腿数","有尾","驯养"]]
train_set_y = animal_data.loc[:, ["类别"]]
test_set_X = animal_new_data.loc[:, ["有毛","有羽毛","卵生","哺乳","飞行","水生","捕食","有齿","有脊柱","呼吸","有毒","有鳍","腿数","有尾","驯养"]]
X = train_set_X.values
y = train_set_y.values.T[0]
X_test = test_set_X.values
```

2. KNN 分类

Scikit-learn 在 sklearn.neighbors 模块中提供 KNN 算法的实现类 KNeighborsClassifier，可通过该类执行 KNN 分类。

```
from sklearn.neighbors import KNeighborsClassifier

neigh = KNeighborsClassifier(n_neighbors = 3)
neigh.fit(train_set_X, train_set_y)
print(neigh.scores)

'''
0.9873417721518988
'''
```

scores 输出的是分类准确率,这里由于使用训练集自身进行准确率的验证,得到的数值虽然高,但没有说服力。下面使用 K 折交叉验证法对分类准确率进行分析:

```
from sklearn.model_selection import cross_val_score

neigh = KNeighborsClassifier(n_neighbors = 3)
neigh.fit(train_set_X, train_set_y)
scores = cross_val_score(neigh, train_set_X, train_set_y, cv = 5)
print("K fold Mean:", scores.mean())

'''
K fold Mean: 0.885
'''
```

使用 K 折交叉验证做了 5 次分类,平均分类准确率为 88.5%,在可以接受的范围内。

对于 KNN 算法来说有一个关键的超参数——K 值,即 KNeighborsClassifier 构造方法中的 n_neighbors 参数,在上例中将其设置为 3,但没有任何信息表明 3 就是最优参数的取值。因此可以做一个简单的调参,连续对 K 取不同的值,同时观察分类准确率。

```
for i in range(2,10):
    neigh = KNeighborsClassifier(n_neighbors = i)
    scores = cross_val_score(neigh, X, y, cv = 5)
    print("K = ", i, scores.mean())
```

如果把结果输出成图像,可以得到如图 10.15 所示的折线图。

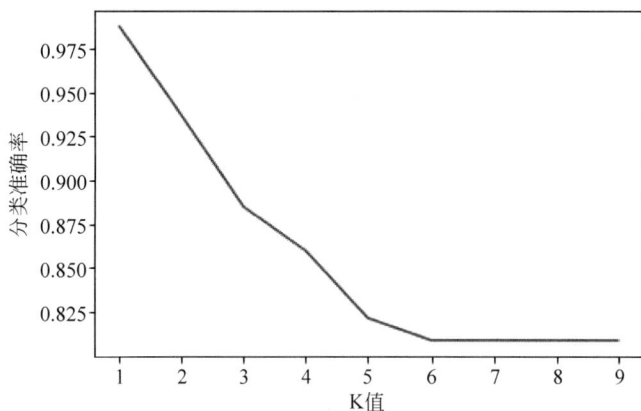

图 10.15 折线图

可以看到,由于本例中数据量较小,所以 K 值越小,得到的分类准确率越高。其中,当 K 取 1 时分类准确率达到 98.8%。

3. 决策树分类

在 Scikit-learn 中提供了决策树算法的实现,可调用 sklearn.tree.DecisionTreeClassifier 执行决策树分类算法。

```
from sklearn.tree import DecisionTreeClassifier
clf = DecisionTreeClassifier(random_state = 0)
scores = cross_val_score(clf, X, y, cv = 5)
print("K fold Mean:", scores.mean())

'''
K fold Mean: 0.9625
'''
```

可以看到，在默认参数下决策树的分类准确率为 96.25%。接下来尝试调整一些参数，看是否会对分类结果产生影响：

```
from sklearn.model_selection import RandomizedSearchCV
clf = DecisionTreeClassifier(random_state = 0)
distributions = {
    'criterion': ['gini','entropy'],
    'max_features': [None,'sqrt','log2'],
    'max_leaf_nodes': range(1,100)
}
rscv = RandomizedSearchCV(clf, distributions, cv = 5)
search = rscv.fit(X, y)
print(search.best_params_)        ♯输出最优一次的参数
print(search.best_score_)         ♯输出最优一次的分类准确率
```

这里随机调整了若干参数，输入最后的分类结果及其参数，发现准确率仍为 96.25%，因此可以认为针对当前数据，决策树的执行比较稳定，参数选项对最终结果的影响不大。

10.4.3　案例结果

对比两种分类算法不难看出，由于本例的数据质量较好，不同的算法在执行分类准确率方面相差不大，均能很好地完成分类任务。相对来说，KNN 算法的超参数对最终结果影响较大，需要在训练中仔细调参，选择最优参数。

最后，分别使用两种训练完成的模型对测试集进行分类：

```
neigh = KNeighborsClassifier(n_neighbors = 1)
neigh.fit(X, y)
pred_neigh = neigh.predict(X_test)

tree = DecisionTreeClassifier(random_state = 0)
tree.fit(X, y)
pred_tree = tree.predict(X_test)
```

对比两种算法的分类结果可以发现，对哺乳动物、鸟类、爬行动物、鱼类的结果较为一致，而对两栖动物、昆虫类、无脊椎动物的结果略有出入。读者可以自行比较，并依据生物常识和经验判断两类算法在测试集中的分类准确性。

本章小结

本章先向读者介绍了机器学习的一般流程；然后介绍有监督学习的几个常用算法，

包括线性回归、Logistic 回归、朴素贝叶斯、SVM、KNN 和决策树等；接下来从原理到应用介绍了几个常用的机器学习算法，并分析了它们各自的优缺点；最后，作为全书最为核心的章节之一，本章较为详细地从 Python 代码的角度向读者介绍了如何使用这些算法。

本章习题

1. 下列库中，(　　)主要用于在 Python 中实现机器学习模型。

　　A. NumPy　　　　　B. Pandas　　　　　C. Matplotlib　　　　D. Scikit-Learn

2. 下列方法中，(　　)用于在 Scikit-Learn 中拆分数据集为训练集和测试集。

　　A. train_test_split　　　　　　　　B. fit_transform

　　C. GridSearchCV　　　　　　　　D. StandardScaler

3. 下列算法中，(　　)不属于监督学习算法。

　　A. 线性回归(Linear Regression)

　　B. K-means 聚类(K-means Clustering)

　　C. 支持向量机(Support Vector Machine)

　　D. 朴素贝叶斯(Naive Bayes)

4. 下列 Scikit-Learn 模块中，(　　)用于评估模型性能。

　　A. sklearn. preprocessing　　　　　　B. sklearn. pipeline

　　C. sklearn. metrics　　　　　　　　D. sklearn. ensemble

5. 下列 Scikit-Learn 方法中，(　　)用于对数据进行标准化(即均值为 0，方差为 1)。

　　A. MinMaxScaler　　B. StandardScaler　　C. Normalizer　　D. Binarizer

6. 使用支持向量机进行训练和预测。下列步骤中，(　　)是正确的。(多选)

　　A. 创建一个 SVC 实例并进行训练

　　B. 使用 fit 方法训练模型

　　C. 使用 predict 方法对测试集进行预测

　　D. 使用 score 方法评估模型性能

7. 使用 sklearn 库实现线性回归模型，通过汽车的行驶里程和车龄预测汽车的价格。具体任务：从一个名为 car_prices.csv 的文件中读取数据，文件包括以下列。

• distance：汽车的行驶里程(km)。

• age：汽车的年龄(年)。

• price：汽车的价格(元)。

将该数据集按 4∶1 的比例划分为训练集和测试集，使用线性回归模型训练数据，并使用训练好的模型预测测试集，打印预测结果，输出模型均方根误差(RMSE)。

8. 编写一个 Python 程序，使用 sklearn 库实现 Logistic 回归模型，预测某人是否会患上糖尿病。具体任务：从一个名为 diabetes_data.csv 的文件中读取数据，文件包括以下列。

• Pregnancies：怀孕次数。

- Glucose：葡萄糖浓度。
- BloodPressure：血压(mm Hg)。
- SkinThickness：皮肤厚度(mm)。
- Insulin：胰岛素水平(mu U/ml)。
- BMI：体质指数(kg/m^2)。
- DiabetesPedigreeFunction：糖尿病家族史。
- Age：年龄(岁)。
- Outcome：是否患有糖尿病(1 表示患有，0 表示未患)。

将该数据集按 4：1 的比例划分为训练集和测试集，使用 Logistic 回归模型训练数据，并使用训练好的模型预测测试集，打印预测结果，输出模型准确率(Accuracy)。

9. 编写一个 Python 程序，使用 sklearn 库实现朴素贝叶斯分类器，对一组电子邮件数据进行垃圾邮件分类。具体任务：从一个名为 emails.csv 的文件中读取数据，文件包括以下列。

- label：标签(spam 表示垃圾邮件，ham 表示正常邮件)。
- email：邮件内容。

将该数据集按 4：1 的比例划分为训练集和测试集，使用朴素贝叶斯分类模型训练数据，并使用训练好的模型预测测试集，打印预测结果，输出模型准确率(Accuracy)。

10. 编写一个 Python 程序，使用 sklearn 库实现支持向量机(SVM)分类器，对一组水果数据进行分类。具体任务：从一个名为 fruits_data.csv 的文件中读取数据，文件包括以下列。

- weight：水果重量(g)。
- size：水果尺寸(cm)。
- color_score：水果颜色评分(取值 0～1，0 代表最暗最不鲜艳，1 代表最亮最鲜艳)。
- fruit_label：水果类别(1＝苹果，2＝橙子，3＝柠檬)。

将该数据集按 4：1 的比例划分为训练集和测试集，使用支持向量机分类模型训练数据，并使用训练好的模型预测测试集，打印预测结果，输出模型准确率(Accuracy)。

11. 编写一个 Python 程序，使用 sklearn 库实现 KNN 分类器，对一组学生数据进行分类。具体任务：从一个名为 students_data.csv 的文件中读取数据，文件包括以下列。

- math_score：数学成绩。
- chinese_score：语文成绩。
- english_score：英语成绩。
- pass：是否通过考试(1 表示通过，0 表示未通过)。

将该数据集按 4：1 的比例划分为训练集和测试集，使用 KNN 分类模型训练数据，并使用训练好的模型预测测试集，打印预测结果，输出模型准确率(Accuracy)。

12. 编写一个 Python 程序，使用 sklearn 库实现决策树分类器，对一组顾客数据进行分类。具体任务：从一个名为 customers_data.csv 的文件中读取数据，文件包括以下列。

- age：年龄。
- income：年收入（千元）。
- spending_score：消费评分（1～100）。
- label：顾客分类标签（0＝低价值顾客,1＝高价值顾客）。

将该数据集按 4∶1 的比例划分为训练集和测试集,使用决策树分类模型训练数据,并使用训练好的模型预测测试集,打印预测结果,输出模型准确率（Accuracy）,可视化决策树模型。

第 **11** 章

机器学习——无监督学习

本章学习目标：

- 了解无监督机器学习原理。
- 了解聚类问题相关算法并进行运用。
- 了解关联规则问题相关算法并进行运用。

11.1　无监督学习

第 10 章重点介绍了监督学习。在监督学习中，必须具有一定的先验知识，如人工标注类别。但是在现实生活中，并非所有数据都会具有先验知识，它们往往缺乏这类人工标注，或者人工标注成本过高。这时就需要在没有人工参与的情况下让计算机自主地基于某种算法对数据进行处理和学习，这称为无监督学习。在无监督学习中，数据并不被特别标识，学习模型是为了推断出数据的一些内在结构，往往在结果出来之前没人知道结果是什么样子。其常见的应用场景有聚类和关联规则的学习等。聚类算法的典型应用包括鸡尾酒会问题（即在一个鸡尾酒会上有两种声音，被两个不同的麦克风在不同的地方接收到，如何分离这两种不同的声音？）、图片的自动分类和识别、社交媒体用户的人群划分等。图 11.1 展示了本章将涉及的几种无监督机器学习算法。

图 11.1　本章涉及的无监督机器学习算法

11.2　聚类

在正式讨论聚类之前,需要先弄清楚一个问题:如何定量计算两个可比较元素间的相异度?用通俗的话说,相异度就是两个东西差别有多大,如人类与章鱼的相异度明显大于人类与黑猩猩的相异度,这是我们能直观感受到的。但是,计算机没有这种直观感受能力,因此必须在数学上对相异度进行定量定义。

设 $X=(x_1,x_2,\cdots,x_n)$,$Y=(y_1,y_2,\cdots,y_n)$,其中 X、Y 是两个元素项,各自具有 n 个可度量特征属性,那么 X 和 Y 的相异度定义为 $d(X,Y)=f(X,Y)\to R$,其中 R 为实数域。也就是说,相异度是两个元素对实数域的一个映射,所映射的实数定量表示两个元素的相异度。下面介绍不同类型变量相异度的计算方法。

11.2.1　相异度

1. 标量

标量也就是无方向意义的数字,也称为标度变量。现在先考虑元素的所有特征属性都是标量的情况。例如,计算 $X=\{2,1,102\}$ 和 $Y=\{1,3,2\}$ 的相异度。一种很自然的想法是用两者的欧几里得距离来作为相异度,欧几里得距离的定义如下。

$$d(X,Y)=\sqrt{(x_1-y_1)^2+(x_2-y_2)^2+\cdots+(x_n-y_n)^2} \tag{11.1}$$

其意义就是两个元素在欧氏空间中的几何距离,因为其直观易懂且可解释性强,被广泛用于标识两个标量元素的相异度。将上面两个示例数据代入式(11.1),可得两者的欧几里得距离如下。

$$d(X,Y)=\sqrt{(2-1)^2+(1-3)^2+(102-2)^2}=100.025 \tag{11.2}$$

除欧几里得距离外,常用作度量标量相异度的还有曼哈顿距离和闵可夫斯基距离,两者的定义如下。

曼哈顿距离:

$$d(X,Y)=|x_1-y_1|+|x_2-y_2|+\cdots+|x_n-y_n| \tag{11.3}$$

闵可夫斯基距离:

$$d(X,Y)=\sqrt[p]{|x_1-y_1|^p+|x_2-y_2|^p+\cdots+|x_n-y_n|^p} \tag{11.4}$$

欧几里得距离和曼哈顿距离可以看作是闵可夫斯基距离在 p=2 和 p=1 下的特例。另外,这 3 种距离都可以加权,这很容易理解,因此不再赘述。

下面要说一下标量的规格化问题。上面这样计算相异度的方式有一点问题,就是取值范围大的属性对距离的影响高于取值范围小的属性。例如,上述例子中第 3 个属性的取值跨度远大于前两个,这样不利于真实反映相异度,为了解决这个问题,一般要对属性值进行规格化。所谓规格化,就是将各个属性值按比例映射到相同的取值区间,这样是为了平衡各个属性对距离的影响。通常将各个属性映射到[0,1]区间,映射公式如下。

$$a_i' = \frac{a_i - \min(a_i)}{\max(a_i) - \min(a_i)} \tag{11.5}$$

其中，$\max(a_i)$和$\min(a_i)$表示所有元素项中第 i 个属性的最大值和最小值。例如，将示例中的元素规格化到[0,1]区间后，就变成了$X' = \{0.01, 0, 1\}$，$Y' = \{0, 1, 0.5\}$，重新计算欧几里得距离约为 1.12。

2. 二元变量

二元变量是只能取 0 和 1 两种值的变量，有点类似布尔值，通常用来标识是或不是这种二值属性。对于二元变量来说，上面提到的距离不能很好地标识其相异度，因此需要一种更适合的标识。一种常用的方法是用元素相同序位同值属性的比例来标识其相异度。

设有$X = \{1, 0, 0, 0, 1, 0, 1, 1\}$，$Y = \{0, 0, 0, 1, 1, 1, 1, 1\}$，可以看到两个元素的第 2、3、5、7、8 个属性取值相同，而第 1、4、6 个取值不同，那么相异度可以标识为 $3/8 = 0.375$。一般地，对于二元变量来说，相异度可用"取值不同的同位属性数/单个元素的属性位数"标识。

上面所说的相异度应该称为对称二元相异度。在现实中还有一种情况，就是我们只关心两者都取 1 的情况，而认为两者都取 0 的属性并不意味着两者更相似。例如，在根据病情对病人聚类时，如果两个人都患有肺癌，则认为两个人增强了相似度，但如果两个人都没患肺癌，并不觉得这增强了两人的相似度，在这种情况下，改用"取值不同的同位属性数/（单个元素的属性位数－同取 0 的位数）"来标识相异度，这称为非对称二元相异度。如果用 1 减去非对称二元相异度，则得到非对称二元相似度，也称为 Jaccard 系数，这是一个非常重要的概念。

3. 分类变量

分类变量是二元变量的推广，类似于程序中的枚举变量，但各个值没有数字或序数意义，如颜色、民族等。对于分类变量来说，用"取值不同的同位属性数/单个元素的全部属性数"来标识其相异度。

4. 序数变量

序数变量是具有序数意义的分类变量，通常可以按照一定的顺序意义排列，如冠军、亚军和季军。对于序数变量来说，一般为每个值分配一个数，称为这个值的秩，然后以秩代替原值当作标量属性计算相异度。

5. 向量

对于向量来说，由于它不仅有大小而且有方向，所以闵可夫斯基距离不是度量其相异度的好办法，一种流行的做法是用两个向量的余弦度量，其度量公式如下。

$$s(X, Y) = \frac{X^t Y}{\| X \| \, \| Y \|} \tag{11.6}$$

其中,∥X∥表示 X 的欧几里得范数。注意,余弦度量度量的不是两者的相异度,而是相似度。

讨论完了相异度计算的问题,就可以正式定义聚类问题了。

所谓聚类问题,就是给定一个元素集合 D,其中每个元素具有 n 个可观察属性,使用某种算法将 D 划分成 k 个子集,要求每个子集内部的元素之间相异度尽可能低,而不同子集的元素相异度尽可能高。其中每个子集称为一个簇。

与分类不同,分类是示例式学习,要求在分类前明确各个类别,并断言每个元素映射到一个类别,而聚类是观察式学习,在聚类前可以不知道类别甚至不给定类别数量,是无监督学习的一种。目前,聚类广泛应用于统计学、生物学、数据库技术和市场营销等领域,相应的算法也非常多。11.2.2 节介绍一种最简单的聚类算法——K 均值(K-Means)算法。

通常,人们根据样本间的某种距离或相似性来定义聚类,即把相似的(或距离近的)样本聚为同一类,而把不相似的(或距离远的)样本归在其他类。

11.2.2 K-means 算法

1. 算法简介

K-means 算法是一种聚类算法。所谓聚类,即根据相似性原则,将具有较高相似度的数据对象划分至同一类簇,将具有较高相异度的数据对象划分至不同类簇。聚类与分类最大的区别在于,聚类过程为无监督过程,即待处理数据对象没有任何先验知识,而分类过程为有监督过程,即存在有先验知识的训练数据集。

K-means 算法中的 K 代表类簇个数,means 代表类簇内数据对象的均值(这种均值是一种对类簇中心的描述)。K-means 算法是一种基于划分的聚类算法,以距离作为数据对象间相似性度量的标准,即数据对象间的距离越小,它们的相似性越高,则它们越有可能在同一个类簇。数据对象间距离的计算有很多种,K-means 算法通常采用欧几里得距离来计算数据对象间的距离。

K-means 算法是一种很常见的聚类算法,它的基本思想是通过迭代寻找 K 个聚类的一种划分方案,使得用这 K 个聚类的均值来代表相应各类样本时所得的总体误差最小。

K-means 算法的基础是最小误差平方和准则。其代价函数如下。

$$J(c,\mu) = \sum_{i=1}^{K} \| x(i) - \mu_c(i) \|^2 \tag{11.7}$$

式中,$\mu_c(i)$ 表示第 i 个聚类的均值。通常希望代价函数最小,直观地说,各类内的样本越相似,其与该类均值间的误差平方越小,对所有类所得到的误差平方求和,即可验证分为 K 类时各聚类是否为最优的。

式(11.7)的代价函数无法用解析的方法最小化,只能用迭代的方法。K-means 算法是将样本聚类成 K 个簇(cluster),其中 K 是用户给定的,然后通过迭代的方法达到误差最小或达到可接受的误差范围内,其求解过程非常直观、简单,具体算法描述如下。

首先初始化 K 个类簇中心;然后计算各个数据对象到聚类中心的距离,把数据对象划分至距离其最近的聚类中心所在的类簇中；接着根据所得类簇更新类簇中心；然后继续计算各个数据对象到聚类中心的距离，把数据对象划分至距离其最近的聚类中心所在的类簇中；接着根据所得类簇继续更新类簇中心；一直迭代，直到达到最大迭代次数，或者两次迭代的差值小于某一阈值时迭代终止，得到最终聚类结果。

2. K-means 算法的 Python 实现

（1）导入需要用到的库。

```
# 导入需要用到的库
import numpy as np
import matplotlib.pyplot as plt
from sklearn.cluster import KMeans
from sklearn.datasets import make_blobs
```

（2）定义一个读取文件的函数，方便后面读取文件。

```
# 定义一个读取文件的函数
def load_data(input_file):
    X = []
    with open(input_file, 'r') as f:
        for line in f.readlines():
            data = [float(x) for x in line.split(',')]
            X.append(data)

    return np.array(X)
```

（3）读取文件，并定义集群的数量。

```
# 读取文件
data = load_data('F:\data\dataset\Chapter04\data_multivar.txt')
num_clusters = 4
```

（4）将文件中的数据可视化展示，让用户对数据有一个直观的认识。

```
# 将数据可视化表示
plt.figure()
plt.scatter(data[:,0], data[:,1], marker = 'o',
        facecolors = 'none', edgecolors = 'k', s = 30)
x_min, x_max = min(data[:, 0]) - 1, max(data[:, 0]) + 1
y_min, y_max = min(data[:, 1]) - 1, max(data[:, 1]) + 1
plt.title('Input data')
plt.xlim(x_min, x_max)
plt.ylim(y_min, y_max)
plt.xticks(())
plt.yticks(())
plt.show()
```

运行上述代码，可以看到如图 11.2 所示的聚类数据分布图。

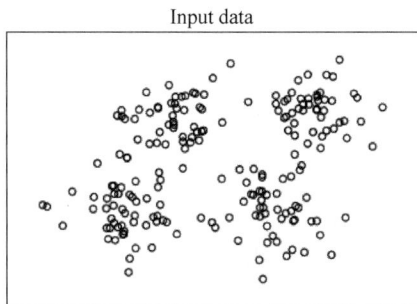

图 11.2　聚类数据分布图

（5）先初始化一个 K-means 算法模型，然后训练模型。

```
kmeans = KMeans( init = 'k - means++', n_clusters = num_clusters, n_init = 10)
kmeans.fit(data)
```

（6）对边界进行可视化处理。

```
# 设置网格数据的步长
step_size = 0.01

# 画出边界
x_min, x_max = min(data[:, 0]) - 1, max(data[:, 0]) + 1
y_min, y_max = min(data[:, 1]) - 1, max(data[:, 1]) + 1
x_values, y_values = np.meshgrid(np.arange(x_min, x_max, step_size), np.arange(y_min,
        y_max, step_size))

# 预测网格中所有数据点的标记
predicted_labels = kmeans.predict(np.c_[x_values.ravel(), y_values.ravel()])
```

（7）将结果展示出来，并将聚类中心点画出。

```
# 画出结果
predicted_labels = predicted_labels.reshape(x_values.shape)
plt.figure()
plt.clf()
plt.imshow(predicted_labels, interpolation = 'nearest',
        extent = (x_values.min(), x_values.max(), y_values.min(), y_values.max()),
        cmap = plt.cm.Paired,
        aspect = 'auto', origin = 'lower')

plt.scatter(data[:,0], data[:,1], marker = 'o',
        facecolors = 'none', edgecolors = 'k', s = 30)
centroids = kmeans.cluster_centers_
plt.scatter(centroids[:,0], centroids[:,1], marker = 'o', s = 200, linewidths = 3,
        color = 'k', zorder = 10, facecolors = 'black')
x_min, x_max = min(data[:, 0]) - 1, max(data[:, 0]) + 1
y_min, y_max = min(data[:, 1]) - 1, max(data[:, 1]) + 1
plt.title('Centoids and boundaries obtained using KMeans')
plt.xlim(x_min, x_max)
plt.ylim(y_min, y_max)
```

```
plt.xticks(())
plt.yticks(())
plt.show()
```

运行代码，展示结果如图11.3所示。

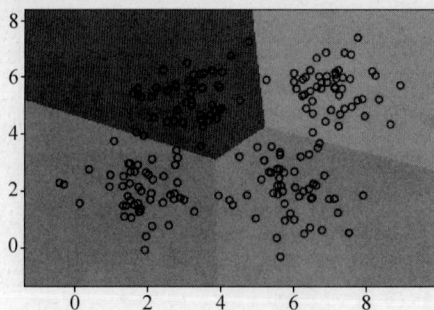

图 11.3　K-Means 输出结果

3. K-means 算法的评价

算法总结：K-means 算法虽然比较简单，但也有几个比较大的缺点。

（1）K 值的选择是用户指定的，不同的 K 得到的结果会有很大的不同，导致算法效果存在一定的随机性。因此在应用算法前可考虑使用可视化手段大致判断聚类簇的数量，或者多尝试不同的 K 值，比较并确定一个更为合理的结果。

（2）K-means 算法对于球形簇来说有较好的聚类效果，而对于非球形簇来说效果较差。例如，对于图 11.4(a)中的数据对象来说，其分布是典型的条状线性分布，合理的聚类结果应如图 11.4(b)所示，分为黑、白两簇，而若使用 K-means 算法，则聚类将极可能是如图 11.4(c)所示的结果，与我们所设想的结果大相径庭。因此，若已知待聚类对象是非球形簇分布，则应考虑使用其他聚类方法，如 11.2.3 节中将介绍的基于密度的算法。

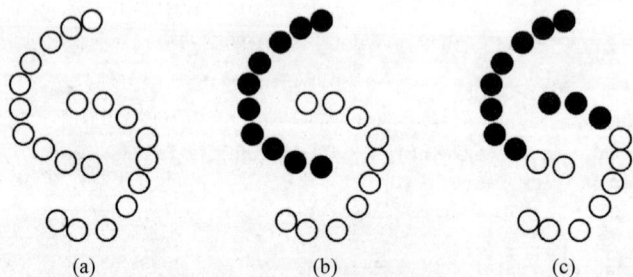

图 11.4　非球形簇示例

（3）K-means 算法对 K 个初始质心的选择比较敏感，容易陷入局部最小值。例如，如果初始聚类中心较为接近，选在同一个聚类簇上，则结果必然与理论上的合理值相异。有一些改进的 K-Means 算法在尝试解决这样的问题，这类算法通常对初始中心点的选取比较严格，各中心点的距离较远，这就避免了初始聚类中心会选到一个类上，在一定程度上克服了算法陷入局部最优状态。

二分 K-means(bisecting K-means)算法是其中一种,其主要思想是首先将所有点作为一个簇,然后将该簇一分为二。之后选择能最大限度降低聚类代价函数(也就是误差平方和)的簇划分为两个簇。如此进行下去,直到簇的数目等于用户给定的数目 K 为止。以上隐含的一个原则是:因为聚类的误差平方和能够衡量聚类性能,该值越小表示数据点越接近它们的质心,聚类效果就越好。所以需要对误差平方和最大的簇进行再一次划分,因为误差平方和越大,表示该簇聚类效果越不好,越有可能是多个簇被当成了一个簇,首先需要对这个簇进行划分。下面是二分 K-means 聚类的伪代码。

```
初始化:所有点作为一个簇
IF 簇的数目小于 K
    FOR 每一个簇
        计算总误差
        在给定的簇上进行 K-means 聚类(K = 2)
        计算二分后的总误差
    选择使误差最小的簇进行划分
```

11.2.3 DBSCAN 算法

1. 算法简介

具有噪声的基于密度的聚类方法(Density-Based Spatial Clustering of Applications with Noise,DBSCAN)是典型的基于密度的聚类算法。与 K-Means 算法相比,DBSCAN 算法在执行之初不需要预先指定聚类簇的个数。当然,最终的聚类簇个数在结果出来之前也就不得而知了。

DBSCAN 算法的优点是聚类速度快、能够有效处理噪声点及聚类簇的形状没有偏倚。其缺点是当数据量增大时,要求较大的内存支持,I/O 消耗也很大,同时当空间聚类的密度不均匀、聚类间距差相差很大时聚类质量较差。

既然是基于密度的聚类,这里有必要给出与密度相关的一些定义,以便后续讨论具体算法。

- ε-邻域:给定对象 O 半径 ε 内的区域称为该对象的 ε-邻域。
- 核心对象:如果给定对象的 ε-邻域内的样本点数大于或等于 MinPts,则称该对象为核心对象。MinPts 为人为预先指定的阈值参数。
- 直接密度可达:给定一个对象集合 D,如果 p 在 q 的 ε-邻域内,且 q 是一个核心对象,则说对象 p 从对象 q 出发是直接密度可达的。显然,对象 p 是从另一个对象 q 直接密度可达的,当且仅当 q 是核心对象,并且 p 在 q 的 ε-邻域中。
- 密度可达:对于样本集合 D 来说,如果存在一个对象链 $p_1, p_2, \cdots, p_n$,使得 $p_1 = q, p_n = p$,并且 $p_i \in D (1 \leqslant i \leqslant n)$,那么 p_{i+1} 是从 p_i 关于 ε 和 MinPts 直接密度可达的。
- 密度相连:如果存在对象 $q \in D$,使对象 p_1 和 p_2 都是从 q 关于 ε 和 MinPts 密度可达的,那么对象 p_1、p_2 是关于 ε 和 MinPts 密度相连的。

有了上述概念,就可以对 DBSCAN 聚类进行定义了:由密度可达关系导出的最大密度相连的样本集合即为最终聚类簇。

　　这个 DBSCAN 的簇里面可以有一个或多个核心对象。如果只有一个核心对象，则簇里其他的非核心对象样本都在这个核心对象的 ε-邻域里；如果有多个核心对象，则簇里的任意一个核心对象的 ε-邻域中一定有一个其他的核心对象，否则这两个核心对象无法密度可达。这些核心对象的 ε-邻域里所有样本的集合组成一个 DBSCAN 聚类簇。

　　那么怎么才能找到这样的簇样本集合呢？DBSCAN 使用的方法很简单，它任意选择一个没有类别的核心对象作为种子，然后找到所有这个核心对象能够密度可达的样本集合，即为一个聚类簇。接着继续选择另一个没有类别的核心对象去寻找密度可达的样本集合，这样就得到另一个聚类簇。一直运行到所有核心对象都有类别为止。

　　此外，对于 DBSCAN 算法来说有以下三个问题需要注意。

　　第一个是一些异常样本点或少量游离于簇外的样本点，这些点不在任何一个核心对象的周围，在 DBSCAN 中，一般将这些样本点标记为噪声点。

　　第二个是距离的度量问题，即如何计算某样本和核心对象样本的距离。在 DBSCAN 中，一般采用最近邻思想，采用某一种距离度量来衡量样本距离，如欧几里得距离。

　　第三个问题比较特殊，某些样本到两个核心对象的距离可能都小于 ε，但是这两个核心对象由于不是密度直达，又不属于同一个聚类簇，那么如何界定这个样本的类别呢？一般来说，此时 DBSCAN 采用先来后到，先进行聚类的类别簇会标记这个样本为它的类别。也就是说，DBSCAN 算法不是完全稳定的算法。

　　下面给出 DBSCAN 的伪代码。

```
输入:
    D:一个包含 n 个对象的数据集
    ε:半径参数
    MinPts:邻域密度阈值
输出:基于密度的簇的集合
方法:
标记所有对象为 unvisited;
DO
    随机选择一个 unvisited 对象 p;
    标记 p 为 visited
    IF p 的 ε - 邻域至少有 MinPts 个对象
        创建一个新簇 C,并把 p 添加到 C
        令 N 为 p 的 ε - 邻域中的对象的集合;
        FOR N 中的每个点 p'
            IF p'是 unvisited
                标记 p'为 visited
                IF p'的 ε - 邻域至少有 MinPts 个点,把这些点添加到 N
            IF p'还不是任何簇的成员,把 p'添加到 C;
        END FOR
        输出 C;
    ELSE 标记 p 为噪声;
UNTIL 没有标记为 unvisited 的对象
```

2. DBSCAN 算法的 Python 实现

在 Scikit-learn 库中已经集成有 DBSCAN 算法的实现，具体由 cluster 模块中的

DBSCAN 类进行处理。DBSCAN 类的初始化需要最多 8 个参数(均为可选参数),其中几个比较重要的参数如下。

(1) eps:在同一个簇中样本的最大距离,默认为 0.5。一般需要在多组值里面选择一个合适的阈值。如果 eps 过大,那么更多的点会落在核心对象的 ε-邻域,此时类别数可能会减少,本来不应该是一类的样本也会被划为一类。反之,类别数可能会增大,本来是一类的样本却被划分开。

(2) min_samples:在一个簇中至少需要包含的样本数,默认为 5。一般需要在多组值里面选择一个合适的阈值。它通常和 eps 一起调参。在 eps 一定的情况下,如果 min_samples 过大,则核心对象会过少,此时簇内部分本来是一类的样本可能会被标为噪声点,类别数也会变多。反之,如果 min_samples 过小,则会产生大量的核心对象,可能会导致类别数过少。

(3) metric:距离公式,用户可以用默认的欧几里得距离,还可以自己定义距离函数。

(4) algorithm:最近邻搜索算法参数,可选值包括 auto、ball_tree、kd_tree、brute,默认为 auto。在可选值中,brute 是蛮力实现,kd_tree 是 KD 树实现,ball_tree 是球树实现,auto 则会在 3 种算法中做权衡,选择一个拟合最好的最优算法。在一般情况下使用默认的'auto'就够了。如果数据量很大或特征很多,用'auto'建树时间可能会很长,效率不高,建议选择 KD 树实现'kd_tree',此时如果发现'kd_tree'速度比较慢或已经知道样本分布不是很均匀,可以尝试用'ball_tree'。如果输入样本是稀疏的,那么无论选择哪个算法,最后实际运行的都是'brute'。

关于 DBSCAN 的使用代码如下:

```python
import numpy as np

from sklearn.cluster import DBSCAN
from sklearn import metrics
from sklearn.datasets.samples_generator import make_blobs
from sklearn.preprocessing import StandardScaler

# 生成示例数据
centers = [[1, 1], [-1, -1], [1, -1]]
X, labels_true = make_blobs(n_samples=750, centers=centers, cluster_std=0.4,
                            random_state=0)
X = StandardScaler().fit_transform(X)

# DBSCAN 聚类
db = DBSCAN(eps=0.3, min_samples=10).fit(X)
core_samples_mask = np.zeros_like(db.labels_, dtype=bool)
core_samples_mask[db.core_sample_indices_] = True
labels = db.labels_

n_clusters_ = len(set(labels)) - (1 if -1 in labels else 0)
n_noise_ = list(labels).count(-1)

print('Estimated number of clusters: %d' % n_clusters_)
print('Estimated number of noise points: %d' % n_noise_)
```

```python
#结果可视化
import matplotlib.pyplot as plt

unique_labels = set(labels)
colors = [plt.cm.Spectral(each)
          for each in np.linspace(0, 1, len(unique_labels))]
for k, col in zip(unique_labels, colors):
    if k == -1:
        # Black used for noise.
        col = [0, 0, 0, 1]

    class_member_mask = (labels == k)

    xy = X[class_member_mask & core_samples_mask]
    plt.plot(xy[:, 0], xy[:, 1], 'o', markerfacecolor = tuple(col),
             markeredgecolor = 'k', markersize = 14)

    xy = X[class_member_mask & ~core_samples_mask]
    plt.plot(xy[:, 0], xy[:, 1], 'o', markerfacecolor = tuple(col),
             markeredgecolor = 'k', markersize = 6)

plt.title('Estimated number of clusters: %d' % n_clusters_)
plt.show()
```

代码运行的结果如图 11.5 所示。

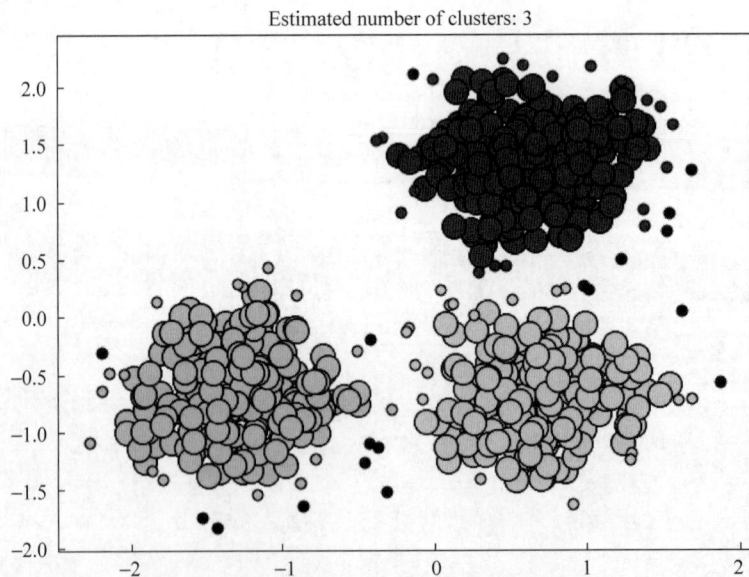

图 11.5　DBSCAN 聚类结果

11.3 关联规则

11.3.1 关联分析

关联分析最早来源于购物篮分析。对超市的管理者来说,一个重要的信息是顾客在一次购物中会同时购买何种商品,一旦知悉该信息,那么在产品促销、商品摆放、商品进货等决策环节便可做到有的放矢。一个典型的案例便是"尿布与啤酒"的故事:美国一家超市在对其原始交易数据进行数据挖掘时意外地发现,在购买记录中尿布与啤酒这两种截然不同的商品竟然经常被一起购买!后来经过调查和分析才发现其中蕴含着一种美国人的行为模式,即先生们在下班时会被太太要求去超市为小孩购买尿布,而先生们在购买尿布之后又会顺手购买自己喜爱的啤酒。根据这个信息,超市便大可将尿布与啤酒的货架摆放得尽可能近,又可在促销策略中将两种商品进行捆绑销售。

关联分析的主要目的是从大量数据中发现事物之间有趣的关联和相关联系。以表 11.1 为例,在这里把顾客的每次交易称为一个"事务",记为 T;把所有事务的总和称为"事务集",记为 D,表 11.1 中的事务集共有 5 个事务;把每种商品称为一个"项",记为 I;把包含多个项的集合称为"项集",在一个项集里可以有一个项、多个项,甚至零个项。一般地,若一个项集中有 k 个项,则称此项集为 k 项集,例如,项集{鸡蛋}是 1 项集,项集{鸡蛋,番茄}是 2 项集,表 11.1 所示的例子中共有 1 个 2 项集,4 个 4 项集。某个项集在整个事务集中出现的次数被称为项集的"出现频度",在某些文献中也简称为频度或计数。若某个项集在事务集中频繁出现,该项集就值得引起注意。例如,在表 11.1 中,项集{鸡蛋}的频度为 4,而项集{鸡蛋,番茄}的频度为 3。

表 11.1 某菜市场交易清单示例

编　号	商　　品	编　号	商　　品
1	鸡蛋,番茄,白菜,萝卜	4	鸡蛋,猪肉,鱼,番茄
2	猪肉,萝卜,鱼,葱	5	鸡蛋,葱
3	鸡蛋,猪肉,番茄,白菜		

在关联分析中的一个主要概念是关联规则,这是一个形如 X→Y 的蕴含式,X 和 Y 分别为一个项集,其中 X 称为关联规则的先导,Y 称为关联规则的后继。直观地理解就是:当 X 被购买时,Y 也"可能"同时被购买。例如,关联规则"尿布→啤酒"表示购买尿布的人也同时会购买啤酒。值得注意的是关联规则有先后顺序之分,购买尿布的人也会顺便购买啤酒,但是购买啤酒的人并不一定会购买尿布。另外,关联规则的后继是"可能"发生,这里的可能性反映了该关联规则的强弱,通常我们只对那些"很可能"发生(或说频繁发生)的关联规则感兴趣。有两个常用指标用来指示一个关联规则的强弱,即支持度(support)和置信度(confidence)。

支持度表示关联规则 X→Y 中 X 和 Y 在事务集 D 中同时出现的概率,即

$$\text{support}(X \to Y) = P(X \cap Y)$$

例如,某超市总共有 100 人购买了商品,其中 20 人同时购买了牛肉和牛奶,则牛

肉→牛奶和牛奶→牛肉的支持度均为 0.2。在表 11.1 所示的例子中,鸡蛋→番茄的支持度为 3/5。由其定义可知,对于支持度来说,其规则的先导和后继没有顺序要求,X→Y 和 Y→X 的支持度总是相等,因此支持度也可针对项集而言,即项集的支持度定义为项集中各项同时出现的概率。若某项集的支持度足够大,例如,大于某个我们预先定义的阈值(至于该阈值到底定为多少较为合理,取决于数据和应用的实际情况,应由分析人员基于此根据经验斟酌而定),则将该项集称为"频繁项集"。

置信度是针对一条关联规则来定义的,关联规则 X→Y 的置信度是事务集 D 中包含 X 的同时也包含 Y 的概率,即 X 被购买的条件下 Y 也被购买的概率,具体如下:

$$\text{confidence}(X \rightarrow Y) = P(Y \mid X)$$

在表 11.1 所示的示例中,番茄→鸡蛋的置信度为 1,即所有买番茄的人最终都同时买了鸡蛋,而鸡蛋→番茄的置信度为 3/4,即在 4 个买鸡蛋的人中有 3 人买了番茄。因此,如果已知某人买了番茄,则可以推想该人有极大可能(接近 100%)想要购买鸡蛋,若已知某人已买鸡蛋,则其有较大可能(接近 75%)想要购买番茄。

如果人为设定一个最小支持度和最小置信度阈值,一旦某条关联规则的支持度和置信度同时达到阈值,则称其为强规则。例如将最小支持度阈值设为 0.5,将最小置信度阈值设为 0.8,则番茄→鸡蛋显然是一条强关联规则,而强关联规则很大可能是"有趣的"关联关系。

关联规则的挖掘实际上就是计算事务集中各个规则的支持度和置信度,找到两者足够大的规则,即提取强关联规则。而由条件概率公式,有

$$\text{confidence}(X \rightarrow Y) = P(Y \mid X) = \frac{P(X \cap Y)}{P(X)}$$

$$= \frac{\text{support}(X \cap Y)}{\text{support}(X)} = \frac{\text{count}(X \cap Y)}{\text{count}(X)}$$

可知,若要计算关联规则 X→Y 的置信度,归根结底是计算项集{X,Y}和项集{X}的支持度,而支持度的计算归根结底是计算项集的频度。因此,关联规则的挖掘最终归结于发现频繁项集。那么如何发现频繁项集呢?最简单的方法莫过于针对一个事务集中的所有项,基于排列组合生成所有可能的项集,对每一个项集统计其出现次数,从而掌握其频繁程度。但是该方法的缺陷也十分明显,就是当事务集的项数太多时,频度计算的计算量将极其庞大。例如,若商店有 100 种商品(事实上一般商店的商品数远超过该数字),则这些商品可能的项集组合约有 1.26×10^{30} 种之多,即使是现代的计算机,对于这样的计算量来说仍然需要很长时间才能够完成。

事实上,所有关联规则挖掘算法的核心目的都是如何降低计算量,以便在合理的可接受的时间内得到结果。接下来介绍两种常用的关联规则挖掘算法——Apriori 算法和 FP-growth 算法。

11.3.2　Apriori 算法

1. 算法简介

Apriori 这个词本身是"先验"的意思。在定义和解决问题时,有时会基于一些已知

的知识或假设,以便简化问题。Apriori 算法就使用了一条先验知识,从而在计算频繁项集时大大缩减了计算量。该条先验知识的表述是:若某个项集是频繁的,那么它的所有子集也是频繁的。例如,若项集{鸡蛋,番茄}是频繁项集,即同时购买鸡蛋和番茄的人很多,那么购买鸡蛋或番茄的人数必然更多(因为这些人中既包含了同时购买鸡蛋、番茄的人,也包括了只购买鸡蛋或番茄的人),因此{鸡蛋}和{番茄}必然也是频繁项集。这条先验知识被称为 Apriori 原理。

该原理直观上似乎对寻找频繁项集无用,但是其反过来的说法就大有用处了:若一个项集是非频繁项集,则其所有超集必是非频繁项集。例如,若{鸡蛋}是非频繁项集,即购买鸡蛋的人本就不多,那么所有包括了鸡蛋这一商品的项集(如同时购买鸡蛋和番茄)必然更少,因此不管是{鸡蛋,番茄}还是{鸡蛋,番茄,猪肉}等都是非频繁的了。在计算各项集频度时,若发现鸡蛋是非频繁的,那么所有包括了鸡蛋的项集都不用再去计算了。使用该原理就可以避免项集数目的指数级增长,从而在合理的时间内计算出频繁项集。

关联规则的分析大致分为两步,即发现频繁项集,计算置信度从而发现强关联规则,其中发现频繁项集是关键步骤。Apriori 是发现频繁项集的一种算法,该算法需要两个参数——最小支持度阈值和输入数据集。该算法首先会生成所有 1 项集的列表,接着扫描整个事务集来判断哪些项集满足最小支持度阈值,将不满足的项集去除。然后对剩下的 1 项集进行排列组合生成 2 项集,重新扫描事务集,去掉不满足最小支持度的 2 项集。该过程不断重复,直到不再有可能的频繁项集可以构建。该过程的伪代码如下。

```
FOR 数据集中每条事务 T
FOR 每个候选项集 I:
    IF I 是否是 T 的子集
        增加 I 的计数值
FOR 每个候选项集:
    IF 其支持度不低于最小支持度阈值
        保留该项集
返回所有频繁项集列表
```

2. Apriori 算法的 Python 实现

由于 Scikit-learn 中并没有集成 Apriori 算法,这里需要使用 Python 从底层实现。首先定义一些辅助函数。

```python
def loadDataSet():
    return [[1, 3, 4], [2, 3, 5], [1, 2, 3, 5], [2, 5]]

def createC1(dataSet):
    C1 = []
    for transaction in dataSet:
        for item in transaction:
            if not [item] in C1:
                C1.append([item])
    C1.sort()
    return list(map(frozenset, C1))
```

```
def scanD(dataset,Ck,minSupport):
    D = map(set, dataset)
    ssCnt = {}
    for tid in D:
        for can in Ck:
            if can.issubset(tid):
                if not can in ssCnt:
                    ssCnt[can] = 1
                else: ssCnt[can] += 1
    numItems = float(len(dataset))
    retList = []
    supportData = {}
    for key in ssCnt:
        support = ssCnt[key]/numItems
        if support >= minSupport:
            retList.insert(0,key)
        supportData[key] = support
    return retList, supportData
```

上述代码创建了 3 个辅助函数,其中 loadDataSet()创建一个简单的数据集用于测试算法结果。createC1()用于从原始事务集中创建 1 项集。方法流程是首先构建一个空集合 C1,接下来遍历事务集中的所有事务,记录其中的每一个项,如果某个项没有在 C1 中出现,则以该项构建一个列表,添加到 C1 中,之所以每个项单独构建一个列表,是为了将来能够做集合操作。scanD()用于扫描事务集,并从候选项集中挑选出满足最小支持度阈值的项集作为频繁项集将其返回,同时返回的还有最频繁项集的支持度,该值在后面步骤中会使用到。

下面测试一下代码。

```
>>> dataSet = loadDataSet()
>>> dataSet
[[1, 3, 4], [2, 3, 5], [1, 2, 3, 5], [2, 5]]

>>> C1 = createC1(dataSet)
>>> C1
[frozenset({1}), frozenset({2}), frozenset({3}), frozenset({4}), frozenset({5})]

>>> L1, suppData0 = scanD(dataSet, C1, 0.5)
>>> L1
[frozenset({5}), frozenset({2}), frozenset({3}), frozenset({1})]
```

可见,对于 1 项集来说,若将最小支持度设为 0.5,则{1}、{2}、{3}、{5} 4 项的出现概率均超过半数,因此均为频繁 1 项集;而{4}仅在两个事务中出现,未超过半数,为非频繁项集。

接下来考虑完整的 Apriori 算法,伪代码如下。

```
IF 集合中项的个数大于 0:
    构建一个候选 k 项集列表
    确认每个项集都是频繁的
    保留频繁项集并构建候选 k + 1 项集列表
```

具体的 Python 实现如下：

```
def aprioriGen(Lk, k):
    retList = []
    lenLk = len(Lk)
    for i in range(lenLk):
        for j in range(i + 1, lenLk):
            L1 = list(Lk[i])[:k - 2]; L2 = list(Lk[j])[:k - 2]
            L1.sort(); L2.sort()
            if L1 == L2:
                retList.append(Lk[i] | Lk[j])
    return retList

def apriori(dataSet, minSupport = 0.5):
    C1 = createC1(dataSet)
    L1, supportData = scanD(dataSet, C1, minSupport)
    L = [L1]
    k = 2
    while (len(L[k - 2]) > 0):
        Ck = aprioriGen(L[k - 2], k)          # Ck
        Lk, supK = scanD(dataSet, Ck, minSupport)
        supportData.update(supK)
        L.append(Lk)
        k += 1
    return L, supportData
```

其中，aprioriGen()函数用于创建候选集，其输入参数为一个频繁项集列表 Lk 和项集元素个数 k，例如，若输入列表 1, 2, 3，并将 k 设为 2，则返回{1,2}、{1,3}、{2,3} 3 个项集。apriori()函数则用于执行具体的 Apriori 算法。该函数需要输入一个数据集，并给定最小支持度阈值(若没有，则默认为 0.5)，执行算法后返回所有的频繁项集。

下面测试一下代码效果：

```
>>> L, suppData = apriori(dataSet)
>>> L
[[frozenset({5}), frozenset({2}), frozenset({3}), frozenset({1})], [frozenset({2, 3}),
frozenset({3, 5}), frozenset({2, 5}), frozenset({1, 3})], [frozenset({2, 3, 5})], []]
```

计算结果 L 中包含了所有的频繁项集，也可单独查看 k 项集。

```
>>> L[0]
[frozenset({5}), frozenset({2}), frozenset({3}), frozenset({1})]>>> L[1]

>>> L[2]
[frozenset({2, 3}), frozenset({3, 5}), frozenset({2, 5}), frozenset({1, 3})]

>>> L[3]
[frozenset({2, 3, 5})]
```

如果要修改最小支持度阈值，那么可将该值作为第二个参数传递给 apriori()函数。

```
>>> L, suppData = apriori(dataSet, minSupport = 0.7)
>>> L
[[frozenset({5}), frozenset({2}), frozenset({3})], [frozenset({2, 5})], []]
```

到此为止已经可以从原始事务集中挖掘出频繁项集了，接下来的工作是从中提取出关联规则。

```python
def generateRules(L, supportData, minConf = 0.7):
    bigRuleList = [ ]
    for i in range(1, len(L)):
        for freqSet in L[i]:
            H1 = [frozenset([item]) for item in freqSet]
            if (i > 1):
                rulesFromConseq(freqSet, H1, supportData, bigRuleList, minConf)
            else:
                calcConf(freqSet, H1, supportData, bigRuleList, minConf)
    return bigRuleList

def calcConf(freqSet, H, supportData, brl, minConf = 0.7):
    prunedH = [ ]
    for conseq in H:
        conf = supportData[freqSet]/supportData[freqSet - conseq]
        if conf >= minConf:
            print (freqSet - conseq, '-->', conseq, 'conf:', conf)
            brl.append((freqSet - conseq, conseq, conf))
            prunedH.append(conseq)
    return prunedH

def rulesFromConseq(freqSet, H, supportData, brl, minConf = 0.7):
    m = len(H[0])
    if (len(freqSet) > (m + 1)):
        Hmp1 = aprioriGen(H, m + 1)
        Hmp1 = calcConf(freqSet, Hmp1, supportData, brl, minConf)
        if (len(Hmp1) > 1):
            rulesFromConseq(freqSet, Hmp1, supportData, brl, minConf)
```

在上述代码中 generateRules()是主函数，用于生成关联规则，需要 3 个参数，即频繁项集列表、包含频繁项集支持数据的字典、最小置信度阈值，其中前两个参数可从 apriori()函数的返回值中获取，最小置信度阈值若不给定，则默认为 0.7。calcConf()函数用于计算置信度，并返回一个满足最小置信度要求的规则列表。rulesFromConseq()函数用于从最初的项集中生成更多的关联规则。

下面测试代码的运行效果：

```
>>> L, suppData = apriori(dataSet, minSupport = 0.5)
>>> rules = generateRules(L, suppData, minConf = 0.7)
frozenset({5}) --> frozenset({2}) conf: 1.0
frozenset({2}) --> frozenset({5}) conf: 1.0
frozenset({1}) --> frozenset({3}) conf: 1.0
[(frozenset({5}), frozenset({2}), 1.0), (frozenset({2}), frozenset({5}), 1.0),
        (frozenset({1}), frozenset({3}), 1.0)]
```

可以看到，这里生成了 3 条强关联规则：5→2、2→5、1→3，3 条规则的置信度均为 1，这意味着只要出现 5，则必然出现 2，只要出现 2，则必然出现 5，只要出现 1，则必然出现

3,可见关联规则的前导和后继在某些情况下可互换,在某些情况下却不行。

若将最小置信度阈值降低,如设为 0.5,可获得更多的规则。

```
>>> L, suppData = apriori(dataSet, minSupport = 0.5)
>>> rules = generateRules(L, suppData, minConf = 0.5)
frozenset({3}) --> frozenset({2}) conf: 0.6666666666666666
frozenset({2}) --> frozenset({3}) conf: 0.6666666666666666
frozenset({5}) --> frozenset({3}) conf: 0.6666666666666666
frozenset({3}) --> frozenset({5}) conf: 0.6666666666666666
frozenset({5}) --> frozenset({2}) conf: 1.0
frozenset({2}) --> frozenset({5}) conf: 1.0
frozenset({3}) --> frozenset({1}) conf: 0.6666666666666666
frozenset({1}) --> frozenset({3}) conf: 1.0
frozenset({5}) --> frozenset({2, 3}) conf: 0.6666666666666666
frozenset({3}) --> frozenset({2, 5}) conf: 0.6666666666666666
frozenset({2}) --> frozenset({3, 5}) conf: 0.6666666666666666
[(frozenset({3}), frozenset({2}), 0.6666666666666666), (frozenset({2}), frozenset({3}),
0.6666666666666666), (frozenset({5}), frozenset({3}), 0.6666666666666666),
(frozenset({3}), frozenset({5}), 0.6666666666666666), (frozenset({5}), frozenset({2}),
1.0), (frozenset({2}), frozenset({5}), 1.0), (frozenset({3}), frozenset({1}),
0.6666666666666666), (frozenset({1}), frozenset({3}), 1.0), (frozenset({5}),
frozenset({2, 3}), 0.6666666666666666), (frozenset({3}), frozenset({2, 5}),
0.6666666666666666), (frozenset({2}), frozenset({3, 5}), 0.6666666666666666)]
```

当然,在现实情况中,即使是强关联规则也不一定能引起人们的兴趣,因为有可能产生一些显而易见的规则,需要后期进行人工筛选。一旦算法产生的规则过多,后期筛选的成本也会相应提高,因此最小置信度设为多少更为合理需要仔细考虑。

11.3.3 FP-growth 算法

1. 算法简介

11.3.2 节学习的 Apriori 算法通过不断地构造候选集、筛选候选集挖掘出频繁项集,需要多次扫描原始数据,当原始数据较大时,磁盘 I/O 次数太多,效率比较低。FP-growth 算法是基于 Apriori 原理的,通过将数据集存储在 FP(frequent pattern)树上可以发现频繁项集,但不能发现数据之间的关联规则。FP-growth 算法只需对数据库进行两次扫描,而 Apriori 算法在求每个潜在的频繁项集时都需要扫描一次数据集,因此 FP-growth 算法相对于 Apriori 算法来说更为高效。其中,算法发现频繁项集的过程如下。

(1) 构建 FP 树。

(2) 从 FP 树中挖掘频繁项集。

FP 树通过逐个读入事务,并把事务映射到 FP 树中的一条路径来构造。由于不同的事务可能会有若干相同的项,所以它们的路径可能部分重叠。路径相互重叠越多,使用 FP 树结构获得的压缩效果越好;如果 FP 树足够小,能够存放在内存中,则可以直接从这个内存中的结构提取频繁项集,而不必重复地扫描存放在硬盘上的数据。

典型的 FP 树如图 11.6 所示。

FP 树的根节点用 φ 表示,其余节点包括一个数据项和该数据项在本路径上的支持度；每条路径都是一条训练数据中满足最小支持度的数据项集，路径用箭头线条表示；FP 树还将所有相同项连接成链表，用线条表示。

为了快速访问树中的相同项，还需要维护一个连接具有相同项的节点的指针列表（headTable），每个列表元素包括数据项、该项的全局最小支持度、指向 FP 树中该项链表的表头的指针，如图 11.7 所示。

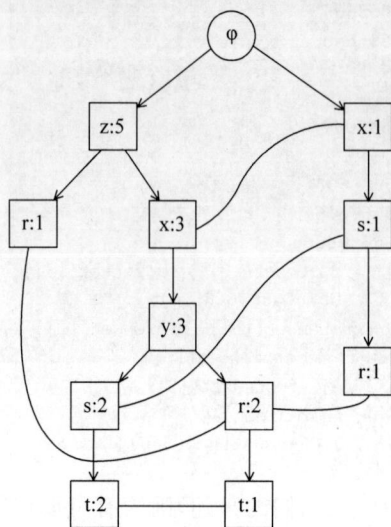

图 11.6　典型 FP 树示例

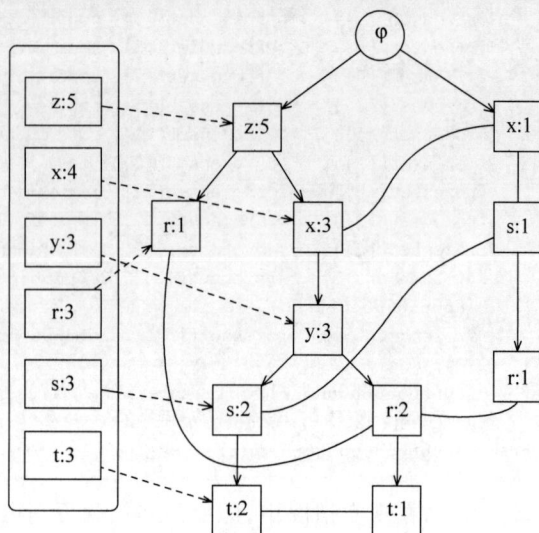

图 11.7　具有节点指针列表的 FP 树

FP-growth 算法需要对原始训练集扫描两遍以构建 FP 树。第一次扫描，过滤掉所有不满足最小支持度的项；对于满足最小支持度的项来说，按照全局最小支持度排序，在此基础上，为了处理方便，也可以按照项的关键字再次排序。

现在假设有如表 11.2 所示的数据。

表 11.2　原始数据集

事务 ID	事务中的项	事务 ID	事务中的项
1	r, z, h, j, p	4	r, x, n, o, s
2	z, y, x, w, v, u, t, s	5	y, r, x, z, q, t, p
3	z	6	y, z, x, e, q, s, t, m

首先第一次遍历整个数据集，统计每个元素项的出现频率，去掉不满足最小支持度（这里假设为 3）的元素项，处理的结果如表 11.3 所示。

表 11.3　移除非频繁项后的数据

事务 ID	事务中的项	过滤及重新排序后的项
1	r, z, h, j, p	z, r
2	z, y, x, w, v, u, t, s	z, x, y, s, t
3	z	z
4	r, x, n, o, s	x, s, r

续表

事务 ID	事务中的项	过滤及重新排序后的项
5	y，r，x，z，q，t，p	z，x，y，r，t
6	y，z，x，e，q，s，t，m	z，x，y，s，t

　　注意到这里由于将最小支持度设为 3，所以 e、j、m、p、q、v、u、w、o 等项被去除掉，仅剩下 z、x、y、r、s、t 等项。

　　接下来进行第二次扫描，同时构建 FP 树。参与扫描的是过滤后的数据，如果某个数据项是第一次遇到，则创建该节点，并在 headTable 中添加一个指向该节点的指针；否则按路径找到该项对应的节点，修改节点信息。具体过程如图 11.8～图 11.13 所示。

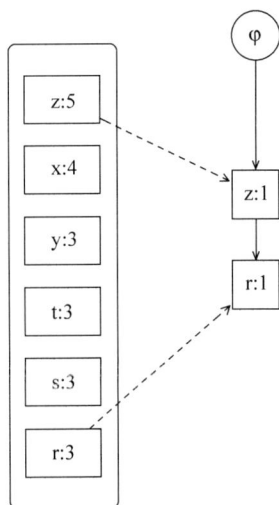

图 11.8　扫描事务 1 后的 FP 树

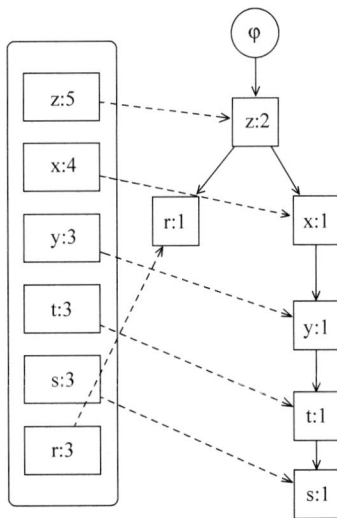

图 11.9　扫描事务 2 后的 FP 树

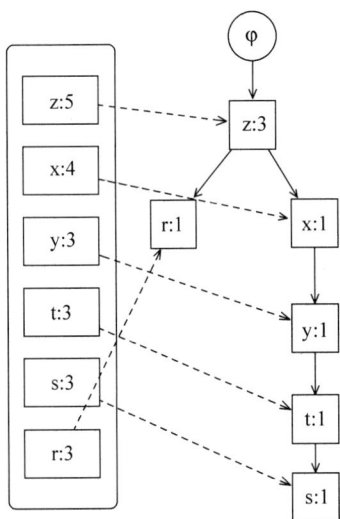

图 11.10　扫描事务 3 后的 FP 树

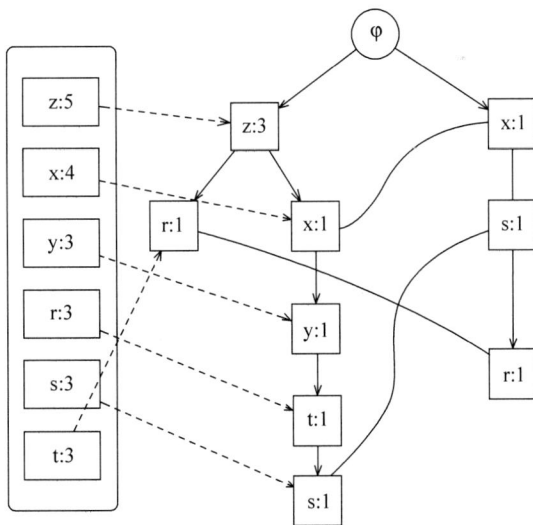

图 11.11　扫描事务 4 后的 FP 树

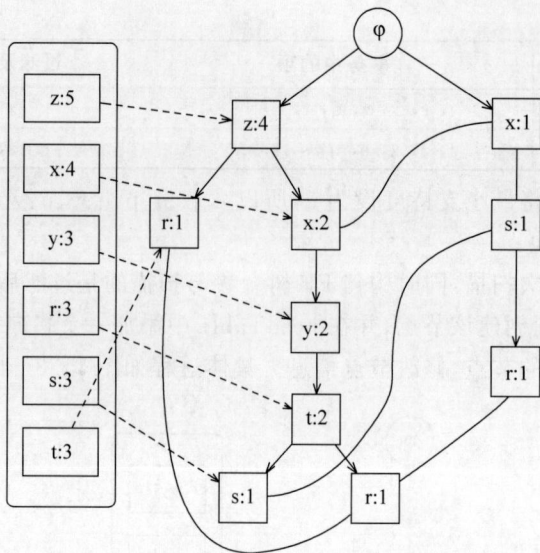

图 11.12　扫描事务 5 后的 FP 树

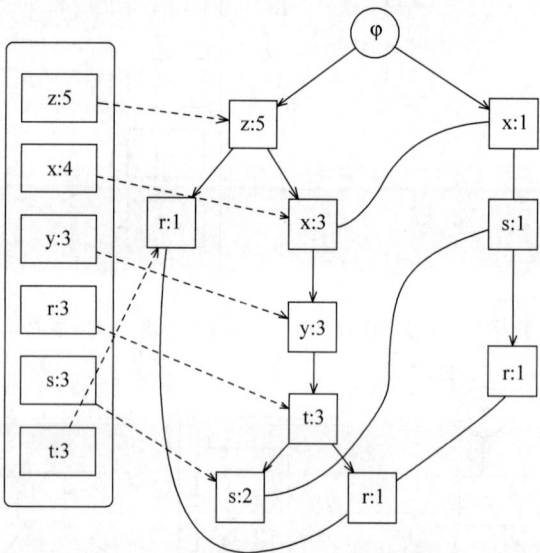

图 11.13　扫描事务 6 后的 FP 树

2. FP-growth 算法的 Python 实现

为了构建 FP 树，需要构建一个 FP 树的数据结构。

```
class treeNode:
    def __init__(self, nameValue, numOccur, parentNode):
        self.name = nameValue
        self.count = numOccur
        self.nodeLink = None
```

```
        self.parent = parentNode
        self.children = {}

    def inc(self, numOccur):
        self.count += numOccur

    def disp(self, ind = 1):
        print('  ' * ind, self.name, ' ', self.count)
        for child in self.children.values():
            child.disp(ind + 1)
```

在该类中包含了用于存放节点名字的变量和一个计数值,还用了父变量 parent 来指向当前节点的父节点。此外,在类中还包含一个空字典变量,用于存放节点的子节点。inc()方法用于增加 count 的数值。disp()函数以文本形式显示 FP 树。

下面测试上述代码:

```
>>> rootNode = treeNode('a', 9, None)
>>> rootNode.children['b'] = treeNode('b', 13, None)
>>> rootNode.disp()
   a   9
   b   13
```

下面构建 FP 树的函数:

```
def createTree(dataSet, minSup = 1):
    headerTable = {}
    for trans in dataSet:
        for item in trans:
            headerTable[item] = headerTable.get(item, 0) + dataSet[trans]
    for k in list(headerTable):
        if headerTable[k] < minSup:
            del (headerTable[k])
    freqItemSet = set(headerTable.keys())
    if len(freqItemSet) == 0:
        return None, None
    for k in headerTable:
        headerTable[k] = [headerTable[k], None]
    retTree = treeNode('Null Set', 1, None)
    for tranSet, count in dataSet.items():
        localD = {}
        for item in tranSet:
            if item in freqItemSet:
                localD[item] = headerTable[item][0]

        if len(localD) > 0:
            orderedItems = [v[0] for v in sorted(localD.items(), key = lambda p: p[1],
reverse = True)]
            updateTree(orderedItems, retTree, headerTable, count)
```

```
            return retTree, headerTable


def updateTree(items, inTree, headerTable, count):
    if items[0] in inTree.children:
        inTree.children[items[0]].inc(count)
    else:
        inTree.children[items[0]] = treeNode(items[0], count, inTree)
        if headerTable[items[0]][1] == None:
            headerTable[items[0]][1] = inTree.children[items[0]]
        else:
            updateHeader(headerTable[items[0]][1], inTree.children[items[0]])
    if len(items) > 1:
        updateTree(items[1::], inTree.children[items[0]], headerTable, count)

def updateHeader(nodeToTest, targetNode):
    while (nodeToTest.nodeLink != None):
        nodeToTest = nodeToTest.nodeLink
    nodeToTest.nodeLink = targetNode
```

第一个函数 createTree() 用于构建 FP 树，需要输入数据集及最小支持度作为参数。树的构建过程需要遍历数据集两次，第一次遍历统计每个元素项出现的频度，第二次遍历频繁项集，并调用 updateTree() 方法对 FP 树进行填充更新。

为了查看 FP 树的构建效果，这里手工创建一些实例数据。

```
def loadSimpDat():
    simpDat = [['r', 'z', 'h', 'j', 'p'],
               ['z', 'y', 'x', 'w', 'v', 'u', 't', 's'],
               ['z'],
               ['r', 'x', 'n', 'o', 's'],
               ['y', 'r', 'x', 'z', 'q', 't', 'p'],
               ['y', 'z', 'x', 'e', 'q', 's', 't', 'm']]
    return simpDat

def createInitSet(dataSet):
    retDict = {}
    for trans in dataSet:
        retDict[frozenset(trans)] = 1
    return retDict
```

下面查看代码的运行效果：

```
>>> simpDat = loadSimpDat();
>>> initSet = createInitSet(simpDat)
>>> myFPtree, myHeaderTab = createTree(initSet, 3)
>>> myFPtree.disp()
    Null Set    1
     z    5
       r    1
       x    3
```

```
        s   2
          t   2
            y   2
        r   1
          t   1
            y   1
    x   1
      s   1
      r   1
```

在结果中给出了各元素项及其频度，每个缩进表示其所处的树的深度。

有了 FP 树之后就可以开始从中提取频繁项集了。首先从 1 项集开始，逐渐构建更大的项集。在构建时完全基于 FP 树，而无须读取原始事务集。整个提取步骤如下。

(1) 从 FP 树中获得条件模式基。

(2) 利用条件模式基构建一棵条件 FP 树。

(3) 重复步骤(1)和(2)，直到树包含一个元素项为止。

首先从 FP 树头指针表中的单个频繁元素项开始。对于每个元素项来说，获得其对应的条件模式基，单个元素项的条件模式基也就是元素项的关键字。条件模式基是以所查找元素项为结尾的路径集合。每条路径其实都是一条前缀路径。简而言之，一条前缀路径是介于所查找元素项与树根节点之间的所有内容。

下列代码给出了前缀路径发现的过程。

```
def ascendTree(leafNode, prefixPath):
    if leafNode.parent != None:
        prefixPath.append(leafNode.name)
        ascendTree(leafNode.parent, prefixPath)


def findPrefixPath(basePat, treeNode):
    condPats = {}
    while treeNode != None:
        prefixPath = []
        ascendTree(treeNode, prefixPath)
        if len(prefixPath) > 1:
            condPats[frozenset(prefixPath[1:])] = treeNode.count
        treeNode = treeNode.nodeLink
    return condPats
```

上述代码通过访问树中所有包含给定元素项的节点为给定元素项生成一个条件模式基。

对于每个频繁项集来说，都需要构建一棵条件 FP 树。

```
def mineTree(inTree, headerTable, minSup, preFix, freqItemList):
    bigL = [v[0] for v in sorted(headerTable.items(), key = lambda p: str(p[1]))]
    for basePat in bigL:
        newFreqSet = preFix.copy()
        newFreqSet.add(basePat)
        freqItemList.append(newFreqSet)
```

```
condPattBases = findPrefixPath(basePat, headerTable[basePat][1])
myCondTree, myHead = createTree(condPattBases, minSup)
if myHead != None:
    print ('conditional tree for: ',newFreqSet)
    myCondTree.disp(1)
    mineTree(myCondTree, myHead, minSup, newFreqSet, freqItemList)
```

该函数通过递归去查找频繁项集，直到树中没有元素项为止。

11.4 "美丽乡村建设"案例

11.4.1 案例描述与分析

传统村落是指拥有物质形态和非物质形态文化遗产，具有较高的历史、文化、科学、艺术、社会、经济价值的村落。传统村落承载着中华传统文化的精华，是农耕文明不可再生的文化遗产。为促进传统村落的保护和发展，住房和城乡建设部、文化部、财政部自2012年以来组织开展了多次全国传统村落摸底调查，在各地初步评价推荐的基础上，经传统村落保护和发展专家委员会评审认定并公示，确定了五批近7000个具有重要保护价值的村落列入中国传统村落名录。

本案例采集了云南省所有传统村落的数据，包括村名、批次、城市、区县、坐标等。为了有效、方便地管理，现需要将所有村落按照其地理位置进行群组划分，设置成多个村落群，其目标是尽可能将地理位置接近的村落划在一个群组中，地理位置较远的村落划在不同的群组中。

由上述需求可知，这是一个典型的聚类问题。由于事先并未告知有多少村落群，也不清楚每个村落群有何特征，因此此时唯一的划分依据就是地理位置，并在没有人工参与标注的情况下由算法自动生成结果，这被称为无监督学习。

尽管原始数据中包含id、批次、省份、村落、城市、区县、村名、区划代码、平面坐标(x,y)、经纬度坐标(经度、纬度)多个特征，但本例中仅需要平面坐标x和y两个特征计算距离即可。需要注意的是，严格来讲，使用经纬度计算距离会产生偏差，因为不同纬度下经纬度差值的绝对距离是不一样的(例如赤道上的1°在距离上远远大于北极圈上的1°)，因此若要严谨地计算距离，使用平面坐标更为合理。

在模型的选择上，分别采用本章介绍的K-Means和DBSCAN两个算法，并在得到聚类结果后比较两个算法的优劣。

11.4.2 程序实现

1. 数据预处理

在本书的配套资源中提供了本例所使用的数据集，读者可自行下载原始数据，数据名称为village_yn.csv，文件格式为CSV，编码格式为UTF-8。

首先为本项目创建一个新的工作区目录，将工作区命名为clustering，读者也可按照自己喜好任意命名。同时需要准备如下Python模块：NumPy、Pandas、Matplotlib以及

Scikit-Learn。

将下载下来的原始数据 village_yn.csv 复制到项目工作区目录 clustering 文件夹下，使用 pandas 加载数据：

```
import pandas as pd

VILLAGE_DATA_PATH = "village_yn.csv"
village_data = pd.read_csv(VILLAGE_DATA_PATH)
location = village_data.loc[:, ['x', 'y']].values
```

经过预处理，得到了一个具有两个特征的数组，分别是 x 坐标和 y 坐标，为了直观地了解数据点分布，这里可以将其使用散点图进行可视化，如图 11.14 所示：

```
import matplotlib.pyplot as plt

plt.scatter(location[:, 0], location[:, 1])
plt.show()
```

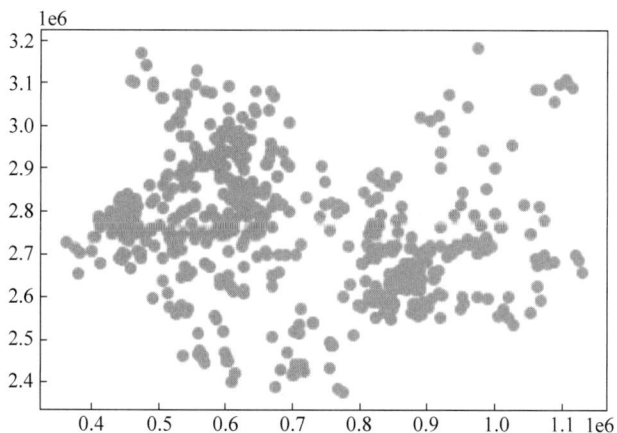

图 11.14 传统村落位置散点图

2. K-Means 聚类

Scikit-Learn 提供了 K-Means 算法的实现，可以调用 sklearn.cluster.KMeans 类直接执行聚类：

```
from sklearn.cluster import KMeans

kmeans = KMeans(n_clusters = 5).fit(location)
plt.scatter(location[:, 0], location[:, 1], c = kmeans.labels_)
plt.show()
```

K-Means 有个重要的超参数——K 值，也就是最终要分成多少个聚类簇，这是需要在聚类执行之前就确定下来的。这里虽然将其设置为 5(n_clusters 参数)，但实际上并没有任何迹象表明"5"就是最合理的 K 值。为了确定 K 的最优取值，这里介绍两种方法。

K-means 算法中每个簇的质点与簇内样本点的平方距离误差和称为畸变程度，通过训练后的 KMeans 对象的 inertia_ 属性可以获取该值。畸变程度会随着类别的增加而降低,但对于有一定区分度的数据,在达到某个临界点时畸变程度会得到极大改善,之后缓慢下降,这个临界点就可以考虑为聚类性能较好的点。其图像像一个胳膊肘,如图 11.15 所示,故该方法取名为 Elbow Method。

```python
ssd = [] ## Sum of squared distances
for i in range(5,15):
    kmeans = KMeans(n_clusters = i, random_state = 0)
    kmeans.fit(X)
    ssd.append(kmeans.inertia_)
plt.plot(range(5,15), ssd)
plt.title('The Elbow Method')
plt.xlabel('聚类簇数量 K')
plt.ylabel('ssd')
plt.show()
```

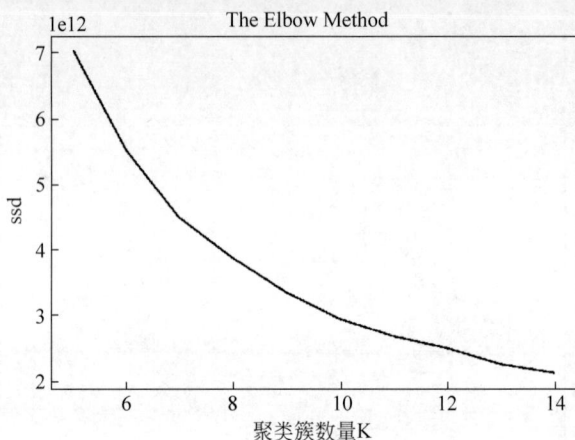

图 11.15   Elbow Method 折线图

这里尝试对 K 依次取 5~14 的区间范围内的值,并在聚类后计算各点距离质点的距离平方和,并画出折线图。可以看到,在 K 为 6、7、10 的地方,图形产生了较明显的拐点,因此这就是较合理的 K 值取值。

另一种 K 值的评估标准是计算轮廓系数(Silhouette Coefficient)或 Calinski-Harabasz 指数,该方法可以从簇内的稠密程度和簇间的离散程度来评估聚类的效果。以 Calinski-Harabasz 指数为例:

```python
from sklearn.metrics import calinski_harabasz_score

scores = []
for i in range(5,15):
    predict = KMeans(n_clusters = i, random_state = 0).fit_predict(X)
    scores.append(calinski_harabasz_score(X, predict))
plt.plot(range(5,15), scores)
plt.title('Calinski - Harabasz 指数')
plt.xlabel('no of clusters')
plt.ylabel('Calinski - Harabasz index')
plt.show()
```

calinski_harabasz_score()方法可以计算 Calinski-Harabasz 指数,该指数越大说明聚类效果越好。这里同样依次对 K 取 5～14,根据聚类结果计算 Calinski-Harabasz 指数,并画出折线图,如图 11.16 所示。结果表明,当 K 取 10 的时候能获得最好的聚类效果。综合 Elbow 法和 Calinski-Harabasz 指数的结果来看,10 应为本例中 K 的最优取值。

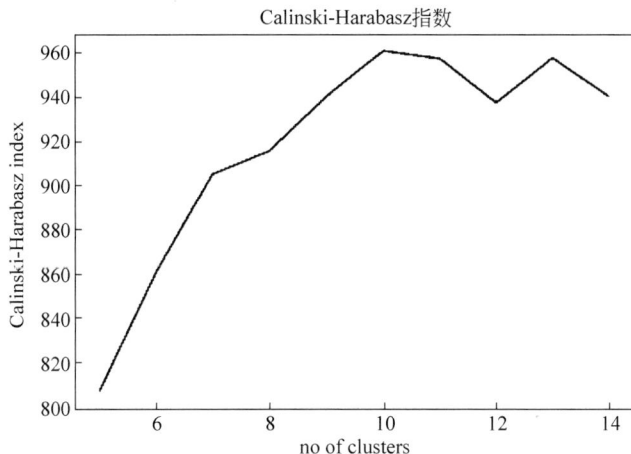

图 11.16　Calinski-Harabasz 指数折线图

3. DBSCAN 聚类

Scikit-Learn 提供了 DBSCAN 算法的实现,可以调用 sklearn. cluster. DBSCAN 类直接执行聚类:

```
from sklearn.cluster import DBSCAN

dbscan = DBSCAN(eps = 10000,min_samples = 3).fit(X)
plt.scatter(location[:, 0], location[:, 1], c = dbscan.labels_)
plt.show()
```

DBSCAN 算法有两个需要调试的超参数——ε 和 minPts(对应 DBSCAN 类中的 eps 和 min_samples 参数),不同的 ε 和 minPts 会对最终聚类簇的数量和聚类效果产生巨大影响,但在聚类之前无法确定其最优取值。

这里同样采用 Calinski-Harabasz 指数法对聚类效果进行评估:

```
scores = []
num = []
noise = []
for j in range(3,10):
    for i in range(10000, 50000, 1000):
        dbscan = DBSCAN(eps = i, min_samples = j)
        predict = dbscan.fit_predict(X)
        scores.append(calinski_harabasz_score(X, predict))
        num.append(len(set(dbscan.labels_)) - (1 if -1 in dbscan.labels_ else 0))
        noise.append(list(dbscan.labels_).count(-1))
plt.figure(figsize = (18, 12))
plt.subplot(221)
```

```
plt.plot(range(0, 280), num)
plt.title('聚类簇的数量')
plt.xlabel('顺序')
plt.ylabel('聚类簇的数量')
plt.subplot(222)
plt.plot(range(0, 280), scores)
plt.title('Calinski - Harabasz 指数')
plt.xlabel('顺序')
plt.ylabel('Calinski - Harabasz 指数')
plt.subplot(223)
plt.plot(range(0, 280), noise)
plt.title('噪声点')
plt.xlabel('顺序')
plt.ylabel('噪声点数量')
plt.show()
```

这是将 minPts 按照从 3～9，ε 按照从 10000～5000 循环依次取值，共 280 个组合，将聚类结果的聚类簇数量、Calinski-Harabasz 指数和噪声点数量绘制成折线图，如图 11.17 所示。随着 minPts 的提高，聚类簇数量逐渐减少，噪声点数量增加，而在 minPts 相同的情况下，聚类簇数量和噪声点会随着 ε 的增大而减少，Calinski-Harabasz 指数则增加。综合考虑三者的变化关系，这里 minPts 取 6 之后，再放大图形观察曲线变化，如图 11.18 所示。

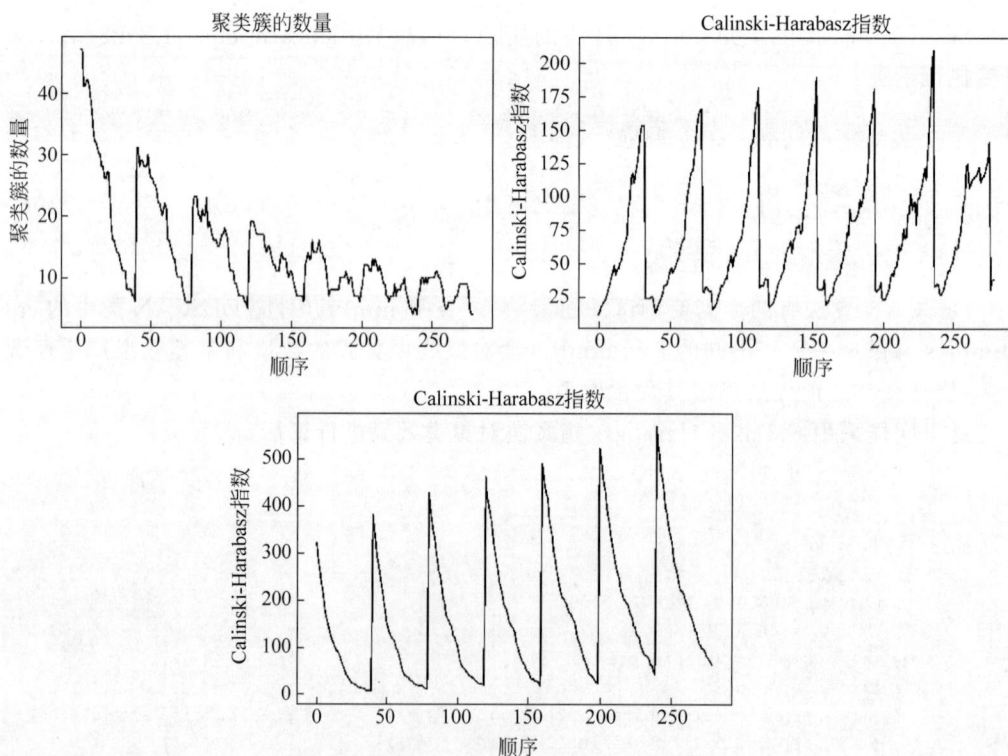

图 11.17　不同超参数对应的聚类结果

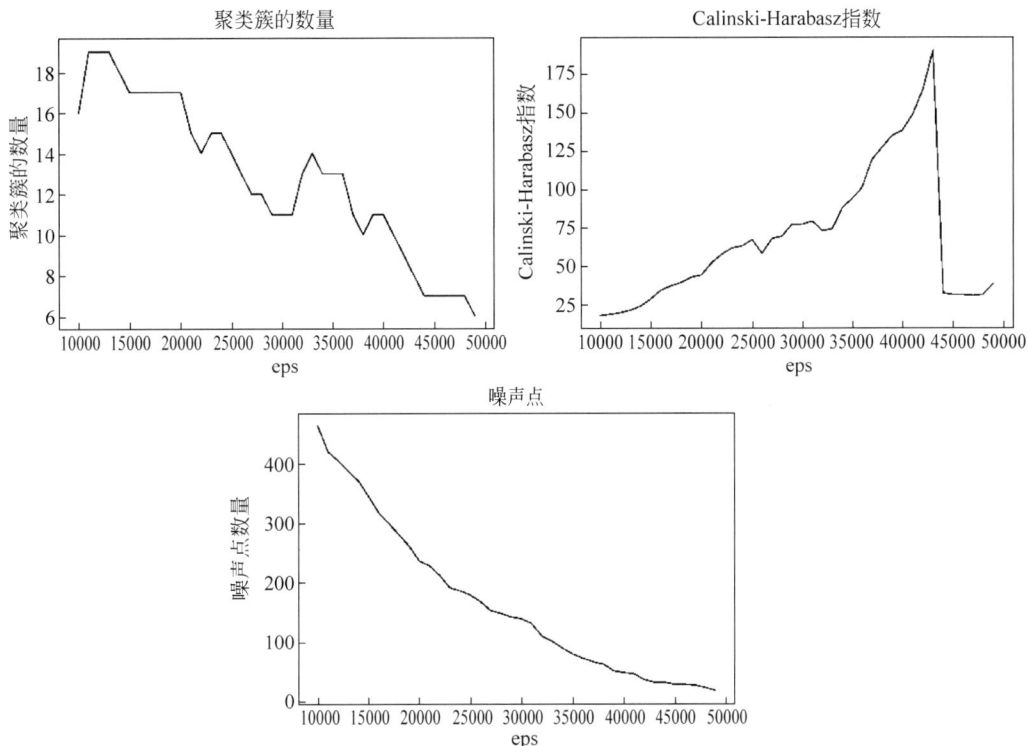

图 11.18 minPts 取 6 时的曲线变化

仔细观察后发现 Calinski-Harabasz 指数曲线并非单调递减,而是在 eps 取 43000 时达到最大值,因此 43000 为 ε 参数的最终取值。如果觉得此时聚类簇数量较少,也可折中对 ε 取 40000 以增加聚类簇的数量。

11.4.3 案例结果

现在,按照 11.4.2 节的结论,使用相应的参数对原始数据进行最终聚类,得到结果。

```python
plt.figure(figsize = (18, 6))
## KMeans 聚类
kmeans = KMeans(n_clusters = 10).fit(location)
plt.subplot(121)
plt.scatter(location[:, 0], location[:, 1], c = kmeans.labels_)
plt.title('KMeans')
plt.xlabel('x')
plt.ylabel('y')

## DBSCAN 聚类
dbscan = DBSCAN(eps = 43000, min_samples = 6).fit(location)
plt.subplot(122)
plt.scatter(location[:, 0], location[:, 1], c = dbscan.labels_)
plt.title('DBSCAN')
plt.xlabel('x')
plt.ylabel('y')
plt.show()
```

结果比较：

（1）K-means 最终的聚类簇囊括了所有数据点，而 DBSCAN 则包含了约 50 个噪声，没有纳入聚类簇。能够发现噪声的特性是 DBSCAN 的优点之一，但在本案例中，原则上不应出现被归为噪声的点，因为所有传统村落都应被纳入管理。

（2）K-means 聚类簇的大小比较平均，而 DBSCAN 的结果则相反，其中两个簇囊括了绝大多数数据点，剩下的簇则仅有少量数据。

（3）就本案例而言，K-means 的效果优于 DBSCAN。

本章小结

（1）本章介绍了聚类问题，并给出了两个常用算法 K-means 和 DBSCAN。这两个算法各有优劣，需要针对数据的具体情况斟酌使用。

（2）本章介绍了关联分析问题，并给出了两个常用算法 Apriori 和 FP-growth。

（3）本章的 4 个算法均给出了基于 Python 的具体实现和应用。

扫一扫

自测题

本章习题

1. 在 K-Means 算法中，以下哪种方法用于确定每个数据点属于（　　）簇。
   A. 计算数据点与所有其他数据点的平均距离
   B. 计算数据点与所有簇中心的距离
   C. 计算数据点之间的簇信息
   D. 计算数据点与所有其他簇中心的距离和

2. 在 DBSCAN 算法中，（　　）参数用于定义核心点的邻域半径。
   A. min_samples　　　　　　　　　B. epsilon（eps）
   C. leaf_size　　　　　　　　　　D. n_clusters

3. 在 DBSCAN 算法中，（　　）类型的数据点不会被归类到任何簇中。
   A. 核心点（Core Point）　　　　　B. 边界点（Border Point）
   C. 噪声点（Noise Point）　　　　D. 中心点（Center Point）

4. 在关联规则挖掘中，（　　）指标用于衡量某项集在所有交易中出现的频率。
   A. 置信度（Confidence）　　　　B. 支持度（Support）
   C. 提升度（Lift）　　　　　　　D. 关联度（Association）

5. 在关联规则挖掘中，（　　）算法是基于树结构的频繁项集挖掘算法。
   A. Apriori　　　B. FP-Growth　　　C. Eclat　　　D. Naive Bayes

6. 编写一个 Python 程序，使用 sklearn 库实现 K-Means 聚类算法，对一组员工工作效率和工作满意度数据进行聚类分析。具体任务：从一个名为 employee_data.csv 的文件中读取数据，文件包括以下列。

• EmployeeID：员工 ID。

- EfficiencyScore：工作效率评分(1～100)。
- SatisfactionScore：工作满意度评分(1～100)。

使用员工数据中的 EfficiencyScore 和 SatisfactionScore 两列作为特征进行聚类分析。使用 K-Means 算法将员工分成 4 个簇。将聚类结果进行可视化,绘制散点图,并用不同颜色表示不同簇。

7. 在第 6 题的 K-Means 算法中,尝试 k 取不同的值,比较聚类效果。

8. 将第 6 题的数据改为使用 DBSCAN 算法执行聚类。

9. K-Means 和 DBSCAN 算法各有何优劣?

10. 为什么说挖掘关联规则的核心是挖掘频繁项集?

11. 如何理解 FP-growth 算法相比 Apriori 来说更为高效?

第 **12** 章

二手房价格数据分析实践项目

本章学习目标：

- 了解数据分析项目的基本步骤。
- 学会观察数据和预处理。
- 数据探索和可视化。
- 选择和训练模型。
- 模型调参和评估。

12.1 项目简介

房屋价格在居民经济生活中有着重要的意义，一直是老百姓日常关切的重要问题，尤其是影响房屋价格的因素，长期以来都受到社会学者、经济学家的普遍关注和长久讨论。本章从一个完整的项目分析案例的角度，以杭州市二手房屋价格数据、杭州市小区数据、学区房数据为基础，分析房屋价格的影响因素。

本案例从互联网上收集了杭州市的二手房信息共计 9200 条，包含了房屋所在小区、房源描述、建筑面积、户型、楼层、总层数、朝向、建筑年代、单价、总价、小区所属学校、与学校的距离、学校所在区县、学区内小区个数、学校等级、学校特色等信息。值得一提的是，本章从教学效果考虑，对数据做了筛选，对于生产环境下的机器学习项目，案例所采用的 9200 条数据无论是从数据总量上还是从特征数量上来看都远远不够，读者若要从事生产环境下的实际分析项目开发，还需采集更多、更全面的数据。

在具体进行数据分析之前，首先应回答如下问题：本项目的目标是什么？采用哪种类别的机器学习方法（有监督学习还是无监督学习）？学习任务是什么（分类、回归、聚类还是关联规则挖掘)？如何评价分析结果？

基于前文的描述，不难看出本项目的目标变量为房屋价格。房屋总价与房屋单价及面积有着简单的函数关系，这里的房屋价格主要考虑房屋单价(即单位面积下的房屋价格)。本项目分析的目的是考察单个房屋的哪些性质能够决定其价格的高低。另外要考察一个学区内的平均房价是否与学校的性质有某些联系。显然这是一个有监督的机器学习任务，因为我们已经有了训练数据集。事实上，本项目采用的所有数据都已经被预先标注了目标变量值(即房屋单价)。同时，这也是一个典型的回归任务，即目标变量是一个需要预测的数值而不是一个分类标量(当然也可以通过数据预处理把房屋单价转换成一个分类标量值，从而将学习任务从回归任务变成分类任务)。对于回归问题，评价分析结果的指标通常采用均方根误差(RMSE)、平均绝对误差(MAE)、决定系数(R2)等，读者可翻阅本书 10.3.1 节查看这些指标的使用方法。

12.2　打开与查看数据

12.2.1　打开数据

在本书的配套资源里提供了本例所使用的数据集，读者可自行下载原始数据，数据名称为 hz_house.csv，文件格式为 CSV，编码格式为 UTF-8。

示例数据集来自二手房信息平台网站"安居客"。其中包含了杭州市多个小区的二手房属性信息及其空间位置。

该平台提供了各城市的二手房源及相关的价格、位置、户型等房屋属性信息查询，读者可根据自身需要使用网页数据采集工具对目标房源数据进行采集与爬取，如图 12.1 所示。

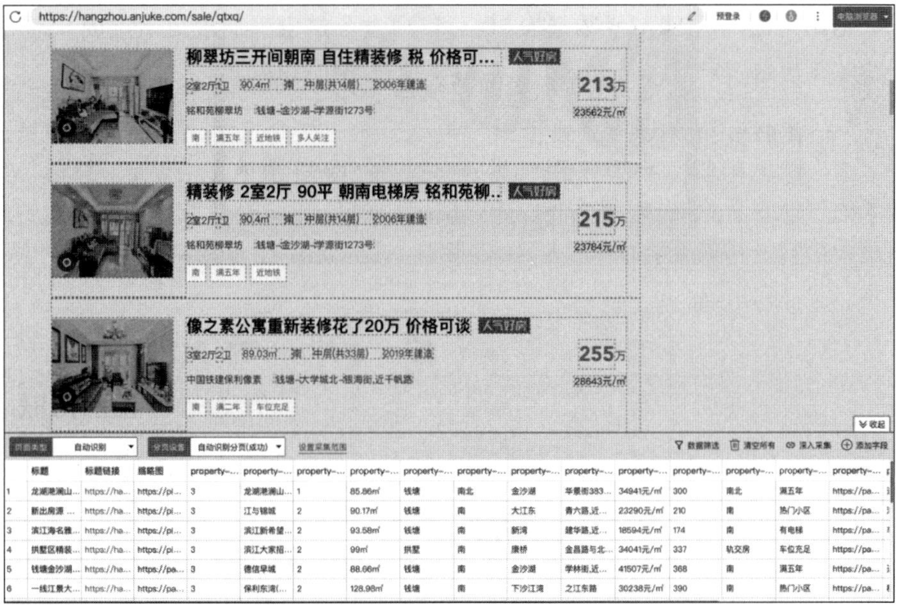

图 12.1　二手房源信息采集界面

采集完毕后将爬取的结果导出并进行清洗、筛选，即可得到与本书示例数据集类似的房屋信息分析数据，如图 12.2 所示。

	标题	标题链接	缩略图	property-	property-	property-	property-	property-	property-	property-	property-	property-	property-	property-	property-	property-	property-	property-	property-	property-
1	龙湖滟澜..	https://...	https://...	3	龙湖滟澜..	1	85.86㎡	钱塘	南北	金沙湖	华景街3...	34041元...	300	南北	热门小区	https://...	近地铁	低层(共3..	2011年建..	配套成熟
2	新出房源..	https://...	https://...	3	江与锦城	2	90.17㎡	钱塘	南	大江东	青六路,...	23290元..	210	南	近地铁	https://...	价格优惠	低层(共3..	2020年...	房东急售
3	滨江海名..	https://...	https://...	3	滨江新希..	2	93.58㎡	钱塘	南	新湾	建华路,...	18594元...	174	南	有电梯	https://...	车位充足	低层(共2...	2020年...	多人关注
4	拱墅区精..	https://...	https://...	3	滨江大家..	2	99㎡	拱墅	南	康桥	金昌路与..	34041元...	337	轨交房	车位充足	https://...				
5	一线江景..	https://...	https://...	3	保利东湾..	2	128.98㎡	钱塘	南	下沙江湾	之江东路	30238元..	390	南	满二年	https://...	车位充足	中层(共3...	2011年建..	
6	大三房 ...	https://...	https://...	3	月雅苑	2	127.56㎡	钱塘	南	下沙物美	2号大街...	26655元..	340	南	热门小区	https://...	近地铁	中层(共6..	2001年建..	稀缺户型
7	碧桂园三..	https://...	https://...	3	杭州碧桂..	1	88.65㎡	钱塘	南	大学城北	水云街15..	21997元...	195	南	满五年	https://...	多人关注	低层(共3...	2014年建..	
8	城北滨江..	https://...	https://...	3	滨江大家..	2	109㎡	拱墅	南	康桥	金昌路与..	34037元..	371	轨交房	车位充足	https://...				
9	精装修 2..	https://...	https://...	2	铭和苑柳..	1	90.4㎡	钱塘	南	金沙湖	学源街12..	23784元...	215	南	满五年	https://...	近地铁	中层(共1...	2006年...	
10	柳翠坊三..	https://...	https://...	2	铭和苑柳..	1	90.4㎡	钱塘	南	金沙湖	学源街12..	23562元..	213	南	满五年	https://...	近地铁	中层(共1...	2006年...	多人关注
11	像之素公..	https://...	https://...	3	中国铁建..	2	89.03㎡	钱塘	南	大学城北	银海街,...	28643元..	255	南	满二年	https://...	车位充足	中层(共3...	2019年建..	
12	东都国际..	https://...	https://...	3	宋都东郡..	1	88.34㎡	钱塘	南	大学城北	水云街	23319元...	206	南	满五年	https://...	车位充足	高层(共3...	2011年建..	
13	比隔壁便..	https://...	https://...	3	中海河映..	2	107㎡	拱墅	南	康桥	候圣街与..	29440元..	315							
14	龙湖品质..	https://...	https://...	3	龙湖春江..	2	89.74㎡	钱塘	南	大学城北	凌云街	30645元..	275	南	有电梯	https://...	车位充足	高层(共3...	2022年...	

< 1 … 14 15 16 17 18 19 20 21 >

图 12.2 采集数据的整理与导出

为了着手开始整个项目的实践，读者需要为本项目创建一个新的工作区目录，本书将工作区命名为 hz_house，读者也可按照自己的喜好任意命名。同时需要准备一些 Python 模块，例如 NumPy、Pandas、Matplotlib 和 Scikit-learn 等。本章使用 Jupyter 作为 Python 编程环境，读者可使用自己熟悉的 IDE 进行代码的编写和执行。

将下载的原始数据 hz_house.csv 复制到项目工作区目录 hz_house 下，使用 Pandas 加载数据：

```
import pandas as pd

HOUSE_DATA_PATH = "hz_house.csv"
house_data = pd.read_csv(HOUSE_DATA_PATH)
```

变量 house_data 为 read_csv()方法返回一个 DataFrame 对象，这是 Pandas 库自创的一种数据结构，表示一张二维数据表（也可以通过分层索引展现更高维度），表中每一列为一个数据属性，每一行为一条数据，这与本项目原始数据的数据结构是一致的。

12.2.2 查看数据结构

如果想快速查看数据的大致结构，可以使用 DataFrame 的 head()方法，该方法会显示数据集中的前 5 行以及前 10 个、后 10 个属性，效果如图 12.3 所示。

```
In [3]: house_data.head()
Out[3]:
```

	序号	项目名称	房源描述	建筑面积	户型	楼层	总层数	朝向	建筑年代	单价（元/平米）	...
0	1	兰桂花园	高性价比 户型方正 配套齐全 采光好 口	126	3室2厅	低层	6	南北向	2000.0	39841	...
1	2	兰桂花园	开发商和物业,三房中装修,求是竞舟,位置好 急售	91	2室2厅	中层	6	南北向	2000.0	49451	...
2	3	兰桂花园	兰桂花园 中间楼层 精装修 房东诚售	126	3室2厅	中层	5	南北向	2000.0	38095	...
3	4	兰桂花园	低总价诚售可做3房少有户型,物业,配套齐全 2号线	91	2室2厅	高层	4	南北向	2000.0	53827	...
4	5	兰桂花园	西湖区西溪湿地旁口兰桂花园 城西住宅区 楼层好,	230	3室2厅	低层	3	南北向	2000.0	43391	...

5 rows × 26 columns

图 12.3 查看数据概况

从输出能看出数据集中所描述数据的大致情况,从而对分析对象有个初步了解,例如户型采用"＊室＊厅"的形式描述,楼层描述为"低层""中层"或"高层",朝向描述为"＊＊向"等,并对后续的预处理和分析做到心中有数。

这里只截取了显示结果的左半部分,即前 5 行数据的前 10 个属性,读者运行代码后也可看到后 10 个属性。由于本例中的数据集属性超过了 20 个,仍然有一些属性使用head()无法显示,所以采用省略号代替。

为了进一步掌握数据集的情况,可以通过info()方法获取数据集的描述信息,包括数据量、属性详细信息、数据类型等,如图 12.4 所示。

```
In [4]: house_data.info()
        <class 'pandas.core.frame.DataFrame'>
        RangeIndex: 9200 entries, 0 to 9199
        Data columns (total 26 columns):
         #   Column        Non-Null Count  Dtype
        ---  ------        --------------  -----
         0   序号            9200 non-null   int64
         1   项目名称          9200 non-null   object
         2   房源描述          9200 non-null   object
         3   建筑面积          9200 non-null   int64
         4   户型            9200 non-null   object
         5   楼层            9200 non-null   object
         6   总层数           9200 non-null   int64
         7   朝向            9148 non-null   object
         8   建筑年代          9196 non-null   float64
         9   单价（元/平方米）     9200 non-null   int64
         10  总价（万元）        9200 non-null   float64
         11  所属学校          9200 non-null   object
         12  距离学校          9200 non-null   object
         13  所在区县          9200 non-null   object
         14  学区内小区个数       9200 non-null   object
         15  普通            9200 non-null   object
         16  小班教学          9200 non-null   object
         17  区重点           9200 non-null   object
         18  体育类           9200 non-null   object
         19  艺术类           9200 non-null   object
         20  语文类           9200 non-null   object
         21  双语            9200 non-null   object
         22  科技类           9200 non-null   object
         23  名校附属          9200 non-null   object
         24  市重点           9200 non-null   object
         25  外语类           9200 non-null   object
        dtypes: float64(2), int64(4), object(20)
        memory usage: 1.8+ MB
```

图 12.4　查看数据描述信息

在后续工作中进行调整,需要注意朝向和建筑年代两个属性分别有 9148 个和 9196 个非空值,换而言之,分别有 52 个和 4 个空值,后续也需要进行相应处理。

12.3　数据探索与可视化

12.3.1　数据特征探索

本节对数据的各个属性特征进行更细致的探索。

通过属性的 value_counts() 方法可以查看某个属性中有哪些值以及各个值的数量,

从而帮助判断数据属性值的分布情况，例如可以查看数据集中的房屋有哪些朝向，如图 12.5 所示。

“朝向”一词通常指的是房屋主要采光面所对应的地理方位。数据集中共有 10 个方向，其中“南北向”指的是房屋在南、北两个方向都能够采光（即所谓的“南北通透”），“东西向”同理。可以看到，绝大多数房屋都是南北向或朝南，这与常识相吻合。

再看“楼层”属性，如图 12.6 所示。

共有 3 类“楼层”，分别是“高层”“中层”和“低层”，其中位于楼房中层的房屋最多，位于楼房低层的房屋最少。

再来看“区重点”属性：

```
house_data["区重点"].value_counts()
```

```
In [5]: house_data["朝向"].value_counts()

Out[5]: 南北向    6554
        南向      2206
        东南向     137
        东向        56
        西南向      51
        东西向      46
        西向        29
        北向        28
        东北向      26
        西北向      15
        Name: 朝向, dtype: int64
```

图 12.5 “朝向”属性的数据分布

```
house_data["楼层"].value_counts()

中层    3700
高层    3220
低层    2280
Name: 楼层, dtype: int64
```

图 12.6 “楼层”属性的数据分布

效果如图 12.7 所示。

可以看到，该属性仅有“是”和“否”两个值，这代表了该房源所在学区的学校是否为区重点学校。与之类似的属性还有“普通”“市重点”“小班教学”“语文类”“体育类”“艺术类”“科技类”“外语类”“双语”“名校附属”，皆通过“是”和“否”的布尔型描述来标识房源所在学区的学校具有哪些特点。

读者可使用以上方法查看其余属性的数据分布，以便更详细、深入地了解整个数据集。

对于数值型的属性（例如房屋价格），使用 describe()方法能够获得更详细的描述信息：

```
house_data["单价(元/平方米)"].describe()
```

效果如图 12.8 所示。

```
是    5048
否    4152
Name: 区重点, dtype: int64
```

图 12.7 “区重点”属性的数据分布

```
count      9200.000000
mean      34169.913696
std       12583.009332
min        7857.000000
25%       26429.000000
50%       32500.500000
75%       40000.000000
max      291667.000000
Name: 单价(元/平方米), dtype: float64
```

图 12.8 房屋价格统计

这里分别统计出了整个数据集中房屋价格属性的数量、均值、标准差、最小值、第一四分位数、中位数、第三四分位数、最大值，因此大家可以对房屋价格这个变量有更清晰的认识。另外也可以对整个数据集调用 describe()方法,该方法会自动识别整个数据集中的所有数值型属性,并对它们同时进行统计:

```
house_data.describe()
```

效果如图 12.9 所示。

	序号	建筑面积	总层数	建筑年代	单价 (元/平方米)	总价 (万元)	小区均价
count	9200.000000	9200.000000	9200.000000	9196.000000	9200.000000	9200.000000	9200.000000
mean	4600.500000	101.813261	14.125000	2004.011418	34169.913696	364.813714	33884.908152
std	2655.955572	59.128428	9.441982	8.076845	12583.009332	478.755034	11819.208254
min	1.000000	20.000000	1.000000	1970.000000	7857.000000	28.500000	4859.000000
25%	2300.750000	65.000000	7.000000	1998.000000	26429.000000	200.000000	26670.500000
50%	4600.500000	89.000000	11.000000	2005.000000	32500.500000	275.000000	32451.000000
75%	6900.250000	127.000000	19.000000	2010.000000	40000.000000	405.000000	39501.250000
max	9200.000000	1860.000000	53.000000	2018.000000	291667.000000	19500.000000	127322.000000

图 12.9　数据集中各数值型属性的统计结果

describe()方法一次性对所有数值型属性做了统计,其中"建筑年代"由于有 4 个空值,所以忽略了 4 条数据,仅对 9196 条有值的数据进行统计,其余属性对全部(9200 条)数据进行统计。

12.3.2　数据可视化

人眼对图形图像的识别感应能力和敏感程度要比对数字高得多,这也是为什么数据分析离不开可视化技术的原因。对原始数据进行可视化处理能够帮助人们更直观地了解数据。

1. 直方图

直方图是良好地展示数值数据的分布情况的图表,使用 DataFrame 的 hist()方法可以比较容易地绘制出指定属性的直方图,该方法依赖于 Matplotlib 库:

```
import matplotlib.pyplot as plt

plt.rcParams['font.sans-serif'] = ['SimHei']          # 设置中文字体以正常显示中文标签
house_data[["单价(元/平方米)","建筑年代","建筑面积","总价(万元)","总层数"]].hist(bins=50,figsize=(15,15))
plt.show()
```

效果如图 12.10 所示。

2. 相关性与相关性散点图

通过 DataFrame 的 corr()方法可以得到数据集中数值型变量的相关性矩阵:

```
corr_matrix = house_data.corr()
corr_matrix
```

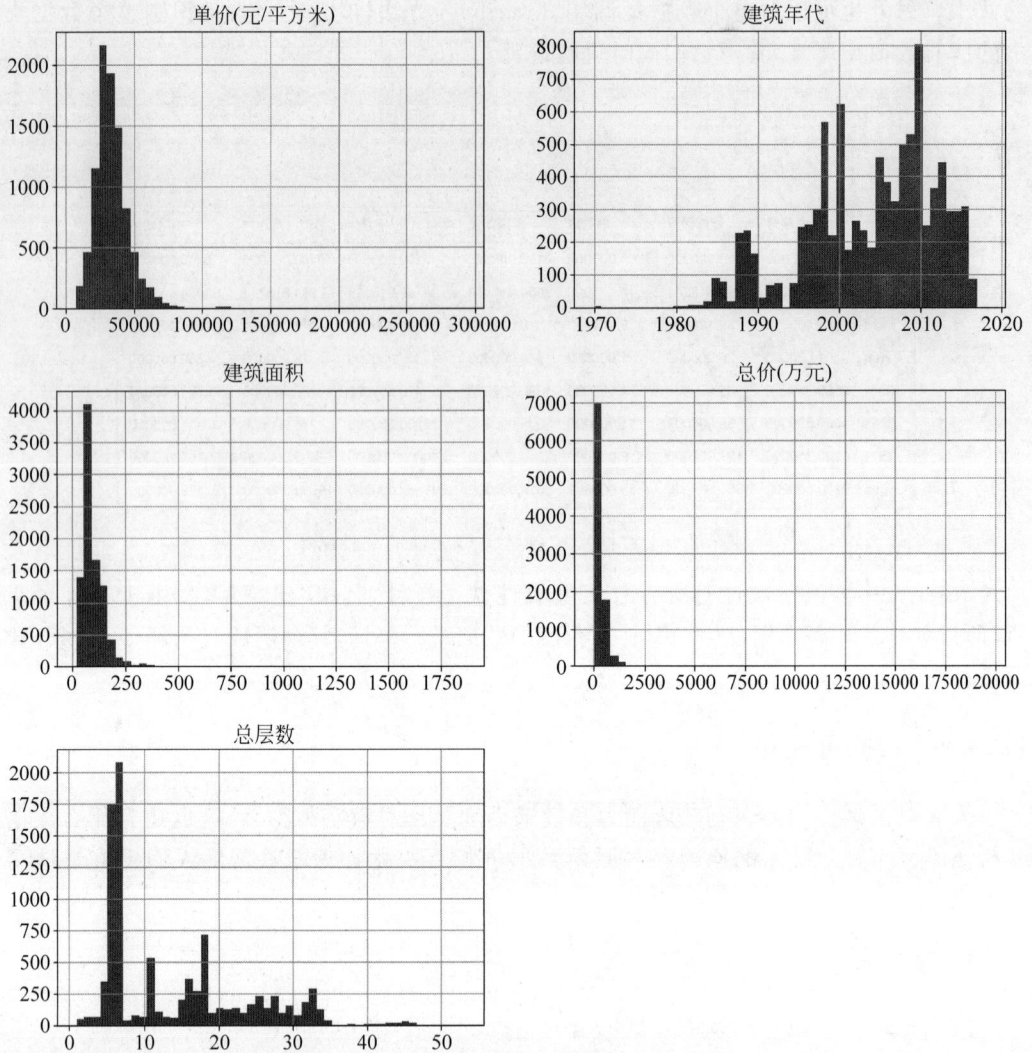

图 12.10　直方图

效果如图 12.11 所示。

	序号	建筑面积	总层数	建筑年代	单价（元/平方米）	总价（万元）
序号	1.000000	−0.039222	−0.046016	−0.098779	−0.018185	−0.026324
建筑面积	−0.039222	1.000000	0.238661	0.336600	0.228120	0.781819
总层数	−0.046016	0.238661	1.000000	0.597331	−0.060384	0.089854
建筑年代	−0.098779	0.336600	0.597331	1.000000	−0.148966	0.130198
单价（元/平方米）	−0.018185	0.228120	−0.060384	−0.148966	1.000000	0.578428
总价（万元）	−0.026324	0.781819	0.089854	0.130198	0.578428	1.000000

图 12.11　数值型变量的相关性矩阵

矩阵中横、纵两个变量相交的元素值即为这两个变量的相关性，对角线上由于横、纵为同一变量,所以相关性为 1。如果大家觉得相关性矩阵不够直观,可以使用 scatter_ matrix()绘制相关性矩阵散点图:

```
from pandas.plotting import scatter_matrix

scatter_matrix(house_data[["建筑面积","总层数","建筑年代","单价(元/平方米)","总价(万
元)"]], figsize = (20,15))
```

效果如图 12.12 所示。

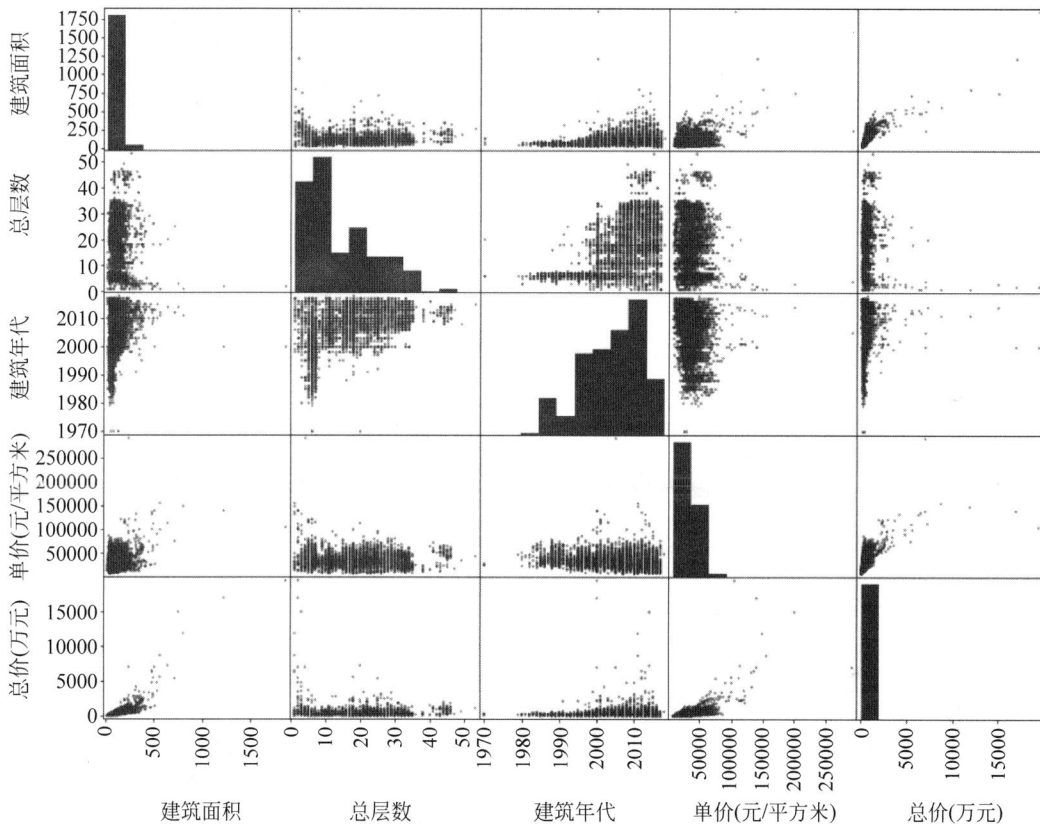

图 12.12 相关性矩阵散点图

毫无疑问,小区均价与房屋单价、总价与单价、总价与建筑面积之间都有着很强的相关性,另外建筑年代与房屋层数之间也有着很强的相关性。不过,上述这些相关性对实现本项目的目标(分析房屋单价的影响因素)帮助不大,尚需要其他因素和分析方法的介入。

12.4 数据准备

12.4.1 数据清理

通过数据探索,大家已经对原始数据有了深入的了解,现在回过头来看数据本身的

问题。

数据清理的对象是"脏数据"，通常是指没有意义的、不在值域范围内的、格式非法的或者空白的数据，这类数据的存在会导致程序或算法根本无法运行下去，或严重影响分析结果。事实上，本例采用的数据质量非常好，除了少数属性存在空值以外，几乎没有"脏数据"，这大大降低了数据清理的难度。

对于空值属性，通常有以下几种处理方法。

（1）如果空值记录不多，可以抛弃有空值的这几条记录。

（2）如果某个属性有大量空值记录，可以抛弃该属性。

（3）用一些技术性方法"猜测"空值，例如从其他记录中随机抽值填入；取其他记录的最大频率值、中位数或均值填入；使用统计或数据挖掘技术找到相似记录，从该记录中取值填入。

在本例中有两个属性具有空值，即朝向和建筑年代，分别空缺 52 个和 4 个，与总数据量相比，空缺占比分别为 0.57% 和 0.04%。由于空值记录较少，直接删除记录对最终分析结果不会产生较大的影响。对于朝向来说，也可采用填入最大频率值的方式处理：由于南北向的房屋占比（71%）远高于其他朝向，把空缺的朝向设置为"南北向"不失其合理性。在本案例中暂且采取直接删除空值记录的方式来处理。使用 DataFrame 的 dropna() 方法能够达成该目标。

```
house_data_nona = house_data.dropna(subset = ["朝向","建筑年代"])
house_data_nona.info()
```

效果如图 12.13 所示。

```
<class 'pandas.core.frame.DataFrame'>
Int64Index: 9144 entries, 0 to 9199
Data columns (total 26 columns):
 #   Column      Non-Null Count  Dtype
---  ------      --------------  -----
 0   序号          9144 non-null   int64
 1   项目名称        9144 non-null   object
 2   房源描述        9144 non-null   object
 3   建筑面积        9144 non-null   int64
 4   户型          9144 non-null   object
 5   楼层          9144 non-null   object
 6   总层数         9144 non-null   int64
 7   朝向          9144 non-null   object
 8   建筑年代        9144 non-null   float64
 9   单价（元/平米）    9144 non-null   int64
 10  总价（万元）      9144 non-null   float64
 11  所属学校        9144 non-null   object
 12  距离学校        9144 non-null   object
 13  所在区县        9144 non-null   object
 14  学区内小区个数     9144 non-null   object
 15  普通          9144 non-null   object
 16  小班教学        9144 non-null   object
 17  区重点         9144 non-null   object
 18  体育类         9144 non-null   object
 19  艺术类         9144 non-null   object
 20  语文类         9144 non-null   object
 21  双语          9144 non-null   object
 22  科技类         9144 non-null   object
 23  名校附属        9144 non-null   object
 24  市重点         9144 non-null   object
 25  外语类         9144 non-null   object
dtypes: float64(2), int64(4), object(20)
memory usage: 1.9+ MB
```

图 12.13　删除有空值的记录

执行上述代码可以看到，house_data_nona 只剩下 9144 条记录，即删除了 56 条朝向或建筑年代为空的记录,同时所有属性的非空值都为 9144 条,因此这时数据集中已不存在任何空值记录。

12.4.2 数据预处理

需要预处理的数据与需要清理的"脏数据"不同,需要预处理的数据本身没有任何问题,但是可能它们出现的方式或原始的类型不利于之后的数据分析,或不适用于期望的分析算法(例如某些算法更喜欢数值型的数据类型,而另一些算法更喜欢离散型变量),因此要将它们处理成希望的样子。

第一个要处理的属性是"户型"。原始数据中户型以"*室*厅"的字符形式显示,现在需要将其处理成数值类型。这里定义两个新的属性"室"和"厅",分别表示该房屋的室和厅的数量,再从原始属性中将该数值提取出来填入。

```
room_num = house_data_nona["户型"].str[0].astype(np.int32)
lounge_num = house_data_nona["户型"].str[2].astype(np.int32)
house_data_nona.insert(5, '室', room_num)
house_data_nona.insert(6, '厅', lounge_num)
```

第二个要处理的属性是"距离学校",该属性表示房屋与其所属学区的学校之间的距离。原始数据中该属性为形如"***km"的字符串类型,显然字符"km"会影响将来的分析,需要将其转换为数值类型,转换方式简单,将字符串中的"km"字符去掉,再将剩余字符转换成浮点型即可。

```
distance_school = house_data_nona["距离学校"].str.rstrip("km").astype(np.float64)
house_data_nona.insert(15, '距离学校(km)', distance_school)
```

第三个要处理的属性是"学区内小区个数",这与"距离学校"属性类似,需要去除字符串中的"个小区"字符,将其转换为数值类型特征。

```
neighbourhood_num = house_data_nona["学区内小区个数"].str.rstrip("个小区").astype(np.
int32)
house_data_nona.insert(18, "学区内小区个数_数值", neighbourhood_num)
```

由于本例中没有其他新的数据用于验证分析结果,所以需要充分利用已有的数据。这里将 9144 条数据分为两部分,一部分用于训练模型(训练集),另一部分用于测试评估模型(测试集)。这里按照 4∶1 的比例来划分训练集和测试集(测试集通常占总记录的10%~25%,这里取 20%):

```
from sklearn.model_selection import train_test_split
train_set, test_set = train_test_split(house_data_nona, test_size = 0.2)
```

train_test_split()方法使用 test_size 参数控制测试集的比例,取值范围为 0~1,相应地,也可用参数 train_size=0.8 达到同样的效果,即设置训练集的比例为 80%。train_test_split()方法返回包含训练集和测试集的列表。

12.5　基于回归方法的房价模型

对于回归方法，通常只需要数值型特征及目标属性，因此先从总数据中分别提取出"建筑面积""总层数""建筑年代""室""厅""距离学校(km)""学区内小区个数_数值"7个特征和"单价(元/平方米)"。

```
train_set_X = train_set.loc[:, ["建筑面积", "总层数", "建筑年代", "室", "厅", "距离学校
(km)", "学区内小区个数_数值"]]
train_set_y = train_set.loc[:, "单价(元/平方米)"]
```

图 12.14 为各特征与房屋单价(均价)之间的相关性散点图。从图中可以看出，各特征与房屋单价(均价)之间具有一定的相关性，但线性特征并不明显，若考虑一元线性回归，不容易得到优质模型，需要将各个特征组合起来进行多元线性回归。

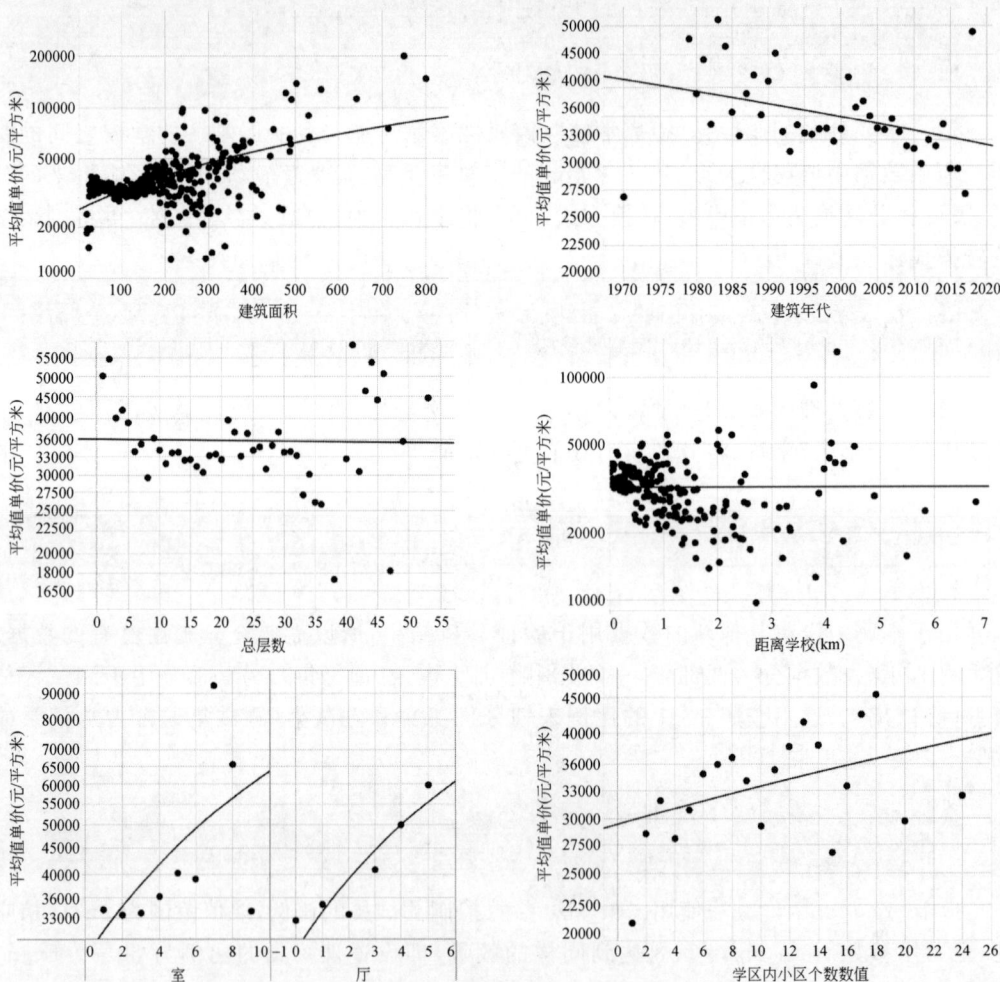

图 12.14　各特征与房屋单价(均价)之间的相关性散点图

由于所用的特征数值在数量级上相差较大,可能会对后续的回归算法产生影响,这里首先对所有特征进行归一化处理,即统一缩放至0~1的范围:

```
from sklearn.preprocessing import MinMaxScaler

scaler = MinMaxScaler()
scaler.fit(train_set_X)
X = scaler.transform(train_set_X)
y = train_set_y.values
```

至此已经万事俱备,可以开始考虑分析建模的问题了。

首先尝试应用10.3.1节介绍的线性回归模型对房价数据进行训练:

```
from sklearn.linear_model import LinearRegression
from sklearn.metrics import mean_squared_error

reg = LinearRegression().fit(X, y)
print("R2: ", reg.score(X, y))
rmse = np.sqrt(mean_squared_error(y, reg.predict(X)))
print("RMSE: ", rmse)

"""
输出:
R2: 0.14132907906004677
RMSE: 11415.127887636225
"""
```

对训练集完成线性回归模型训练后,这里计算了R^2和RMSE来评估模型拟合效果,可以发现,R^2约为0.14,而RMSE在11000以上。由于房屋单价普遍在2.5万~4万元,所以1.1万的误差不算理想。

另外,此时计算出的误差并不能反映真实的模型效果,因为这里建模和验证用的实际上是同一份数据。显然,通过某份数据训练的模型在自己身上验证是一回事,拿到其他数据上验证可能是另外一回事,因此应该考虑采用更合理的验证方式。

在数据挖掘中通常会采用一种称为K折交叉验证的方法来执行验证。简单来说,可以把一份数据集分成K份(例如10份),编号为1~K,先用第1份数据作为测试集,剩下的K−1份作为训练集进行模型训练,得到一个测试结果,再用第2份数据作为测试集,剩下的K−1份作为训练集进行模型训练,又得到一个测试结果。循环这个过程,总共能得到K个测试结果,最终综合这K次测试来评估模型效果。

```
from sklearn.model_selection import cross_val_score

scores = cross_val_score(reg, X, y, scoring = "neg_mean_squared_error", cv = 10)
rmse_scores = np.sqrt( - scores)
print("K fold Scores:", rmse_scores)
print("K fold Mean:", rmse_scores.mean())
print("K fold SD:", rmse_scores.std())

"""
```

```
输出：
K fold Scores: [12043.23289997 11395.18993025 11427.03093403 11127.77534005
  10201.72860639 11017.82175073 11651.50838179 11377.75081599
  11515.856214 12558.5463721 ]
K fold Mean: 11431.644124528608
K fold SD: 589.9079189974528
"""
```

Scikit-learn 提供了 cross_val_score()方法执行 K 折交叉验证，第 1 个参数为算法模型，第 2、3 个参数分别为特征向量和目标向量，第 4 个参数为测试分数类型，这里选择的是均方根误差的负数，第 5 个参数是 K 折的 K 值，即分为几份，这里选择分为 10 份。最后通过计算得到 10 次结果的均方根误差，并计算了这 10 次误差的均值和标准差。

不出所料，10 次训练结果的误差的均值仍在 11000 以上。到此为止，本次模型训练的效果已经很明显了，总的来说不太令人满意。每当遇到这种情况，通常有两个改进的方向，一是考虑数据，可以试着增加更多的特征（例如与房价密切相关的地理位置、人均收入、交通设施、商业设施等）；二是改进算法，例如调整算法参数或更换其他更合适的算法。由于线性回归模型的结果不尽如人意，通过调整参数也难获得满意的效果，本例中尝试用其他模型看是否能有更出色的表现。

从线性回归模型的结果来看，现有特征与目标之间应该是一个非线性关系，因此在不引入新的特征的情况下放弃其他线性模型，在非线性模型中寻找合适的方法。下面看一下决策树算法（参见本书的 10.3.6 节）：

```
from sklearn.tree import DecisionTreeRegressor

reg = DecisionTreeRegressor().fit(X, y)
print("R2: ", reg.score(X, y))
rmse = np.sqrt(mean_squared_error(y, reg.predict(X)))
print("RMSE: ", rmse)

"""
输出：
R2: 0.9954853949520329
RMSE: 827.7082519696492
"""
```

这次预测的结果很不错，R^2 达到了 0.99，而均方根误差不到 1000，但这只是针对自身训练数据进行测试的结果。接下来使用 K 折交叉验证试一下：

```
scores = cross_val_score(reg, X, y, scoring = "neg_mean_squared_error", cv = 10)
rmse_scores = np.sqrt( - scores)
print("K fold Scores:", rmse_scores)
print("K fold Mean:", rmse_scores.mean())
print("K fold SD:", rmse_scores.std())

"""
输出：
```

```
K fold Scores: [9867.83599717 8560.65216806 8772.79415311 8087.87876999 8018.33403243
8231.5925398 8258.33329965 8197.87751022 7323.39867615 9128.502949 ]
K fold Mean: 8444.720009556837
K fold SD: 657.3802460901696
"""
```

交叉验证的结果表明,决策树回归的结果确实要比线性回归好,RMSE 在 8500 左右(每次执行交叉验证的结果略有不同),但是标准差更大(换句话说,执行结果更不稳定)。

接下来换一个更加复杂的算法——随机森林进行预测,代码如下。随机森林是用 bagging 算法进行训练的决策树的集成,它在树的生长中引入了更多的随机性,在一个随机生成的特征子集里搜索最好的特征。通过查看使用每个特征的树节点平均(在森林中的所有树上)减少不纯度的程度来衡量该特征的重要性,这是一个加权平均值,其中每个节点的权重等于与其关联的训练样本的数量。在训练后,为每个特征自动计算该分数,然后对结果进行缩放,以使所有重要性的总和等于 1。因此从随机森林算法的结果中不仅能知道预测准确性,还能查看各个特征对于预测的重要性程度。

```
from sklearn.ensemble import RandomForestRegressor

reg = RandomForestRegressor().fit(X, y)

scores = cross_val_score(reg, X, y, scoring = "neg_mean_squared_error", cv = 10)
rmse_scores = np.sqrt( - scores)
print("K fold Scores:", rmse_scores)
print("K fold Mean:", rmse_scores.mean())
print("K fold SD:", rmse_scores.std())

"""
输出:
K fold Scores: [6665.32010664 7340.40959876 6599.17530111 6387.71717501 5554.39265397
6337.86974741 5749.68666061 6108.5765682 5753.92125548 7618.84913052]
K fold Mean: 6411.591819771922
K fold SD: 642.1059798019174
"""
```

随机森林的预测效果比前两个算法有了很大的提高,交叉验证的均方根误差在 6500 左右,标准差在 650 左右。同时,通过 RandomForestRegressor 的 feature_importances_ 属性可以查看特征的重要性:

```
print(reg.feature_importances_)
# # [0.20335294 0.11894802 0.13512558 0.02261104 0.00972532 0.28350271 0.22673438]
```

上述代码打印出了一个数组,内有 7 个值(加起来的和为 1),分别对应训练集中 7 个特征的重要性。可以看到,在这几个特征中,对预测结果贡献最大的是房屋与学校的距离,其次是学区内小区的个数和建筑面积,而房屋的房间数量几乎没什么贡献。一般来说,可以尝试删除一些不太重要的特征来提升训练效率。

现在有了一个不错的模型,接下来尝试在此基础上对其参数进行调整,争取得到更好的预测效果。这里以随机森林算法的 n_estimators 和 max_features 两个参数为例介绍调参的方法,读者可以在此基础上尝试通过调整更多参数来改进预测效果。随机森林算法中的 n_estimators 参数表示森林中树的数量。当前并没有任何迹象指示该参数设为何值时能够达到最佳的预测效果,因此最好的方式是试验法——给该参数取不同的值,看取哪个值能让评价指标达到最佳。在取值时一种策略是顺序搜索,例如对于某参数,从 1 取到 10,逐个测试;另一种策略是随机搜索,例如在某个范围内随机取 10 个值,比较哪个更优。这里尝试使用随机搜索法。

Scikit-learn 提供了 RandomizedSearchCV 类,用于随机调参。

```
from sklearn.model_selection import RandomizedSearchCV
reg = RandomForestRegressor()
distributions = {
    'n_estimators': range(100, 5000, 100),
    'max_features': ['sqrt', 'log2', 'auto']
}
rscv = RandomizedSearchCV(reg, distributions, cv = 10, n_iter = 10, scoring = "neg_mean_
squared_error")
search = rscv.fit(X, y)
search.best_params_
```

上述代码对 n_estimators 和 max_features 两个参数进行了随机调试,其中 n_estimators 从 100~5000 中每隔 100 取一个值,max_features 从"sqrt"、"log2"和"auto" 3 个可选值中取,因此参数的可选方案总共有 49×3=147 个。RandomizedSearchCV 的 n_iter 表示随机测试次数,即这里从 147 个方案中随机选取 10 个参数方案进行训练,找出最好的方案。经过一番测试,最终发现当 n_estimators 取 4400、max_features 为 "log2"时训练效果最好。注意,因为是在 147 个参数方案中随机训练 10 次,所以以上最优参数组合仅能代表这 10 次训练中最好的一次,而不能代表这 147 个参数组合中的最佳组合,读者的执行结果可能与之不同。若要确定更优的参数,可以设置更大的训练次数(即 n_iter 参数的值),当然更大的训练次数意味着更长的训练时间,训练时间的实际长短取决于读者的计算机性能。

总之,假设 4400 棵树的随机森林已经是现在所能训练的最优模型,可以将其运用到测试集中。

```
test_set_X = test_set.loc[:,['建筑面积','总层数','建筑年代','室','厅','距离学校(km)','学
区内小区个数_数值']]
test_set_y = test_set.loc[:,'单价(元/平方米)']
scaler = MinMaxScaler()
scaler.fit(test_set_X)
X_test = scaler.transform(test_set_X)
y_test = test_set_y.values
final_results = search.predict(X_test)
final_mse = mean_squared_error(y_test, final_results)
final_rmse = np.sqrt(final_mse)
print("rmse:", final_rmse)
```

如果这个结果仍没有达到自己的期望,那么需要考虑完善数据集。前文已述,本案例中的数据集在特征选取方面并不详尽。事实上,由随机森林算法的特征的重要性描述

可知,当前模型中主要依赖学校距离和房屋面积两个变量来预测房价,凭借经验可知该变量的预测能力并不强,但这已不在本书教学范围之内,感兴趣的读者可以自行采集更多与房产相关的特征,以更准确地描述房屋对象。待数据完善之后再按照前文的数据分析步骤重新执行,以期得到更准确的预测结果,这是一个逐步递进和迭代的分析过程。

12.6　学区特征影响因素分析

本节研究学区特征对房屋价格的影响。在原始数据中,每所学校都有对应的布尔型特征,分别是"普通""区重点""市重点""小班教学""语文类""体育类""艺术类""科技类""外语类""双语""名校附属",可以使用这 11 个特征对学区内的平均房价价位进行分类分析。

首先计算每个学区的平均房价:

```
price_mean = house_data_nona.groupby('所属学校').agg('mean')['单价(元/平方米)']
```

groupby()和 agg()两个方法以"所属学校"属性进行划分,并对每个划分群体的数值型属性统计平均值,最后只保留单价属性,这样就得到了所有学校的房屋单价均值。

接下来获取每所学校的特征:

```
school_attrs = house_data_nona.drop_duplicates('所属学校')[['所属学校','普通','区重点',
'市重点','小班教学','语文类','体育类','艺术类','科技类','外语类','双语','名校附属']]
```

由于原始数据描述的是每所房屋,对于学校有许多重复信息,需要删除,使用 drop_duplicates()方法可以将"所属学校"属性有重复的部分删除,每所学校只保留一条数据。最后过滤掉多余特征。

现在把两组数据结合起来:

```
school_data = pd.merge(price_mean, school_attrs, on = "所属学校")
```

图 12.15 为各特征属性下的房屋价格对比,即具有该特征的学区内学校与不具有该特征的学区内学校在房价上有何区别。可以看到,当房屋所在学区的学校为名校附属、市重点、双语学校、小班教学时,房屋均价明显提高,而为普通学校、科技类学校、语文类学校时房屋均价明显偏低,为体育类学校、艺术类学校、区重点学校、外语类学校时,房屋均价不太受影响。这是单个特征对房屋售价的影响情况,接下来考虑将这些特征综合起来,考察其对房价的共同影响。

下面将单价均值离散化:

```
school_data.loc[:, "价位"] = pd.cut(school_data["单价(元/平方米)"],[9000,25000,31000,
37000,90000], labels = ["低","中低","中高","高"])
```

效果如图 12.16 所示。

这里通过 pandas 的 cut()方法,根据数据的分布情况将原始单价属性值分为 4 个区间,分别为低价(25000 元/平方米以下)、中低价(25000～31000 元/平方米)、中高价(31000～37000 元/平方米)、高价(37000 元/平方米以上),区间阈值基本上参考了原始数据值的

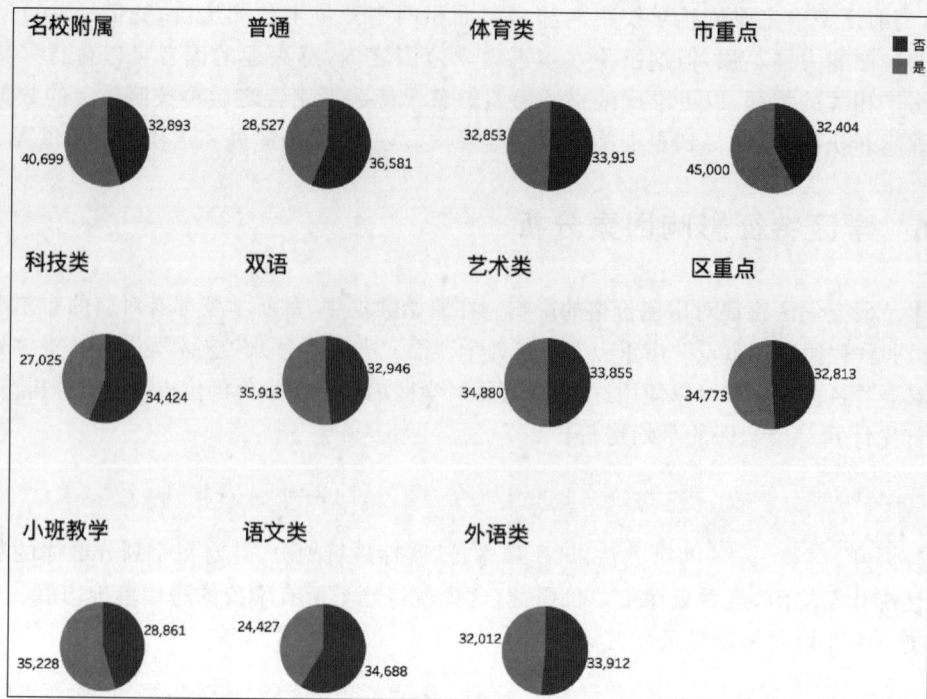

图 12.15　学区内学校在各特征下的房屋均价对比

图 12.16　房价与学区内学校

最小值、第一四分位数、中位数、第三四分位数、最大值来设置，读者也可根据实际情况自由选择区间阈值。

由于 Scikit-learn 中的多数算法并不支持字符型的特征数据，需要将其转换成数值型，例如将"是"和"否"分别转换成 1 和 0：

```
school_data['普通'] = school_data['普通'].map({'是':1,'否':0})
♯其他类型的处理同上
```

在数据处理完成后，仍然按照 4∶1 的比例划分训练集和测试集：

```
train_set, test_set = train_test_split(school_data, test_size = 0.2)

X = train_set.loc[:, ['普通','区重点','市重点','小班教学','语文类','体育类','艺术类','科技类','外语类','双语','名校附属']]
y = train_set.loc[:, "价位"]
```

下面开始建立模型。首先尝试采用支持向量机算法：

```
cls = SVC()
distributions = {
    'kernel': ['poly','rbf','sigmoid'],
    'C': range(1,10,1),
    'degree': range(3,10)
}
rscv = RandomizedSearchCV(cls, distributions, cv = 10, n_iter = 50)
search = rscv.fit(X, y)
print(search.best_params_)    #输出最优一次的参数
print(search.best_score_)     #输出最优一次的分类准确率


"""
{'kernel': 'rbf', 'degree': 3, 'C': 4}
0.40791666666666665
"""
```

这里直接使用随机调参技术进行测试。通过调整参数，经过 50 次迭代，找到了最好的分类效果，准确率约为 40.8%。如果大家对效果不满意，还可以尝试使用其他更复杂的算法，例如随机森林：

```
cls = RandomForestClassifier()
distributions = {
    'n_estimators': np.arange(100, 5000, 100),
    'max_features': ['auto','sqrt','log2']
}
rscv = RandomizedSearchCV(cls, distributions, cv = 10, n_iter = 10)
search = rscv.fit(X, y)
print(search.best_params_)
print(search.best_score_)


"""
{'n_estimators': 300, 'max_features': 'auto'}
0.4341666666666667
"""
```

可以看到，在使用 300 棵树构建的随机森林中，分类准确率提高到了 43.4%。读者可以自行尝试采用其他算法进行测试，看是否能找到更优的模型。如果想要大幅度提升准确率，对本例来说，可能还需要在数据中引入其他特征。

本章小结

本章以杭州市二手房的房价预测作为实践案例，带领读者完整地了解了数据分析的总体流程。通常，一个数据分析项目会包括数据获取、数据探索、数据预处理、模型训练、测试评估、模型调整、再训练、再评估……这样一个循环迭代的过程，感兴趣的读者可以以本章实践为基础进行更深入的探索和研究。

第 **13** 章

金融风险数据分析实践项目

本章学习目标:

- 了解数据分析项目的基本步骤。
- 学会观察数据和预处理。
- 数据探索和可视化。
- 选择和训练模型。
- 模型调参和评估。

扫一扫

视频讲解

13.1 项目简介

13.1.1 项目背景与挖掘目标

金融借贷是指金融机构或个人向借款人提供资金或物品的行为,借款人需在未来偿还借款本金和利息。金融借贷是现代经济的重要组成部分,在个人消费、企业生产经营、政府投资等方面发挥着重要作用。然而,对于贷方来说,金融借贷活动也具有相当大的潜在风险,其中之一便是借款人存在违约的可能性,即信用风险。该风险具体的表现形式主要包括借款人逾期还款(即未能按照约定时间偿还本金和利息)、借款人违约(即借款人拒绝偿还借款)、借款人破产(即借款人被依法宣告破产而无法偿还债务)等。当然,借款人可以采取一些措施来防范这样的金融借贷信用风险,例如加强贷前调查、要求借款人提供抵押或担保、加强贷后管理、跟踪借款人财务状况等,其中最重要而有效的手段就是在贷款前对借款人的信用状况进行有效评估,从而做出放款与否或放款额度的有效决策。

本章基于一家叫作 LendingClub 的网络信贷公司的用户借贷金融数据,分析借款人信用风险的相关影响因素。LendingClub 是全球最大的 P2P 借贷平台,总部位于美国加利福尼亚州旧金山。本案例提供的借款人借贷数据共计 887379 条记录,包含借款人个人信息、贷款目的、贷款总额、贷款利率、月供、贷款状态等共 74 个特征。后续我们将对这些特征进行筛选和预处理。

如前所述,LendingClub 公司专门向其客户提供各种类型的贷款。当公司收到贷款申请时,他们必须根据申请人的资料做出是否批准贷款的决定,如果决策失误,则公司将面临以下两类风险。

(1) 如果申请人有可能偿还贷款,那么不批准贷款将导致公司业务损失。

(2) 如果申请人不太可能偿还贷款造成可能违约,那么给他们批准贷款则可能会导致公司遭受财务损失。

案例提供的数据包含了贷款申请人的相关特征以及他们是否"违约"的信息。案例的分析目标是识别某个申请人是否可能违约的模式,从而帮助公司进行放贷决策,例如是否拒绝贷款、是否减少贷款金额,以及贷款利率的设定等。

数据中的 loan_status 字段表明了借款人当前的贷款状态。对于不符合贷款要求的申请人,由于他们的贷款申请被公司拒绝,因此不存在贷款记录,本数据中也就没有体现这部分人员的信息。对于贷款申请通过审核的借款人,则有可能出现如下状态:"Current"表示借款人当前正处于每月按时还款的正常状态;"Fully paid"表示借款人已经还清包括本金和利息在内的全部贷款;"Default"表示借款人有违约行为,即未按约定进行还款;"Charged Off"表示借款人由于长期不还款,该贷款记录被标记为"冲销";"Late"表示逾期记录,分为 16~30 天的逾期和 31~120 天的逾期;"In Grace Period"表示在宽限期内。不难看出,其中 Default、Charged Off、Late、In Grace Period 这几种状态属于风险状态,是贷款公司不希望遇到而极力避免的情况,而其他的情况则属于正常状态。这是本案例需要分析的主要目标变量。

读者可从本书网站中找到本章附带的数据目录,从该目录找到并下载数据字典文件 LCDataDictionary.xlsx,从中查看该数据集所有数据字段及其含义。

13.1.2　数据概况

读者可自行从本书网站中下载本章数据,数据文件名称为 loan.csv,文件格式为 CSV,编码格式为 UTF-8。

首先需要为本案例创建一个工作区目录,例如 loan_lc,用于存放 python 代码和数据,另外请在目标 python 环境中下载如下 python 模块:NumPy、Pandas、Matplotlib 以及 Scikit-Learn。本章同样以 Jupyter Notebook 作为 Python 开发环境,读者也可选择其他开发环境,不影响代码运行。

将下载下来的原始数据 loan.csv 复制到项目工作区目录 loan_lc 文件夹下,使用 pandas 加载数据:

```
import pandas as pd

LOAN_DATA_PATH = "loan.csv"
loan_data = pd.read_csv(LOAN_DATA_PATH)
```

由于原始数据较大,这一步读取的时间会比较长,需要耐心等待,具体时间长短取决于运行代码计算机的性能。

接下来使用 DataFrame 的 head() 方法查看数据示例（见图 13.1）：

```
loan_data.head()
```

由于 head 方法只能显示数据集的前 10、后 10 列属性，而原始数据集有 74 个属性，因此该方法的显示结果并不能很好地展示数据特征和详情（如图 13.1 所示）。可以看到，大部分属性被省略了（为省略号所代替）。

	id	member_id	loan_amnt	funded_amnt	funded_amnt_inv	term	int_rate	installment	grade	sub_grade	...	total_bal_il	il_util	open_rv_12m
0	1077501	1296599	5000.0	5000.0	4975.0	36 months	10.65	162.87	B	B2	...	NaN	NaN	NaN
1	1077430	1314167	2500.0	2500.0	2500.0	60 months	15.27	59.83	C	C4	...	NaN	NaN	NaN
2	1077175	1313524	2400.0	2400.0	2400.0	36 months	15.96	84.33	C	C5	...	NaN	NaN	NaN
3	1076863	1277178	10000.0	10000.0	10000.0	36 months	13.49	339.31	C	C1	...	NaN	NaN	NaN
4	1075358	1311748	3000.0	3000.0	3000.0	60 months	12.69	67.79	B	B5	...	NaN	NaN	NaN

5 rows × 74 columns

图 13.1　数据集前 5 行快速预览

这里我们再使用 info() 方法查看数据字段详情，该方法将列出数据集中所有字段的名称、非空数据量和数据类型。

```
loan_data.info()
```

如图 13.2 所示，该数据集共有 887379 条数据，因此如果某个字段的"Non-Null Count"值为 887379，则表示该字段没有空值，否则说明该字段的某些记录存在空值，用 887379 减去"Non-Null Count"值即为该字段空值的数量。在所有 74 个字段中，有 34 个字段没有空值，占比不到一半，而其余 40 个字段或多或少存在空值，之后需要进一步处理。由于绝大部分借款均为个人借款，共同借款的情况极少，因而涉及共同借款人的相关字段几乎全为空值。另外所有属性中数值型属性（包括整型和浮点型）有 51 个，其余为对象型（主要是字符型）属性。最后可以看到，数据完整加载后，占用内存约为 500MB。

```
<class 'pandas.core.frame.DataFrame'>
RangeIndex: 887379 entries, 0 to 887378
Data columns (total 74 columns):
 #   Column               Non-Null Count   Dtype
---  ------               --------------   -----
 0   id                   887379 non-null  int64
 1   member_id            887379 non-null  int64
 2   loan_amnt            887379 non-null  float64
 3   funded_amnt          887379 non-null  float64
 4   funded_amnt_inv      887379 non-null  float64
 5   term                 887379 non-null  object
 6   int_rate             887379 non-null  float64
 7   installment          887379 non-null  float64
 8   grade                887379 non-null  object
 9   sub_grade            887379 non-null  object
 10  emp_title            835917 non-null  object
 11  emp_length           842554 non-null  object
 12  home_ownership       887379 non-null  object
 13  annual_inc           887375 non-null  float64
 14  verification_status  887379 non-null  object
 15  issue_d              887379 non-null  object
 16  loan_status          887379 non-null  object
 17  pymnt_plan           887379 non-null  object
 18  url                  887379 non-null  object
 19  desc                 126026 non-null  object
 20  purpose              887379 non-null  object
 21  title                887226 non-null  object
 22  zip_code             887379 non-null  object
 23  addr_state           887379 non-null  object
 24  dti                  887379 non-null  float64
 25  delinq_2yrs          887350 non-null  float64
```

图 13.2　数据集的摘要信息

13.2 数据探索与可视化

13.2.1 描述性统计分析

本节我们对数据各个属性特征进行描述性统计分析,通过使用各种统计指标和图形来呈现数据的特征和模式,从而对数据进行初步理解和分析,为后续的深入分析和建模奠定基础。

与前面类似,我们可以通过 value_counts() 方法查看感兴趣的属性,尤其是分类变量(Nominal)属性,从而了解该属性有哪些可选值,以及不同属性取值在记录数量上的分布。例如,这里我们通过如下代码查看数据集中 loan_status(贷款状态)有哪些取值:

```
loan_data['loan_status'].value_counts()
```

如图 13.3 所示,可以看到 loan_status 这个字段所有出现的取值,并按出现的记录数量进行了排序,例如出现数量最多的是"Current"值,有 601779 条记录,表明有 601779 条记录当前处于正常还款状态;出现数量最少的是"Does not meet the credit policy. Status:Charged Off"值,只有 761 条。根据 13.1.1 节所述,我们把风险状态的几类值加起来,共有 67429 条记录,其余正常状态的记录数则为 819950,风险状态与正常状态的数量之比约为 1:12,或者每 100 个借款人中有七八人会发生信用风险,可见发生率比较高,这也侧面说明了金融借贷机构做风险识别的必要性。

```
loan_status
Current                                                  601779
Fully Paid                                               207723
Charged Off                                               45248
Late (31-120 days)                                        11591
Issued                                                     8460
In Grace Period                                            6253
Late (16-30 days)                                          2357
Does not meet the credit policy. Status:Fully Paid        1988
Default                                                    1219
Does not meet the credit policy. Status:Charged Off        761
Name: count, dtype: int64
```

图 13.3 loan_status 属性的取值及其数量分布

对于数值型属性,我们使用 describe() 方法获取其基础统计描述信息,如均值、标准差、中位数、最大最小值等。以贷款利率为例:

```
loan_data['int_rate'].describe()
```

如图 13.4 所示,该公司提供的借贷产品其利率范围为 5.32%～29%,均值和中位数相近,大约为 13%,可知数据中影响均值的极值并不多,由 Q1、Q3 可知大多数人所申请到的贷款利率应为 10%～16%。

另一个值得关注的信息是贷款额度,即某申请人在该次借款申请中所获得的贷款总金额:

```
loan_data['funded_amnt'].describe()
```

如图 13.5 所示，该公司所提供的最大贷款额度不超过 3.5 万美元，大部分申请人获批了 1 万多元的信用贷款。由于均值比中位数高了 1700，可见更多的人申请到了相对大额贷款，拉高了平均值。读者可使用 describe()方法自行查看其他数值型属性的描述统计特征。

```
count    887379.000000
mean         13.246740
std           4.381867
min           5.320000
25%           9.990000
50%          12.990000
75%          16.200000
max          28.990000
Name: int_rate, dtype: float64
```

```
count    887379.000000
mean      14741.877625
std        8429.897657
min         500.000000
25%        8000.000000
50%       13000.000000
75%       20000.000000
max       35000.000000
Name: funded_amnt, dtype: float64
```

图 13.4 int_rate 属性的统计描述信息　　　图 13.5 funded_amnt 属性的统计描述信息

基本的描述统计指标所能提供的信息相对有限，后面我们将使用可视化方法，对数据特征进行进一步的分析。

13.2.2 数据特征可视化

直方图能够较好地展示数据的分布，这里分别画出申请贷款额度（loan_amnt）和批准贷款额度（funded_amnt）的直方图，查看分布特征：

```
import matplotlib.pyplot as plt

loan_data[["loan_amnt","funded_amnt"]].hist(bins = 50,figsize = (15,5))
plt.show()
```

如图 13.6 所示，两张直方图在分布上几乎一致，意味着借款人只要被贷款公司审核通过，基本都能按申请额度足额获得资助金额。另外，10000、12000、15000、20000、35000 左右的金额是最常被借款人申请的额度。

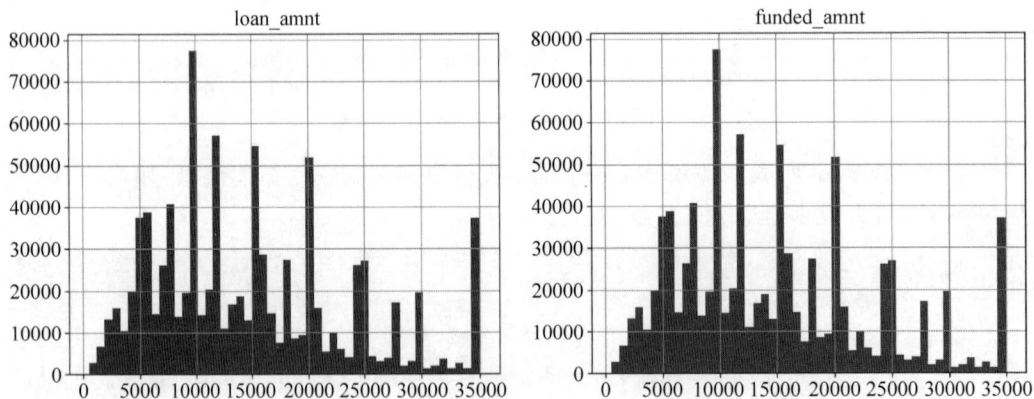

图 13.6 贷款金额分布（申请额度与批准额度）

接下来再按年度特征来考察公司发放的贷款总额。原数据中 issue_d 字段表示贷款发放的时间，精确到月份，格式为"mmm-yyyy"例如 2015 年 10 月开始发放的贷款，记为"Oct-2015"，我们只需要其中的年份部分，因此可以先将该日期字符转换为日期类型，再提取其中的年份信息：

```
loan_data['year'] = pd.to_datetime(loan_data['issue_d']).dt.year
```

这样我们在原始数据中新增了一个字段"year"，表示该贷款的年份。

下列代码使用柱状图查看 2007—2015 年各个年份的贷款总记录数：

```
loan_counts_by_year = loan_data.groupby("year").size()
loan_counts_by_year = loan_counts_by_year.sort_index()
plt.bar(loan_counts_by_year.index, loan_counts_by_year.values)
plt.xlabel("年份")
plt.ylabel("贷款总记录数")
plt.xticks(year_counts.index, year_counts.index)
plt.show()
```

代码中，groupby()方法可以对方法参数的指定字段进行统计，得到一个 DataFrameGroupBy 对象，再调用该对象的 size()方法，可以统计各个年份的记录数量，返回一个 Series 对象，该对象的 index 为年份，value 为某年份的记录数量。由于并不确定年份是按从前往后正向排序，因此调用一次 Series 对象的 sort_index()方法，该方法可以按照 Series 的 index(此处即为年份)对其进行排序，默认排序顺序为正序(即从小到大)，如果需要按照逆序排序，可在 sort_index()方法中添加参数"ascending＝False"。最后使用 matplotlib 库 pyplot 对象的 bar()方法创建柱状图。如果图中中文显示不出来，可以在调用 pyplot 的 show()方法之前使用如下方法设置中文字体：

```
plt.rcParams['font.sans-serif'] = ['SimHei']
```

如图 13.7 所示，从 2007 年开始，贷款总数每一年都以翻倍的速度递增，从 2007 年的不到 1000 笔，到 2015 年已经增至超过 40 万笔。

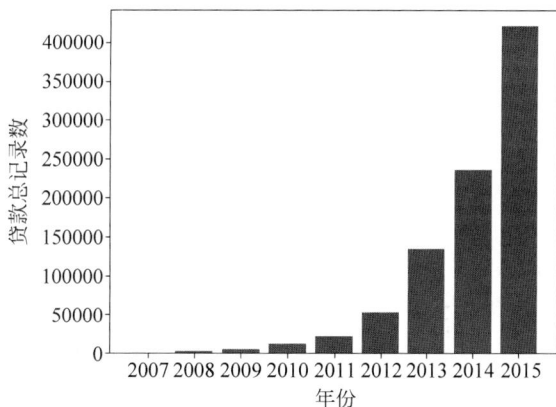

图 13.7　各年贷款记录总数对比

再通过图表查看贷款金额：

```
average_loan_amnt = loan_data.groupby("year")["loan_amnt"].mean()
average_funded_amnt = loan_data.groupby("year")["funded_amnt"].mean()
average_loan_amnt = average_loan_amnt.sort_index()
average_funded_amnt = average_funded_amnt.sort_index()
plt.bar(average_loan_amnt.index, average_loan_amnt.values, width = 0.4, label = "平均申请
贷款金额")
plt.bar(average_funded_amnt.index + 0.4, average_funded_amnt.values, width = 0.4, label
= "平均发放贷款金额")
plt.xlabel("年份")
plt.ylabel("贷款金额")
plt.xticks(average_loan_amnt.index + 0.2, average_loan_amnt.index)
plt.legend()
plt.show()
```

代码中的 loan_data.groupby("year")["loan_amnt"]和 loan_data.groupby("year")
["funded_amnt"]分别得到 loan_amnt 和 funded_amnt 两个字段的 SeriesGroupBy 对象，
即根据年度信息来汇总统计 loan_amnt 和 funded_amnt，再使用 mean()方法统计均值，
最终返回按年度统计的平均申请贷款金额和平均发放贷款金额。之后将两个 Series 对
象画成分组柱状图。由于每根柱子的宽度设为 0.4，因此在绘制平均发放贷款金额时，需
要将柱子的 X 坐标(bar 方法的第一个参数)向右移动 0.4，即 average_funded_amnt.
index + 0.4，使得两根柱子左右排列，否则两根柱子将叠加在一起。同时在绘制 X 轴的
标签文字时，也应将标签文字向右移动 0.2(即半根柱子的宽度)。

如图 13.8 所示，无论是申请贷款金额还是发放贷款金额，都在逐年增加，至 2015 年
其贷款金额已经比 8 年前的 2007 年几乎翻了一番。2007 年至 2011 年，平均发放贷款金
额会比平均申请贷款金额略低，无法足额发放，但在 2012 年之后，每年的发放金额与申
请金额几乎一致，意味着只要申请人的贷款申请审核成功，几乎都能足额获得其想要借
贷的金额。

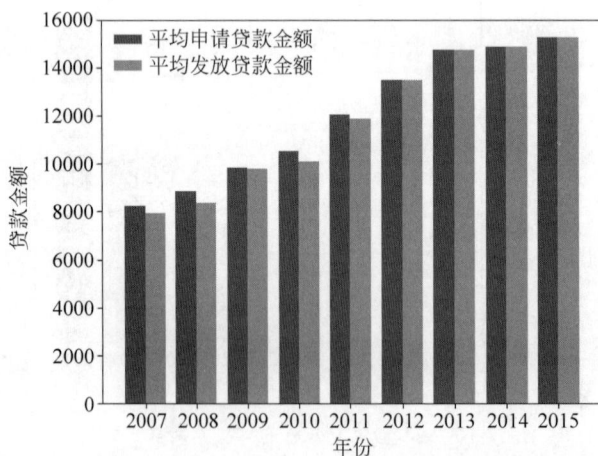

图 13.8 各年份平均申请贷款金额与平均发放贷款金额对比

13.3 数据准备

13.3.1 特征准备

如 13.1.2 节所述,在 74 个特征中,有 40 个特征存在缺失值,这里可用如下代码查看存在缺失值的特征,并查看缺失值比例:

```
null_count = loan_data.isnull().sum().sort_values(ascending = False)
null_percent = 100 * null_count / len(loan_data)
mis_val_table = pd.concat([null_count, null_percent], axis = 1)
print(mis_val_table[mis_val_table.iloc[:,1] != 0])
```

代码中第一行将原始数据中每个特征属性的 Null 值统计出来,计算出总数,并按降序进行排序;第二行代码统计了每个特征 Null 值数量占总记录数的百分比;第三行代码将两组数据拼接成一个 DataFrame 对象;最后将 Null 值数不为 0 的特征进行输出。

如图 13.9 所示,在 40 个有缺失值的特征中,有 21 个特征的缺失值数量超过半数。缺失值过多会对后续分析带来较大干扰,且较难处理,一般可以考虑抛弃该特征。对缺失值不太多的特征,可以考虑往里填补属性值。

```
                              0          1
dti_joint                886870  99.942640
annual_inc_joint         886868  99.942415
verification_status_joint 886868  99.942415
il_util                  868762  97.902024
mths_since_rcnt_il       866569  97.654892
open_acc_6m              866007  97.591559
open_il_12m              866007  97.591559
open_il_24m              866007  97.591559
total_bal_il             866007  97.591559
open_rv_12m              866007  97.591559
open_rv_24m              866007  97.591559
max_bal_bc               866007  97.591559
all_util                 866007  97.591559
inq_fi                   866007  97.591559
total_cu_tl              866007  97.591559
inq_last_12m             866007  97.591559
open_il_6m               866007  97.591559
desc                     761353  85.797951
mths_since_last_record   750326  84.555303
mths_since_last_major_derog 665676  75.015974
mths_since_last_delinq   454312  51.197065
next_pymnt_d             252971  28.507661
```

图 13.9　数据集各特征的缺失值数量及其占比

这里我们先将缺失值比例超过 10% 的字段予以删除:

```
temp = [ i for i in loan_data.count() < 887379 * 0.9]
loan_data.drop(loan_data.columns[temp],axis = 1, inplace = True)
```

还有一类特征比较难处理,建议舍弃:可取值过多的分类变量(object 类型)。将所有 object 类型的字段的可取值数量打印出来查看:

```
loan_data.select_dtypes('object').apply(pd.Series.nunique, axis = 0)
```

如图 13.10 所示，很多字段有成百上千的可取值（例如 emp_title、url、desc 等），应该予以删除。

```
term                            2
grade                           7
sub_grade                      35
emp_title                  299271
emp_length                     11
home_ownership                  6
verification_status             3
issue_d                       103
loan_status                    10
pymnt_plan                      2
url                        887379
desc                       124468
purpose                        14
title                       63143
zip_code                      935
addr_state                     51
earliest_cr_line              697
initial_list_status             2
last_pymnt_d                   98
next_pymnt_d                  100
last_credit_pull_d            103
application_type                2
verification_status_joint       3
dtype: int64
```

图 13.10　各特征可取值的数量

此外，根据常识，一些属性（如 annual_inc、int_rate 等）可能对我们将来建模会非常有用，而另一些属性（如 id、member_id 等）则明显没有帮助，因此考虑将这些列也一并删除。

```
loan_data.drop(['id','member_id','emp_title','title','zip_code','url'],axis = 1, inplace =
True)
```

13.3.2　数据预处理

原数据中有不少日期类型的属性，需要首先予以处理。这里将其转化为年份或月份表示的整型（其中 issue_d 在 13.2.2 节中已经处理过）。对于日期属性中存在的空缺值，使用最大频率值予以填充：

```
loan_data['last_pymnt_d'] = pd.to_datetime(loan_data['last_pymnt_d'].fillna('2016 - 01 - 01')).
apply(lambda x: int(x.strftime('%m')))
loan_data['last_credit_pull_d'] = pd.to_datetime(loan_data['last_credit_pull_d'].
fillna("2016 - 01 - 01")).apply(lambda x: int(x.strftime('%m')))
loan_data['earliest_cr_line'] = pd.to_datetime(loan_data['earliest_cr_line'].fillna('2001 -
08 - 01')).apply(lambda x: int(x.strftime('%m')))
```

对于分类变量属性，如果只有两个可选值，那么可以采用标签编码，如果有两个以上的可选值，则应采用独热编码（one-hot）。

```
from sklearn import preprocessing

for col in loan_data:
    if loan_data[col].dtype == 'object' and len(list(loan_data[col].unique()))) <= 2:
        le = preprocessing.LabelEncoder()
        loan_data[col] = le.fit_transform(loan_data[col])
```

上述代码依次遍历数据的所有属性,如果属性类型为"object",且可选值不超过两个,则对其采用标签编码,即将其中一个可选值设为 0,另一个设为 1,属性类型会被转为 int64。

```
loan_data = pd.get_dummies(loan_data)
```

get_dummies()方法对数据集中的分类属性进行独热编码,例如某个属性 A 有三个可选值:a、b、c,则独热编码后会生成三个属性:A_a、A_b、A_c,每个属性为 bool 类型,只有两个可选值 0 和 1,分别表示某条记录的取值是否为 a、b、c。

当然,经过独热编码后,整个数据集的特征属性数量会大大增加。如有必要,可使用主成分分析法(PCA)做降维操作。

工作年限(emp_length)特征对判断后续分析有较大帮助,数据中其缺失值占比约为 5%,这里对该特征进行一些处理。首先考虑到不填写工作年限的人大多未工作,因此可以认为该字段的值为 0,使用 0 值对缺失值进行填补:

```
loan_data['emp_length'].fillna(value = 0, inplace = True)
```

其次,当前 emp_length 字段的取值为字符串:

```
loan_data['emp_length'].value_counts()
```

emp_length 属性的取值及其数量分布如图 13.11 所示。

```
emp_length
10+ years    291569
2 years       78870
< 1 year      70605
3 years       70026
1 year        57095
5 years       55704
4 years       52529
7 years       44594
8 years       43955
6 years       42950
9 years       34657
Name: count, dtype: int64
```

图 13.11　emp_length 属性的取值及其数量分布

使用正则表达式将文字"years"去除,只保留数字,同时将小于 1 年的年限与 1 年进行合并,即工作 1 年及以内的设为"1",未工作过的设为"0":

```
loan_data['emp_length'].replace(to_replace = '[^0 - 9] + ', value = '', inplace = True, regex =
True)
loan_data['emp_length'].value_counts().sort_values(ascending = False).plot(kind = 'bar',
figsize = (8,5))
```

图 13.12 将各个工作年限的记录数画成柱状图展示，可以看到，工作 10 年以上的记录数量远高于其他年限，这是因为该属性为"10 年以上"，包括 11 年、12 年等多个年份，因此数据量理应远高于其他单一年份。除去"10 年以上"的属性值，其他贷款数量大致与工作年限成反比，即工作年限越高，贷款的总数量越多。这有两种可能性，一是工作年限越少的借款人通过公司贷款审批的概率越大；二是工作年限越少的人财务状况越紧张，越需要去申请信用借贷。相对来说第二种可能性更为合理一些。

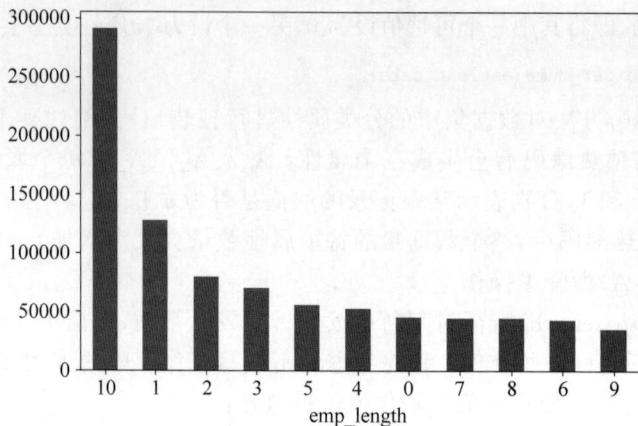

图 13.12　不同工作年限的记录总数

其他具有缺失值的记录考虑直接删除：

```
loan_data.dropna(inplace = True)
```

最终剩下 816722 条记录，这些记录中已经不存在缺失值。

最后，我们将借款状态分为两大类："正常借贷"与"不良借贷"，这是我们要分类的目标变量：

```
bad_loan = ['Charged Off', 'Late (31 - 120 days)', 'In Grace Period', 'Late (16 - 30 days)',
'Default', 'Does not meet the credit policy. Status:Charged Off']
target_list = [1 if i in bad_loan else 0 for i in loan_data['loan_status']]

loan_data['TARGET'] = target_list
```

其中"不良借贷"包括如 13.1.1 节所述的 6 种风险状态，将其设为 1，其余正常状态为"正常借贷"，将其设为 0，从而构建一个新的字段，命名为"TARGET"。创建 TARGET 属性后，loan_status 属性可以直接予以删除。

13.4　预测建模

本节我们分别使用人工神经网络、XGBoost 和随机森林三种机器学习算法对借贷状态进行分类，尝试预测其信用风险，具体来讲，预测在确定的某种特征下，其 TARGET 属性为 0（正常借贷）还是为 1（不良借贷）。

为了更好地评估算法，我们将全部数据拆分为训练集和测试集，训练集用于模型训练,测试集用于模型检验。训练集与测试集的比例为 4∶1,即测试集记录数占 20％。

```
from sklearn.model_selection import train_test_split
X_train, X_test, y_train, y_test = train_test_split(loan_data.drop('TARGET',axis = 1),
loan_data['TARGET'],test_size = 0.2)
```

train_test_split()传入了两个数据集,一是排除了"TARGET"字段的特征变量集,二是仅包含"TARGET"字段的目标变量集,在按 4∶1 的比例(test_size＝0.2)拆分后分别返回特征集的训练集(X_train)、特征集的测试集(X_test)、目标变量的训练集(y_train)、目标变量的测试集(y_test)。

最后我们对特征进行归一化处理,采用"最小最大缩放"法将各个特征值缩放至 0～1 的区间范围:

```
from sklearn.preprocessing import MinMaxScaler

scaler = MinMaxScaler()
scaler.fit(X_train)
X = scaler.transform(X_train)
y = y_train.values
```

13.4.1 基于人工神经网络的借贷分类模型

人工神经网络(Artificial Neural Network,ANN)是受生物神经网络结构启发而设计的一种计算模型,用于模拟人脑的神经网络结构和功能,以解决复杂的模式识别和数据处理问题。ANN 由大量的人工神经元(或称为节点)组成,这些神经元按照不同的层次和连接方式构成网络。每个神经元接收来自其他神经元的输入,通过一系列加权和非线性变换后产生输出,然后传递给下一层神经元或者作为整个网络的输出。

人工神经网络通常由以下三种层次的神经元组成。

(1) 输入层(Input Layer):接收外部输入数据,并将数据传递给网络的隐藏层。

(2) 隐藏层(Hidden Layer):位于输入层和输出层之间,负责对输入数据进行加权和变换,提取出数据中的特征。

(3) 输出层(Output Layer):将隐藏层传递过来的特征经过进一步的加权和变换后产生网络的输出结果。

人工神经网络的学习过程通常采用反向传播算法(backpropagation),即通过不断调整网络中神经元之间的连接权重,使网络的输出结果与真实结果之间的误差最小化。反向传播算法通过使用梯度下降等优化方法来更新连接权重,从而使网络逐渐学习到输入数据中的模式和规律。

这里我们采用 Scikit-learn 库提供的多层感知器(Multilayer Perceptron,MLP)进行模型训练。多层感知器是一种较为简单和基础的前馈型神经网络模型,由一个或多个隐藏层(中间层)组成,每个隐藏层包含多个神经元(节点),以及一个输入层和一个输出层。目前常见的卷积神经网络(CNN)和循环神经网络(RNN)都是 MLP 的改进和衍生模型。

```
from sklearn.neural_network import MLPClassifier
from sklearn.model_selection import cross_val_score
import numpy as np
from sklearn.metrics import classification_report

cls = MLPClassifier(random_state = 1, max_iter = 300).fit(X, y)

print(classification_report(y, cls.predict(X)))

scores = cross_val_score(cls, X, y, scoring = "accuracy", cv = 10)
print("平均准确率: \t {0:.4f}".format(np.mean(scores)))
print("准确率标准差: \t\t {0:.4f}".format(np.std(scores)))
```

　　MLPClassifier 具有多个可调参数，可以通过交叉验证等方法进行调参。下面是一些常用的调参方法和参数。

　　(1) 隐藏层大小(hidden_layer_sizes)：指定隐藏层的大小，可以是一个整数表示隐藏层中的节点数量，也可以是一个元组表示每个隐藏层中节点的数量。通常需要根据问题的复杂度和数据集的特征进行调整。

　　(2) 激活函数(activation)：指定隐藏层和输出层的激活函数，常用的包括"relu" "logistic""tanh"等。默认是"relu"。

　　(3) 优化器(solver)：指定用于优化权重的算法，常用的包括"adam""lbfgs""sgd"等。默认是"adam"。

　　(4) 学习率(learning_rate)：控制权重更新的步长，可以是常数、自适应学习率或衰减学习率。具体取决于所选的优化器。

　　(5) 正则化参数(alpha)：控制模型的正则化程度，防止过拟合。

　　(6) 批量大小(batch_size)：指定用于权重更新的样本批量大小。

　　(7) 最大迭代次数(max_iter)：指定训练过程中的最大迭代次数。

　　(8) 早停(early_stopping)：控制是否使用早停技术来提前停止训练，防止过拟合。

　　下面代码用 GridSearchCV 对该模型进行一个简单的调参：

```
# 定义参数网格
param_grid = {
    'hidden_layer_sizes': [(10,), (50,), (100,)],
    'activation': ['relu', 'tanh'],
    'solver': ['adam', 'sgd'],
}

# 使用 GridSearchCV 进行参数搜索
grid_search = GridSearchCV(cls, param_grid, cv = 3)
grid_search.fit(X, y)

# 输出最佳参数和最佳得分
print("Best Parameters:", grid_search.best_params_)
print("Best Score:", grid_search.best_score_)
```

　　上述代码对三个参数进行了网格调试：hidden_layer_sizes、activation、solver。网格调试是 Scikit-learn 库中的一个模型评估工具，用于系统地搜索最佳模型参数的组合。

GridSearchCV 通过在参数网格中组合不同的参数值,然后使用交叉验证来评估每种参数组合的性能,最终找到最佳的参数组合。

13.4.2　基于 XGBoost 的借贷分类模型

XGBoost(eXtreme Gradient Boosting)是一种基于梯度提升树(Gradient Boosting Tree)的机器学习算法,其核心在于集成学习中的提升方法。

提升方法(Boosting)是一种集成学习的方法,它通过构建多个弱学习器(通常是决策树),然后将这些弱学习器进行组合,形成一个强大的模型。在提升方法中,弱学习器是按顺序一一训练的,每个新的学习器都试图修正前面所有模型的残差。梯度提升树是提升方法中的一种,它使用梯度下降算法来最小化损失函数。具体来说,每一棵树的建立是通过最小化损失函数的负梯度(即残差)来实现的。在训练过程中,每棵树都在尝试拟合前面树的残差,以逐步减小模型的误差。XGBoost 在梯度提升树的基础上进行了改进和优化,例如引入了正则化项来控制模型的复杂度,防止过拟合;允许为每个样本赋予不同的权重,以处理不平衡数据集或重要样本;通过计算特征在树中的分裂次数或分裂增益来评估特征的重要性等。总的来说,XGBoost 通过优化损失函数和正则化项,采用加权的梯度提升树方法,结合并行化和缺失值处理等技术,构建了一个高效、准确且具有良好泛化能力的机器学习模型。

由于 Scikit-learn 库中没有包含 XGBoost 模型,读者需要在线下载 XGBoost 库,例如如果使用 conda 包管理器,可以通过如下命令进行下载安装:

```
conda install py-xgboost
```

安装完毕后即可在代码中使用 import 方式导入 xgboost 包:

```
from sklearn.model_selection import cross_val_score
import xgboost as xgb
import numpy as np
from sklearn.metrics import classification_report
cls = xgb.XGBClassifier().fit(X, y)

print(classification_report(y, cls.predict(X)))

scores = cross_val_score(cls, X, y, scoring = "accuracy", cv = 10)
print("平均准确率: \t {0:.4f}".format(np.mean(scores)))
print("准确率标准差: \t\t {0:.4f}".format(np.std(scores)))
```

XGBoost 同样具有若干可调参数用于提高模型的性能和泛化能力。以下是一些常用的 XGBoost 调参方法和参数。

(1) 树的数量(n_estimators):指定要构建的决策树的数量。增加树的数量通常可以提高模型的性能,但也会增加训练时间和内存消耗。

(2) 树的最大深度(max_depth):指定决策树的最大深度。增加深度可以增加模型的复杂度,但也可能导致过拟合。

(3) 学习率(learning_rate):控制每棵树的贡献,降低学习率可以使模型更加稳定,但需要增加树的数量来保持模型的性能。

（4）列采样比例（colsample_bytree）：指定每棵树用于训练的特征的比例。这可以帮助减少过拟合，提高模型的泛化能力。

（5）行采样比例（subsample）：指定每棵树用于训练的样本的比例。与列采样类似，行采样也可以帮助减少过拟合。

（6）正则化参数（reg_alpha、reg_lambda）：控制模型的正则化程度，帮助防止过拟合。

（7）早停策略（early_stopping_rounds）：指定在验证集上连续多少轮迭代中没有改善时停止训练，以防止过拟合。

（8）特征重要性评估（importance_type）：指定计算特征重要性的方法，包括"gain""weight""cover"等。

读者可以尝试使用前一节介绍的网格调试 GridSearchCV 去寻找最佳参数，一个简单的调参示例如下：

```python
# 定义参数网格
param_grid = {
    'n_estimators': [100, 200, 300],
    'max_depth': [3, 5, 7],
    'learning_rate': [0.1, 0.01, 0.001],
}

# 使用 GridSearchCV 进行参数搜索
grid_search = GridSearchCV(cls, param_grid, cv = 3)
grid_search.fit(X, y)

# 输出最佳参数和最佳得分
print("Best Parameters:", grid_search.best_params_)
print("Best Score:", grid_search.best_score_)
```

13.4.3　基于随机森林的借贷分类模型

关于随机森林算法的原理读者可以参考本书前面相关章节的内容，这里不再赘述。

```python
from sklearn.model_selection import cross_val_score
from sklearn.ensemble import RandomForestClassifier
import numpy as np
from sklearn.metrics import classification_report

cls = RandomForestClassifier().fit(X, y)

print(classification_report(y, cls.predict(X)))

scores = cross_val_score(cls, X, y, scoring = "accuracy", cv = 10)
print("平均准确率: \t {0:.4f}".format(np.mean(scores)))
print("准确率标准差: \t\t {0:.4f}".format(np.std(scores)))
```

在默认参数下，随机森林模型已经取得了不错的分类效果。读者如觉得有必要，也可使用前文类似的方法进行调参。随机森林模型常用的超参数如下。

（1）树的数量（n_estimators）：指定随机森林中树的数量。通常增加树的数量可以提高模型的性能,但也会增加训练时间。

（2）树的最大深度（max_depth）：指定树的最大深度,控制树的复杂度。较大的深度可能会导致过拟合,较小的深度可能会导致欠拟合。

（3）节点最少样本数（min_samples_split）：指定拆分内部节点所需的最小样本数。控制了树的生长,可以防止过拟合。

（4）叶子节点最少样本数（min_samples_leaf）：指定叶子节点所需的最小样本数。控制了叶子节点的数量,可以防止过拟合。

（5）特征选择策略（max_features）：指定用于拆分节点的特征数或比例。可以是整数、浮点数或字符串。常用的选项包括"auto"（sqrt(n_features)）、"sqrt"（sqrt(n_features)）、"log2"（log2(n_features)）等。

（6）样本采样策略（bootstrap）：指定是否使用 bootstrap 样本进行训练。默认为True,即使用 bootstrap 样本。

（7）随机种子（random_state）：指定随机数种子,用于复现实验结果。

（8）平衡类别权重（class_weight）：指定类别权重的方式,用于处理不平衡数据集。

训练好模型之后,可以将其运用到测试集中：

```
from sklearn.metrics import accuracy_score
scaler = MinMaxScaler()
scaler.fit(X_test)
X_test = scaler.transform(X_test)
y_test = y_test.values
print("准确率：{0:.4f}\n".format(accuracy_score(y_test, cls.predict(X_test))))
print("分类报告：\n {}\n".format(classification_report(y_test, cls.predict(X_test))))
```

在测试集中,随机森林也取得了不错的分类效果,可见模型具有良好的泛化能力。读者可尝试将训练好的人工神经网络模型、XGBoost 模型也运用到测试集中,比较不同模型的分类效果。

本章小结

本章以金融借贷风险预测作为实践案例,带领读者完整地经历了一遍整个数据挖掘和分析的总体流程,包括数据探索、数据预处理、模型训练、测试评估、模型调参等。本章采用了三种机器学习分类方法：人工神经网络、XGBoost、随机森林,都是传统机器学习中常见的模型。

一种模型在某些任务上可能表现出色,但在另一些任务上可能效果不佳。因此,通常需要根据实际情况选择合适的模型。在进行模型选择时,可以考虑以下几方面。

（1）模型性能：评估不同模型在验证集或交叉验证中的性能表现,选择性能最好的模型。

（2）模型复杂度：考虑模型的复杂度，避免选择过于简单或过于复杂的模型。复杂度适中的模型通常具有较好的泛化能力。

（3）模型解释性：根据任务需求考虑模型的解释性，有些场景需要能够解释模型的预测结果，而有些场景则更注重预测性能。

（4）数据特征：考虑数据的特征、结构和属性，选择与数据特征相适应的模型。例如，对于高维稀疏数据，适合使用逻辑回归、支持向量机等模型。

（5）计算资源：考虑模型的计算复杂度和资源消耗情况，选择适合当前计算资源的模型。

总之，最佳的机器学习模型取决于具体的问题和任务，需要综合考虑多个因素来进行选择。在实际应用中，通常会尝试多种不同类型的模型，并通过实验和验证来确定最适合的模型。